ARM Cortex-M0 微控制器原理與實踐
ARM Cortex-M0 微控制器原理与实践

溫子祺、劉志峰、冼安胜、林秩谦、潘海燕　原著

蕭志龍　編譯

北京航空航天大学出版社
BEIHANG UNIVERSITY PRESS

全華圖書股份有限公司

近年伴隨著終端設備計算能力的提升，無線通訊系統溝通效能的演進，以及伺服器端數據運算效能的提高，促使物聯網系統在近年發光發熱，繼智慧手機之後，成為科技產業的另一顯學。物聯網在智慧城市、智慧醫療、智慧工廠、智慧家庭等產業蓬勃發展，不僅實質地改變了目前的生活型態，也為未來人類的生活方式，帶來了無窮的想像空間，我們可以看到物聯網已開始席捲全球應用領域，包含智慧醫療、智慧家庭與城市、智慧工廠、智慧交通、環境監控與安控等，Gartner 預測的數據顯示，到 2020 年將有 250 億個物聯網終端設備投入使用，可見物聯網生態鏈為未來市場的新興成長動能。

其中物聯網終端設備為能支持各類型平台，串連網路傳輸與應用，因此必須具備高效能的運算能力；另因多數應用範圍皆要求更小的產品尺寸，故要求物聯網之元件須具備高集成度；解構物聯網終端裝置，可區分為三大重要組成元件：一為感測元件、二為通訊模組、三為運算核心之微控制器(MCU, Microcontroller Unit)。組成元件則必須符合高效能、低功耗與高整合度之三大應用需求，因此開發以低功耗技術，並具有高效能處理能力之微控制器，將為促進物聯網發展之一大關鍵需求；ARM® Cortex®-M 32 位元微控制器核心架構，為目前新一代 32 位元微控制器之主流架構，具備高效能執行速度、低耗電模式、豐富周邊、高性價比等特點，配合成熟的 Keil RVMDK、IAR EWARM 等開發套件與生態環境，在市場上成為發展主流，因此具備 Cortex® M 系統開發能力，將有助於研發各種產品。

本教材以 ARM® Cortex®-M0 微控制器核心與周邊為主軸，本書作者具備豐富的開發經驗，系統地介紹 Cortex®-M0 的開發架構與軟體指令集，以淺顯的概念進行有關外部中斷、I/O、定時器、內存控制、I²C、SPI、ADC、RTC 的介紹，並搭配精簡易讀之實際演練範例，方便入門者掌握重點。範例以新唐 NuMicro® ARM® Cortex-M0 M051 系列微控制器及 Nu-Link 下載工具為主體、搭配 Keil RVMDK 開發環境，讓入門者能夠快速掌握實際操作方法。本書後續章節深入探討實作時可能會遇到的問題，及如何透過程式語法優化微控制器運作，特別著重物聯網架構所重視的抗干擾與省電部分。另外，在產品開發過程中，工程師有可能需要自行開發工具作為輔助或驗證使用，本書亦詳細介紹此類工具之開發方式，極具參考價值。

作者經營專屬網站及論壇多年，提供最新參考資料，且幫助工程師交換開發經驗，對微控制器教育推廣不遺餘力；本書涵蓋微控制器應用開發所有相關環節，除了可協助入門工程師快速上手之外，亦裨益於嵌入式系統與物聯網開發相關領域之人士，全華圖書將該書導入國內發行，實是全國工程師福音，有志之士萬不可錯過此本寶典。

謹識於　新竹新唐科技

2017 年初春

ARM cortex M0

　　嵌入式領域的發展日新月異，也許讀者尚未注意到，但若停下來想一想 MCU 系統十年前的樣子，並與當今的 MCU 系統比較，將會發現 PCB 設計、元件封裝、整合度、時脈速度和記憶體大小也已經歷了好幾代的改變。在這方面最熱門的話題之一是：仍在使用 8 位元 MCU 的用戶何時才能擺脫傳統架構，轉向更先進的 32 位元微控制器架構，如 ARM Cortex-M 的 MCU 系列。在過去幾年裡，嵌入式開發者轉向使用 32 位元 MCU 有明顯的增加趨勢，最主要的原因是，市場和消費者對嵌入式產品複雜性的需求大幅上升。隨著嵌入式產品彼此連結越來越多、功能越來越豐富，目前的 8 位元和 16 位元的 MCU 已經無法滿足處理的需求，即使能夠滿足現在的產品需求，它也存在限制未來產品升級和程式碼重複使用的嚴重風險；第二個常見原因是嵌入式開發者開始認識到使用 32 位元 MCU 優點，且不論能否提供超過 10 倍的功能，本身即有低功率、簡潔的程式碼、更快速的軟體開發以及更好的軟體重用性(Software reuse)等優勢。

　　隨著近年來製程不斷進步，ARM Cortex 微控制器的成本也不斷降低，已經與 8 位元和 16 位元微控制器的成本相同；另一個原因是 ARM 元件的多樣性、多工性和相容性。如今越來越多的供應商提供的 ARM 擁有更多元選擇性，如周邊設備、功能、記憶體大小、封裝、成本等。另外，ARM Cortex-M 的微控制器還具有專門針對微控制器應用的特性，這些特性使 ARM 微控制器有更廣泛的應用範圍。與此同時，ARM 微控制器的價格在過去 5 年裡已大幅降低，且開發者的成本也降低甚至有免費開發工具。與其他架構相比，選擇 ARM 的微控制器也是更好的投資。

現在的 ARM 微控制器開發軟體，針對微控制器的程式碼在未來可重複使用，隨著 ARM 架構的應用更加廣泛，聘請具有此經驗的軟體專案師也更容易，這也使得嵌入式開發者的產品更能與未來接軌。

本書微控制器的型號以新唐公司 ARM Cortex-M0 核心的 NuMicro M051 系列微控制器為基礎。

本書共分為五大部分。

第一部分為初步認知篇，簡略介紹微控制器的發展趨勢，詳細介紹 ARM 的由來，並初步瞭解 ARM 微控制器指令集和 C 語言程式設計基礎。

第二部分為基礎入門篇，介紹 NuMicro M051 系列微控制器內部功能的基本使用，如 GPIO、定時器、外部中斷、序列埠（含模擬序列埠）、看門狗、Flash 記憶體控制器、I2C 匯流排控制器、SPI 通信、類比數位轉換等，同時對 74LS164 串列輸入並行輸出暫存器、七段顯示器、LCD、進行簡單介紹。基礎入門篇目的在於原理與實踐相結合的過程，使初學者能夠快速掌握 NuMicro M051 系列微控制器的基本應用。最後闡述了 NuMicro M051 如何進行功率控制、軟體重置等應用和 Keil 內建的 RTX-Kernel 即時系統以及 LIB 的生成、呼叫，特別是 RTX-Kernel 即時系統的介紹提供未來進修嵌入式即時系統的先修課程。

第三部分為進階篇，對介面程式設計、優化微控制器程式設計及微控制器穩定性作深入的研究。以深入介面和進階程式設計進行介紹，是設計上的重點，也設計的是難點。這樣對微控制器的認識不再僅於表面，而是站在一名產品開發者角度，思考技術層面上問題，譬如深入介面部分是以錯誤更正為重點，包含奇偶檢驗、驗證和 CRC16 循環冗餘驗證，加深對資料檢驗的認識。進階程式設計以程式設計規範、程式碼架構、C 語言的高階應用（如巨集、指標、強制轉換、結構體等複雜應用）、程式防發散等要點作深入的研究。進階篇從技術角度來看，是整本書內容的精華部分，在研究如何優化微控制器的功能及穩定性時，指引了明確的方向。進階篇是必看的部分，因其涉及的內容是微控制器與 C 語言程式設計的精髓，並解決多方面的問題。

第四部分為番外篇，何謂番外篇？因為本篇超出了介紹微控制器的範疇，卻又有說明的必要性。因為在高階實驗篇有大幅的篇章涉及了介面的應用，且現在的微控制器程式設計師必須與介面接觸，甚至要懂得介面的基本編寫。在中小型企業比較常見微控制器程式設計師同時扮演著介面程式設計師的角色，編寫較簡單的除錯介面，常用於除錯或模擬。當產品開發完成時，要提供相對應的 DLL 給系統整合部，開發出不同的應用專案。在番外篇中，介面程式設計開發工具為 C++2008，藉由 C++2008 示範介面程式如何編寫，同時如何實現序列埠通信、USB 通信、網路通信，只要使用筆者編寫好的程式，實現它們的通信是如此的簡單，就像在 C 語言中呼叫函數一樣，只需掌握 Init()、Send()、Recv()、Close()函數的使用即可，期使讀者能在本篇中掌握基本介面程式設計，編寫出屬於自己的除錯工具。

第五部分為高階通信介面開發篇，闡述了 USB 與網路通信的原理及其應用。在進行產品開發的過程中，不可避免地要接觸各種 USB 設備，並為其編寫程式。一旦使用的 USB 設備滿足不了產品的要求時，往往使用網路設備取代 USB 設備。USB 或者網路設備開發對於初次接觸的開發者是非常困難的，因為進行開發時必須要對 USB 或網路協議熟悉。本書在有限篇幅裡簡明扼要地對 USB 和網路的協議進行詳細的介紹，並通過實驗進行驗證，關於 USB 和網路章節的相關內容以光碟形式提供。

本書在介紹實驗以 SmartM-M051 開發板為實驗平台（實體圖如附錄A.2），該開發板是為初學者設計的實用款，不僅含有基本的設備單元，同時在開發板的實用性上能夠使用 USB 模組與網路模組。筆者還編寫了單晶片多功能調整小幫手（如附錄 B），提供讀者解決問題，該軟體能夠實現序列埠、USB、網路除錯、常用驗證值計算及編碼轉換等功能。

天下大事，必作於細，無論是從微控制器入門與深入的角度出發，還是從實踐性與技術性的角度出發，都是本書的亮點，可以說是作者用盡了心血進行編寫，多年工作經驗的積累，讀者通過學習本書相當於繼承了作者的思路與經驗，找到了捷徑，能夠以最點的時間獲得最佳的學習效果。

　　參與本書編寫工作的主要人員有溫子祺、劉志峰、冼安勝及林秩謙先生，潘海燕小姐負責本書的前期排版，最終確定的方案和本書的定稿全部由溫子祺負責；其次還要感謝佛山市安訊智慧科技有限公司的盧永堅、何超平、王雨傑、程國洪、張銘坤先生和美的公司的龍俊賢先生對本書提出了不少建設性的建議；感謝溫子龍、溫子明、李祖達、陳春柳經理等對本人的支援；感謝北京航空航天大學出版社的胡曉柏主任，在本書出版的過程中提出了不少有價值的意見，讓此書臻於完善。

　　本書主要來自於實際的產品開發經驗，書中範例不但設計規範良好，且程式碼具有良好的相容性，可相容到不同的作業平台。最後希望本書能對微控制器應用推廣起到一定的作用，由於程式碼較複雜、圖表較多，難免會有紕漏，懇請讀者批評指正，並且可以透過下列 E-mail 進行回饋，歡迎讀者瀏覽下列網址，獲得新知，希望能夠得到您的參與和幫助。

E-mail：wenziqi@hotmail.com

開源創意電子科技網：www.smartmcu.com

溫子祺

2012 年 4 月 16 日

PREFACE
編輯部序

「系統編輯」是我們的編輯方針，我們所提供給您的，絕不只是一本書，而是關於這門學問的所有知識，它們由淺入深，循序漸進。

本書譯自温子祺、刘志峰、冼安胜、林秩谦、潘海燕原著「ARM Cortex-M0 微控制器原理与实践」，分為初步認知篇、基礎入門篇、進階篇、番外篇及高階通信介面開發篇，本書以循序漸進的方式指引讀者進入微控制器程式之撰寫，使理論與實務作最好的結合。本書適用於大學、科大、技術學院電子、電機及資工系，「嵌入式系統」、「微控制器原理與應用」課程使用

同時，為了使您能有系統且循序漸進研習相關方面的叢書，我們以流程圖方式，列出各有關圖書的閱讀順序，以減少您研習此門學問的摸索時間，並能對這門學問有完整的知識。若您在這方面有任何問題，歡迎來函聯繫，我們將竭誠為您服務。

ARM cortex M0

相關叢書介紹

書號：0546872
書名：微算機基本原理與應用－
　　　MCS-51嵌入式微算機系統軟體
　　　與硬體(第三版)(精裝本)
編著：林銘波、林姝廷
18K/816 頁/790 元

書號：06107037
書名：C 語言程式設計(第四版)
　　　(附範例光碟)
編著：劉紹漢
16K/688 頁/620 元

書號：06087017
書名：MCS-51 原理與實習－KEILC
　　　語言版(第二版)(附試用版及
　　　範例光碟)
編著：鍾明政、陳宏明
16K/328 頁/370 元

書號：06171017
書名：HT66Fxx FlashMCU 原理與
　　　實務－ C 語言(第二版)(附範例
　　　光碟)
編著：鍾啓仁
16K/568 頁/600 元

書號：06028027
書名：單晶片微電腦 8051/8951 原理
　　　與應用(C 語言)(第三版)(附
　　　範例、系統光碟)
編著：蔡朝洋、蔡承佑
16K/656 頁/550 元

書號：06131020
書名：PIC Easy Go －簡單使用PIC(第
　　　三版)(附範例光碟、16F883、
　　　PCB)
編著：黃嘉輝
16K/320 頁/500 元

書號：06203007
書名：單晶片 C 程式設計實習
　　　(8051 篇)(附範例程式光碟)
編著：李宜達
16K/480 頁/480 元

書號：10443
書名：嵌入式微控制器開發-AR
　　　MCortex-M4F 架構及實作
　　　演練
編著：郭宗勝、曲建仲、謝瑛之
16K/352 頁/360 元

◎上列書價若有變動，請以
最新定價為準。

流程圖

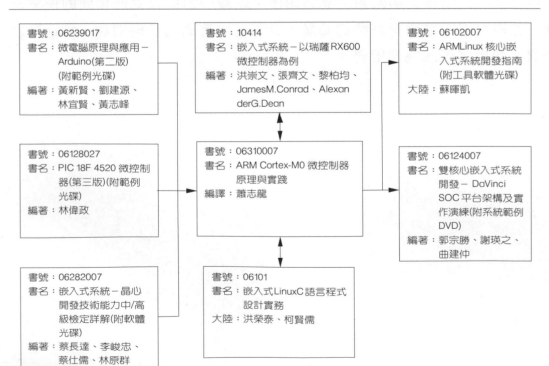

CONTENTS

目 錄

初步認知篇

1 微控制器發展趨勢   1-1

2 ARM 概述   2-1

3 ARM Cortex-M0   3-1

ARM cortex M0

基礎入門篇

ARM cortex M0

15 **I2C 匯流排控制器** **15-1**

16 **串列外圍設備介面(SPI)控制器** **16-1**

17 **類比數位轉換** **17-1**

※下列內容收錄至光碟

進階篇

番外篇

25 介面開發 **25-1**

高階通信介面篇

26 USB **26-1**

27 網路 **27-1**

ARM cortex M0

緒 論

一、什麼是微控制器

微控制器指的是一個整合在一塊晶片上的完整電腦系統。儘管它的大部分功能整合在一塊小晶片上，但是它具有一個完整電腦所需要的大部分物件：CPU、記憶體、內部和外部匯流排系統，目前大都具有外部儲存設備。同時整合如通信介面、定時器、即時時脈等外圍

圖 0.1-1　NuMicro M051 系列微控制器

設備。而現在最強大的微控制器系統甚至可以將聲音、圖像、網路、複雜的輸入輸出系統整合在一塊晶片上。

二、微控制器歷史

微控制器誕生於 20 世紀 70 年代末，經歷了 SCM、MCU、SoC 三大階段。

1. SCM 即單片微型電腦（Single Chip Microcomputer）階段，主要是尋求單晶片形態嵌入式系統的最佳體系結構。「創新模式」獲得成功，奠定了 SCM 與通用電腦完全不同的發展道路。在開創嵌入式系統獨立發展過程上，Intel 公司功不可沒。

2. MCU 即微控制器（Micro Controller Unit）階段，主要的技術發展方向是：不斷擴展滿足嵌入式應用時，對象系統要求的各種外圍電路與介面電路，突顯其對象的智慧化控制能力。它所涉及的領域都與對象系統相關，因此，發展 MCU 的重任不可避免地落在電氣、電子技術廠牌。從這一角度來看，Intel 逐漸淡出 MCU 的發展

也有其客觀因素。在發展 MCU 方面，最著名的廠牌爲 Philips 公司。Philips 公司以其在嵌入式應用方面的巨大優勢，將 MCS-51 從單晶片微型電腦迅速發展到微控制器。因此，當我們回顧嵌入式系統發展過程時，不要忘記 Intel 和 Philips 的歷史功績。

3. 微控制器是嵌入式系統的獨立發展之路，向 MCU 階段發展的重要因素，就是尋求應用系統在晶片上的最大化解決；因此，專用微控制器的發展自然形成了 SoC 化趨勢。隨著微電子技術、IC 設計、EDA 工具的發展，基於 SoC 的微控制器應用系統設計會有較大的發展。因此，對微控制器的理解可以從單晶片微型電腦、單晶片微控制器延伸到單晶片應用系統。

三、微控制器應用領域

目前微控制器普及到我們生活的各個領域，幾乎很難找到哪個領域沒有微控制器的蹤跡。導彈的導航裝置，飛機上各種儀錶的控制，電腦的網路通信與資料傳輸，工業自動化過程的即時控制和資料處理，廣泛使用的各種智慧 IC 卡，民用豪華轎車的安全保障系統，錄影機、攝影機、全自動洗衣機的控制、程控玩具及電子寵物手機（例如蘋果公司的 iPhone4 手

圖 0.1-2　蘋果 iPhone4 手機

機，如圖 0.1-2）等等，這些都離不開微控制器。更不用說自動控制領域的機器人、智慧儀表及醫療器材了。因此，微控制器的學習、開發與應用將造就一批電腦應用與智慧化控制的科學家及工程師。

微控制器廣泛應用於儀器儀錶、家用電器、醫用設備、航空太空、專用設備的智慧化管理及過程控制等領域，大致可分爲下列幾項：

1. 在智慧儀器儀錶上的應用

微控制器具有體積小、低功率、控制功能強、擴展靈活、微型化和使用方便等優點，廣泛應用於儀器儀錶中，結合不同類型的感測器，可實現如電壓、功率、頻率、濕度、溫度、流量、速度、厚度、角度、長度、硬度、元素及壓力等物理量的測量。採用微控制器控制使得儀器儀錶數位化、智慧化、微型化，且功能比

起採用電子或數位電路更加強大。例如精密的測量設備（功率計、示波器及各種分析儀）。

2. 在工業控制中的應用

　　用微控制器可以構成形式多樣化的控制系統及資料蒐集系統。例如工廠管線的智慧化管理、電梯智慧化控制、各種報警系統與電腦聯網構成二級控制系統等。

3. 在家用電器中的應用

　　現在的家用電器基本上都採用了微控制器控制，從電鍋、洗衣機、電冰箱、冷氣機、彩色電視機、其他音響視訊器材及電子秤量設備，五花八門，無所不在。

4. 在電腦網路和通信領域中的應用

　　現代的微控制器普遍具備通信介面，可以很方便地與電腦進行資料通信，為在電腦網路和通信設備間的應用提供了極好的物質條件，現在的通信設備基本上都實現了微控制器智慧控制，從手機、電話機、小型程式交換機、樓層自動通信呼叫系統、列車無線通信、日常工作中隨處可見的行動電話、群組行動通信及無線電對講機等。

5. 微控制器在醫療設備領域中的應用

　　微控制器在醫療設備中的用途相當廣泛，例如醫療呼吸機、各種分析儀、監護儀、超音波診斷設備及病床呼叫系統等等。

6. 在各種大型電器中的模組化應用

　　某些專用微控制器設計用於實現特定功能，從而在各種電路中進行模組化應用，而不要求使用人員瞭解其內部結構。如音樂整合微控制器，看似簡單的功能，微縮在純電子晶片中（有別於磁帶機的原理），就需要複雜的類似於電腦的原理。如：音樂信號以數位的形式存於記憶體中（類似於 ROM），由微控制器讀出，轉化為類比音樂電信號（類似於聲卡）。

　　在大型電路中，這種模組化應用縮小了體積、簡化了電路、降低了損壞及錯誤率，也方便更換。

7. 微控制器在汽車設備領域中的應用

微控制器在汽車電子中的應用非常廣泛，例如汽車中的發動機控制器，基於 CAN 匯流排的汽車發動機智慧電子控制器、GPS 導航系統、abs 防鎖死系統及制動系統等等。

此外，微控制器在工商、金融、科學研究、教育及國防航空太空等領域都有著十分廣泛的用途。

ARM cortex M0

初步認知篇

　　MCU 市場上有不同產品的發展狀況，32 位元 MCU 的發展最為搶眼，特別應用在手機的 ARM 微控制器。與 8 位元 MCU 相比，32 位元 MCU 提升了工作效率且簡化了設計，使功耗更低，成本也不比 8 位元 MCU 高多少。例如，通信符合更高頻寬的需求，智慧電錶要求通過乙太網路或其他方式實現自動抄表，汽車智慧化的提升等等都帶動了整合各種網路介面且低功耗的 32 位元 MCU 的發展。

　　此外，因 8 位元和 32 位元 MCU 的發展使 16 位元產品逐漸淘汰，這已成為大部分 MCU 企業的共識。產業將高度整合 MCU 市場且在不斷擴張的同時，有可能走向高度壟斷，使一些企業將被迫離開這一行業，而這一切可能緣於 ARM 核心的異軍突起。

　　2007 年，意法半導體作為第一家半導體行業中的大廠推出了基於 ARM Cortex 微控制器的 MCU 產品。當時，瑞薩、飛思卡爾、德州儀器、東芝、愛特梅爾(Atmel)及富士通微電子等企業都專注於各自專核心 MCU 產品的開發和推廣。但僅僅在 3 年之內，MCU 產業發生了巨大的轉變，大多數 MCU 企業都爭先恐後推出了 ARM Cortex 微控制器的 MCU。

　　現在 MCU 市場重新洗牌，8 位元微控制器只能苦守，16 位元機將逐漸淘汰，32 位元微控制器 ARM 大行其道，因此，學習 32 位元的 ARM 微控制器是必然的趨勢。

1

微控制器發展趨勢

1.1　概述

　　嵌入式領域的發展日新月異，也許讀者尚未注意到，但若停下來想一想微控制器系統十年前的樣子，並與當今的微控制器系統比較，將會發現 PCB 設計、元件封裝、整合度、時脈速度和記憶體大小也已經歷了好幾代的改變。在這方面最熱門的話題之一是：仍在使用 8 位元微控制器的用戶何時才能擺脫傳統架構，轉向更先進的 32 位元微控制器架構，如 ARM Cortex-M 的微控制器系列。在過去幾年裡，嵌入式開發者轉向使用 32 位元微控制器有明顯的增加趨勢。本章節將討論加速這種遷移的一些因素。

一、轉換的原因

　　在本章節的第一部分，將總結為什麼嵌入式開發者應該考慮向 32 位元微控制器遷移。最主要的原因是，市場和消費者對嵌入式產品複雜性的需求大幅上升。隨著嵌入式產品彼此連結越來越多、功能越來越豐富，目前的 8 位元和 16 位元的 MCU 已經無法滿足處理的需求，即使 8 位元或 16 位元微控制器能夠滿足現在的產品需求，它也存在限制未來產品升級和程式碼重複使用的嚴重風險。

　　第二個常見原因是嵌入式開發者開始認識到使用 32 位元微控制器優點，且不論 32 位元微控制器能提供超過 10 倍的功能，32 位元微控制器本身即有低功率、簡潔的程式碼、更快速的軟體開發以及更好的軟體重用性(Software reuse)等優勢。

另一個原因是 ARM 元件的多樣性、多工性和相容性。如今，由於越來越多的供應商提供的 ARM 擁有更多元選擇性，如周邊設備、功能、記憶體大小、封裝、成本等等。另外，ARM Cortex-M 的微控制器還具有針對微控制器應用的特性，這些特性使 ARM 微控制器有更廣泛的應用範圍。與此同時，ARM 微控制器的價格在過去 5 年裡已大幅降低，且開發者的成本也降低甚至有免費開發工具。與其他架構相比，選擇 ARM 的微控制器也是更好的投資。

現在的 ARM 微控制器開發軟體，針對微控制器的程式碼在未來可重複使用，隨著 ARM 架構的應用更加廣泛，聘請具有此經驗的軟體專案師也更加容易，這也使得嵌入式開發者的產品更能與未來接軌。

在大多數人的印象中，8 位元微控制器採用 8 位元指令，而 32 位元微控制器採用 32 位元指令。事實上，8 位元微控制器的指令是 16 位元、24 位元或者 8 位元以上的其他指令長度，例如，PIC18 的指令是 16 位元。即使是古老的 8051 架構，有些指令長度是 1 位元組，也有許多其他指令是 2 或 3 位元組。16 位元架構同樣如此，例如，MSP430 的部份指令是 6 位元組(MSP430X 指令甚至是 8 位元組)。

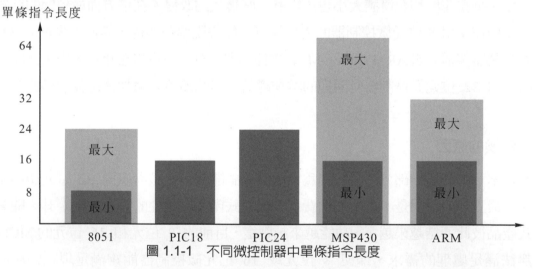

圖 1.1-1　不同微控制器中單條指令長度

ARM Cortex-M3 和 Cortex-M0 微控制器能提供卓越程式碼密度的 Thumb-2 技術。採用 Thumb-2 技術的微控制器可以支援同時包含 16 位元和 32 位元指令的 Thumb 指令集，32 位元指令功能包含 16 位元版本。在大多數情況下，C 編譯器使用 16 位元版本指令，除非操作只能使用 32 位元版本才能執行。

在 Cortex-M 微控制器的編譯程式中，32 位元指令的數量僅占整個指令數量的一小部分。例如，在專爲 Cortex-M3 編譯的 Dhrystone 程式中，32 位元指令的數量僅占指令總數的 15.8%(平均指令長度爲 18.5 位元)。而對 Cortex-M0 來說，32 位元指令數量所占的比例更低，僅爲 5.4%(平均指令長度爲 16.9 位元)。

註：Dhrystone 是測量處理器運算能力中最常見的基準程式之一，常用於處理器的運算功能。程式則是用 C 語言編寫的，因此 C 編譯器的編譯效率對測試結果有相當大影響。

1.2 ARM Cortex-M 微控制器優勢

一、指令集效率

ARM Cortex-M 微控制器使用的 Thumb 指令集的效率很高。例如，ARM 微控制器的多載入指令、多儲存指令、堆疊推入和堆疊彈出指令，允許由單條指令實現多個資料傳輸。

強大的記憶體定址模式還簡化了 ARM 微控制器的記憶體存取序列。例如，通過暫存器偏移、立即偏移、PC 相關或堆疊指標相關(對本地變數有用)的定址模式等單一指令都可以存取記憶體。同時，還具有記憶體指標自動調整等附加功能。

所有 ARM 微控制器在處理 8 位元和 16 位元資料方面是非常有效率的。對於 8 位元、16 位元和 32 位元資料處理，無論是有符號還是無符號，都有緊湊型記憶體存取指令可以使用。此外，還有部份指令專門用於資料類型轉換。總體來說，使用 ARM 微控制器處理 8 位元和 16 位元的資料與處理 32 位資料一樣簡單和高效。

ARM Cortex-M 微控制器可提供強大的執行功能。針對有符號和無符號資料類型的分支條件進行綜合選擇，這是現在所有 ARM 微控制器共有的功能，此外，ARM Cortex-M3 的微控制器還提供有條件執行、比較及分支複合指令。

Cortex-M0 和 Cortex-M3 都支援 32 位元的單週期乘法操作。此外，Cortex-M3 的微控制器還支援有符號和無符號的整數除法、飽和運算、32 位元和 64 位元累積乘法(MAC) 操作及多種位元字段操作指令。

表 1.2-1　在各種微控制器體系結構之間比較 16 位元乘法運算

8 位示例	16 位示例	ARM Cortex-M
MOV A, XL；2 位元組	MOV R4,&0130h	MULS r0,r1,r0
MOV B, YL；3 位元組	MOV R5,&0138h	
MUL AB；1 位元組	MOV SumLo,R6	
MOV R0, A；1 位元組	MOV SumHi,R7	
MOV R1, B；3 位元組	(運算元被移入或移出記憶體	
MOV A, XL；2 位元組	對應的硬體乘法單元)	
MOV B, YH；3 位元組		
MUL AB；1 位元組		
ADD A, R1；1 位元組		
MOV R1, A；1 位元組		
MOV A, B；2 位元組		
ADDC A, #0；2 位元組		
MOV R2, A；1 位元組		
MOV A, XH；2 位元組		
MOV B, YL；3 位元組		
MUL AB；1 位元組		
ADD A, R1；1 位元組		
MOV R1, A；1 位元組		
MOV A, B；2 位元組		
ADDC A, R2；1 位元組		
MOV R2, A；1 位元組		
MOV A, XH；2 位元組		
MOV B, YH；3 位元組		
MUL AB；1 位元組		
ADD A, R2；1 位元組		
MOV R2, A；1 位元組		
MOV A, B；2 位元組		
ADDC A, #0；2 位元組		
MOV R3, A；1 位元組		

註：Cortex-M 乘法實際上執行 32 位元乘法，此處我們假設 r0 和 r1 包含 16 位元資料。

二、8 位元應用程式

許多嵌入式開發人員認為其應用程式僅執行 8 位元的資料處理，因此不需要遷移到 32 位元微控制器。但是深入瞭解一下 C 編譯器手冊，就會知道醜整數(humble integer，即因子為 2/3/5 的整數)在 8 位元微控制器上其實是 16 位元資料保留每次執行一個整數操作，或者存取需要整數操作的 C 函式函數庫，處理的都是 16 位元資料。8 位元微控制器的核心必須使用一系列指令和更多時脈週期來處理這些資料。

同樣的情況也適用於指標。在大多數的 8 位元或 16 位元微控制器中，位址指標至少需要 16 位元。如果在 8051 中使用通用記憶體指標，由於需要額外的資料以表明所指的是哪塊記憶體，或使用儲存體轉換和類似技術來克服 64K 位元組記憶體障礙，指標的使用量將提升。因此，在 8 位元系統中記憶體指標的處理效率是非常低的。由於在暫存器程式庫中的每個整數變數佔用多個暫存器，在 8 位元微控制器中進行整數運算也會導致更多的記憶體存取，更多的記憶體讀/寫指令，及更多的堆疊操作指令。所有這些問題都大大增加了 8 位元微控制器的程式碼長度。

接下來，看看在特定基準實例的比較結果？例如，針對多種進行長度最佳化的架構編譯的 Dhrystone 程式會產生以下結果如表 1.2-1：

表 1.2-1　特定基準實例

微控制器	SiliconLabs C8051F320	Cortex-M0	Cortex-M3
工具	Keil µVision 3.8 PK51 8.18	RVDS 4.0-SP2	RVDS 4.0-SP2
二進制輸出大小(位元組)	3186	912	900

大多數嵌入式應用程式遷移到 ARM Cortex-M 微控制器後，由於使用較少的程式碼而受益，因此這意味著對微控制器記憶體要求降低，可以使用更便宜的微控制器。程式碼尺寸減小的原因來自於指令集效率提升、指令規模降低、及大多數嵌入式應用程式需要處理 16 位元或更大的資料。

ARM 微控制器的程式碼尺寸較小的優勢能夠影響微控制器的性能、功耗和成本。許多嵌入式開發人員從 8 位元和 16 位元微控制器轉換到 32 位元微控制器的一個重要原因是其嵌入式產品對性能有更高的需求。轉換到 ARM 微控制器還可降低功耗並且延長嵌入式產品的電池壽命，儘管這些益處通常不易覺察和理解。

三、性能

比較微控制器性能的一種常見方法是使用 Dhrystone 基準。它免費、容易使用且體積輕巧,在微控制器中只占非常小的記憶體(儘管它不是一個"最理想的"基準套件)。原始的 8051 的性能僅為 0.0094 DMIPS/MHz。新型 8051 的性能略有提高,例如,Maxim 80C310 設備為 0.027 DMIPS,最快的 8051 微控制器宣稱擁有 0.1 DMIPS/MHz 的 Dhrystone 性能。這仍然大大低於 ARM Cortex-M 微控制器的性能,如 Cortex-M3 微控制器的最高性能是 1.25 DMIPS/MHz,Cortex-M0 微控制器的最高性能達到 0.9 DMIPS/MHz。其他 8 位元和 16 位元架構又如何呢?PIC18 的性能為 0.02 DMIPS/MHz(內部時脈),比某些 8051s 的性能還要低,並且 Microchip 的 16 位元產品性能還不及 ARM Cortex-M3 微控制器的一半。

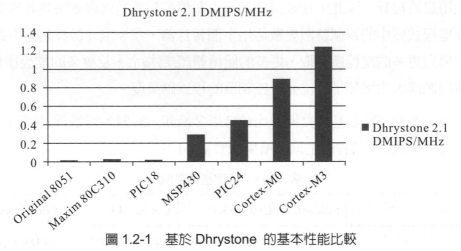

圖 1.2-1　基於 Dhrystone 的基本性能比較

四、8 位元和 16 位元微控制器的限制

總體來說,8 位元微控制器在處理 16 位元和 32 位元資料時效率很低。如前文所述,這涉及到 C 程式碼和函數庫中的整數及指標的處理。每次在處理整數變數和指標時,都需要一系列的指令,這會導致更低的性能及更長的程式碼。

造成許多 8 位元和 16 位元微控制器效率降低的另一個原因是指令集和程式設計模型的限制。例如,8051 嚴重依賴於累加器 (ACC) 和資料指標 (DPTR) 進行資料傳輸和處理。結果,將資料移入和移出 ACC 和 DPTR 都需要指令,這對程式碼長度和執行週期來說造成很大的影響。

　　如果需要存取超過 64K 位元組的記憶體，8 位元和 16 位元微控制器的性能會進一步降低。這些架構是為處理 16 位元位址而設計的(這些架構使用 16 位元程式計數器和 16 位元資料指標，且指令集的設計只考慮了支援 64K 位元組位址範圍)。如果需要超過 64K 位元組的記憶體，就需要額外的硬體和指令來產生額外的位址。對於需要存取大於 64K 位元組記憶體的標準 8051 來說，將把記憶體分成若干段並且所有段轉換程式碼都要通過程式庫來執行，這就增加了程式碼長度和時脈週期，且降低了記憶體使用效率。某些 16 位元微控制器通過使用更大的程式計數器和記憶體分割來避免這個缺陷，但是大的位址值仍需要額外處理，還是難免降低性能並增加了程式碼。

五、低功耗

　　關於向 ARM 架構遷移的最常見的問題是它是否會增加功耗。如果研究一下 ARM 微控制器的最新產品，這個問題就會很清楚了，ARM Cortex-M 微控制器的功耗實際上低於許多 16 位元和 8 位元微控制器。

　　ARM 微控制器本來就是為低功耗設計的，它採用了多項低功耗技術。例如，Cortex-M0 和 Cortex-M3 微控制器在架構上支援睡眠模式和 Sleep-on-exit 功能(一旦中斷處理完成，微控制器即返回到睡眠模式)。

六、記憶體存取效率

　　使用 32 位元匯流排由於減少了記憶體存取次數，而降低了功耗。對於在記憶體中拷貝同樣數量的資料，8 位元微控制器需要 4 倍的記憶體存取次數和更多的擷取。因此，即使記憶體大小相同，8 位元微控制器也要消耗更多功率才能達到相同結果。

　　Cortex-M 微控制器的擷取效率要比 8 位元和 16 位元微控制器高很多，因為每次擷取是 32 位元，所以每個週期可取得多達 2 個 16 位元的 Thumb 指令，同時為資料存取提供更多匯流排帶寬。對於同樣長度的指令序列，8 位元微控制器需要 4 倍的記憶體存取次數，而 16 位元微控制器需要 2 倍的擷取次數。因此，8 位元和 16 位元微控制器比 ARM 微控制器要消耗更多的能量。

七、通過降低操作頻率來降低功耗

32 位元高性能微控制器可以通過在更低的時脈頻率上執行應用程式來降低功耗。例如,原來在 8051 以 30MHz 執行的應用程式,可以在 ARM Cortex-M0 微控制器上僅以 3MHz 的時脈頻率執行並且達到同樣的性能水平。

八、通過縮短活躍週期來降低功耗

另外,通過 ARM 微控制器的休眠模式,可以在某個處理任務完成後進一步降低功耗。與 8 位元或 16 位元微控制器相比,Cortex-M 微控制器具有更高的性能,可以在結束後更快地進入睡眠模式,從而縮短微控制器處於活躍狀態的時間。

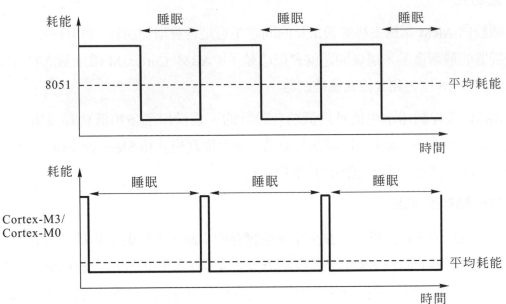

圖 1.2-2 Cortex 微控制器可以通過減少處於活躍狀態的時間來降低系統功耗

九、低功耗的總體優勢

與 8 位元和 16 位元微控制器相比,ARM Cortex-M 微控制器可提供最佳的效能和更高的性能。ARM 處理器為實現高效能而設計,應用程式可以充分利用這個優勢通過多種方式來降低能耗。

十、軟體開發

任何微控制器，如果沒有相對應的應用程式支援，只不過就是一個硬體而已。部份嵌入式軟體開發人員可能認為 ARM 微控制器的軟體開發比較困難。事實上，ARM Cortex-M 微控制器開發軟體要比開發 8 位元微控制器產品簡單得多。Cortex-M 微控制器不僅可以採用 100%的 C 語言程式設計，而且具有多種除錯功能，方便定位軟體中的問題。此外，網際網路上還有很多實例和教學，其中包括許多 ARM 微控制器供應商網站以及包括在微控制器開發工具包之內的資源。

十一、從 8 位元或 16 位元微控制器向 ARM 移植軟體

與簡單的 8 位元微控制器相比，ARM Cortex-M 微控制器在周邊設備裡通常有更多的暫存器。ARM 微控制器的周邊設備功能更多，因此可利用的程式設計暫存器也很多。但是別擔心，ARM 微控制器供應商會提供設備驅動程式庫，只需呼叫少數幾個函數就可以配置周邊設備。

與大多數 8 位元或 16 位元架構相比，ARM 微控制器的程式設計更加靈活。例如，沒有硬體堆疊限制，函數可遞迴呼叫(局部變數儲存在堆疊而不是靜態記憶體中)，也不用擔心特殊暫存器在中斷處理程式中的保存問題，它在中斷入口由微控制器進行處理。例如，對 MSP430 來說，可能會在乘法處理過程中禁用中斷，而對於 PIC，可能會在中斷處理程式中保存指標和乘法暫存器。

有個小知識非常實用： 對於一個架構來說，正確使用資料類型非常重要，因為它能使程式碼長度和性能產生極大差別，ARM 微控制器和 8 位元/16 位元微控制器的部份資料類型大小是不一樣的。

如果應用程式依賴於資料類型的大小，例如，預計某個整數要在 16 位元邊界溢出，那麼，該程式碼就需要修改，以便於在 ARM 微控制器上執行，資料大小差異的另一個影響是數組的大小。例如：

8 位元微控制器應用程式對 ROM 中的整型數組可定義為：

```
const int mydata = { 1234, 5678, …};
```

對於 ARM 微控制器，為避免不必要地增加，其定義應該改為：

```
const short int mydata = { 1234, 5678, …};
```

表 1.2-3　不同控制器的資料類型

資料類型	8 位元/16 位元微控制器	ARM 微控制器
整型	16 位元	32 位元(或使用 16 位元短整型)
枚舉型	8 位元 / 16 位元	8 位元 / 16 位元 / 32 位元
指標	16 位元或以上	32 位元
雙精度浮點型	32 位元(使用單精度)	64 位元(或使用 32 位元浮點型)

　　浮點指令的差異也可導致計算結果略有不同。由於 8 位元和 16 位元微控制器性能的限制性，雙精度資料其實是作為單精度資料(32 位元)來處理。在 ARM 微控制器中，雙精度資料類型是 64 位元，因此 32 位元浮點(單精度)應使用浮點 資料類型而不是雙精度資料類型。這種差異也會影響數學函數。例如，下面取自 Whetstone 的程式碼在 ARM 微控制器中將產生雙精度數學函數：

```
X=T*atan(T2*sin(X)*cos(X)/(cos(X+Y)+cos(X-Y)-1.0));
```

　　若僅是單精度，程式程式碼應變為

```
X=T*atanf(T2*sinf(X)*cosf(X)/(cosf(X+Y)+cosf(X-Y)-1.0F));
```

十二、除錯

　　對於一些用戶來說，選擇微控制器的關鍵之一是除錯支援。ARM Cortex-M 微控制器支援全面除錯功能，包括硬體斷點、觀察點、暫存器存取和執行時記憶體存取。除錯可採用 JTAG 或序列線協定(兩根信號線)，搭配標準的 Cortex 除錯連接器，方便將目標板連接到除錯主機。

　　Cortex-M3 用戶還可以通過追蹤支援實現額外的除錯功能。Cortex-M3 支援選擇性資料追蹤、事件追蹤、異常追蹤和文本輸出(儀器追蹤)。追蹤資料可以由串列線輸出的單接腳介面進行收集，並與除錯主機連接共享 JTAG/串列線連接器。這樣，與程式執行相關的有用資料可通過低成本除錯硬體所獲得，無需額外的追蹤硬體。許多 Cortex-M3 微控制器還支援嵌入式追蹤巨集單元(ETM) ，它支援完整的指令追蹤。此功能對應用程式程式碼的執行情況進行詳細分析。由於 Cortex-M0 和 Cortex-M3 存在相似性，可以通過指令追蹤在 Cortex-M3 上開發和除錯應用程式，然後進行少量的程式碼修改即可將應用程式移植到 Cortex-M0 上。

十三、選擇

使用 ARM 微控制器的一個最重要的優勢是選擇範圍大。Cortex-M 微控制器的供應廠商越來越多，外圍設備、介面、記憶體大小、封裝和主頻範圍也多樣化。市場上既有免費和低成本的開發工具，也有許多高級功能的專業開發工具。支援 ARM 的嵌入式操作系統、編解碼器和中間件供應商也日益增多。

十四、軟體可移植性

ARM Cortex-M 微控制器還提供了高度的軟體可移植性。雖然微控制器供應商為數眾多，各自都有自己的設備驅動程式庫，C 編譯器供應商也有若干，但是嵌入式軟體開發者通過 Cortex 微控制器軟體介面標準 (CMSIS)，可以輕鬆實現軟體移植。

CMSIS 已經被包含在許多微控制器供應商提供的設備驅動程式庫中。它給核心函數和核心暫存器提供軟體介面，並提供標準化的系統異常處理程式名稱。CMSIS 開發的軟體可以在不同的 Cortex-M 微控制器之間輕鬆地移植，並且使得嵌入式操作系統或中間件可以同時支援多家微控制器供應商和多種編譯器套件。CMSIS 通過提供更好的軟體可重覆性來保護軟體開發上的投資。

十五、遷移成本

隨著近年來製造工藝的不斷進步，ARM Cortex 微控制器的成本也不斷降低，已經與 8 位元和 16 位元微控制器處於同等水平。另一方面，用戶對性能優越、功能豐富的微控制器的需求不斷增加，大大提高了產量並降低了單位成本。

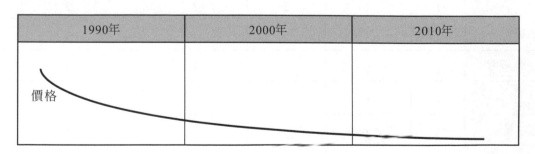

1990年	2000年	2010年

圖 1.2-3　32 位元微控制器的價格已大幅下降

十六、結論

從 8 位元微控制器遷移至 ARM Cortex-M 微控制器可以得到更好的性能，降低複雜軟體的開發成本，還能夠降低能耗和程式碼長度。遷移到 16 位元架構或其他 32 位元架構則不會獲得同樣的優點。

從 8 位元遷移到 16 位元架構只能解決 8 位元微控制器中出現的部分限制。16 位元架構在處理大型記憶體(>64K 位元組)時具有與 8 位元架構相同的效率低下的問題，並且通常基於私有架構，限制了設備選擇性和軟體可移植性。其他 32 位元微控制器架構在中斷特性、效能、系統特性和軟體支援等方面也相對落後。一般情況下，遷移到 ARM 才能實現最大效益，包括降低成本和適應未來發展。

無論應用程式有何要求，都可以輕鬆找到一個適合的 ARM Cortex-M 微控制器產品。即便日後需要增強產品以實現更多功能、更高性能或者更低能耗，ARM Cortex-M 微控制器的架構皆可在不同的 ARM 微控制器產品之間輕鬆轉換。

展望未來，隨著更多 Cortex-M 微控制器產品的推出，越來越多的嵌入式項目將遷移到 ARM。從長遠來看，不難發現，ARM Cortex-M 成為微控制器的標準架構已是不爭的事實。

表 1.2-4　各種控制器的綜合對比與評分

	8051	其他 8 位元架構	16 位元架構	其他 32 位元架構	ARM Cortex-M 微控制器
性能	1	1	2	3	3
低能耗	3	3	3	1	3
程式碼密度	1	1	2	1	3
記憶體 >64KB	1	1	1	3	3
向量中斷	3	3	3	2	3
低中斷延時	3	3	3	1	3
低成本	3	3	3	1	3
多供貨源(非專有架構)	3	3	1	1	3

表 1.2-4　各種控制器的綜合對比與評分(續)

	8051	其他 8 位元架構	16 位元架構	其他 32 位元架構	ARM Cortex-M 微控制器
編譯器選擇性	3	2	2	2	3
軟體可移植性	3	2	2	2	3
評分	24	22	25	17	30

 深入重點

☆　ARM Cortex-M 控制器具有低功耗、高性能、低成本、軟體可移植性等特性。

1.3　ARM Cortex-M 微控制器程式變遷

一、架構概述

　　對於一些嵌入式程式設計師(尤其是那些習慣使用組合語言程式設計的程式設計師)，首先要做的事情就是了解程式設計模型。

二、暫存器

　　ARM Cortex-M 微控制器具有一個 32 位元暫存器程式庫和一個 xPSR(組合程式狀態暫存器)。而 8051 具有 ACC(累加器)、B、DPTR(資料指標)、PSW(微控制器狀態字)和四個各含八個暫存器的暫存器程式庫(R0-R7)。

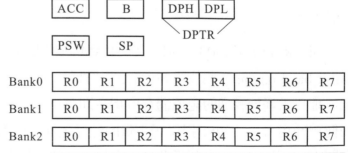

圖 1.3-1　8051 主要暫存器

在 8051 中，一些指令會頻繁使用某些暫存器，如 ACC 和 DPTR。這種相關性會極大降低系統的性能，而在 ARM 微控制器中，指令可使用不同的暫存器來進行資料處理、記憶體存取和用作記憶體指標，因此不會有這個問題。基本上，ARM 架構是一個基於載入(Load)和儲存(Store)的 RISC 架構，微控制器暫存器載入資料，然後將資料傳給 ALU 進行單週期執行。而 8051 暫存器(ACC、B、PSW、SP 和 DPTR)可在 SFR(特殊功能暫存器)的記憶體空間中存取。

為了確保普通的 C 函數能夠當作中斷處理程式，在需要處理中斷時，Cortex-M 的暫存器(R0-R3、R12、LR、PC 和 xPSR)會被自動壓入堆疊，而軟體僅需在必要時將其他暫存器壓入堆疊。雖然 8051 具有 4 個暫存器程式庫，但是 ACC、B、DPTR 和 PSW 暫存器並不會自動壓堆疊，因此需要通過中斷處理程式對這些暫存器進行軟體壓堆疊。

三、記憶體

ARM 微控制器具有 32 位元定址，可實現一個 4GB 的線性記憶體空間。該記憶體空間在結構上分成多個區，每個區都有各自的推薦用法(雖然並不是固定的)。統一記憶體架構不僅增加了記憶體使用的靈活性，而且降低了不同記憶體空間使用不同資料類型的複雜性。

8051 在外部 RAM 記憶體空間上最高支援 64KB 的程式記憶體和 64KB 的資料記憶體。理論上，可以利用記憶體分頁來擴展程式記憶體大小。不過，記憶體分頁解決方案並未標準化，換句話說，不同 8051 供應商的記憶體分頁的實現並不相同。這不僅會增加軟體開發的複雜性，而且由於處理頁面轉換所需的軟體開銷，還會顯著降低軟體性能。

在 ARM Cortex-M3 或 M4 上，SRAM 區和周邊設備區都提供了一個 1MB 的位段區(bit band region)。此位段區允許通過別名位址存取其內部的每個位元。由於位段別名位址只需通過普通的記憶體存取指令即可存取，因此 C 語言完全可以支援，不需要任何特殊指令。而 8051 提供了少量的位元定址記憶體(內部 RAM 上 16 位元組和 SFR 空間上 16 位元組)。處理這些位元資料需要特殊指令，而要支援此功能，C 編譯器中需要 C 語言擴展。

　　ARM Cortex-M 微控制器的記憶體對應包含多個內置周邊設備區塊。例如，ARM Cortex-M 微控制器的一個特性是具有一個嵌套向量中斷控制器 (NVIC) 。此外，系統區塊中記憶體對應有數個指定控制暫存器和除錯組件，以確保優異的中斷處理並方便開發人員使用。

四、堆疊記憶體

　　堆疊記憶體操作是記憶體架構的重要組成部分。在 8051 中，堆疊指標只有 8 位元，同時堆疊位於內部的記憶體空間(上限為 256 個位元組，並由工作暫存器(四個各由 R0 至 R7 構成的暫存器程式庫)和內部資料變數共享)。與 8051 不同的是，ARM Cortex-M 微控制器使用系統記憶體作為堆疊，採用滿遞減模型。

　　滿遞減堆疊記憶體模型更受 C 語言的支援。例如，微控制器中的 SRAM，可組織為使用動態分配記憶體空間的 C 函式庫和應用程式，通常需要堆疊記憶體。

　　儘管 Cortex-M 微控制器的每次堆疊需要 32 位元的堆疊記憶體，整體來說，RAM 的使用仍然要比 8051 少。8051 的變數通常是靜態地放在 IDATA 上，而 ARM 處理的局部變數則是放在堆疊記憶體上的，因此，只有當函數執行的時候，局部變數才會佔用 RAM 的空間。

　　此外，ARM Cortex-M 微控制器提供第二個堆疊指標，以允許操作系統核心和程式堆疊使用不同的堆疊記憶體。這使得操作更可靠，也使操作系統設計更高效(堆疊指標轉換是自動處理的)。

五、周邊設備

　　8051 中的很多周邊設備是通過特殊功能暫存器 (SFR) 來控制的。由於 SFR 空間只有 128 個位元組，而且其中一些已經為微控制器暫存器和標準周邊設備所佔用，剩餘的 SFR 位址空間通常非常有限，因此也就限制了可通過 SFR 控制的周邊設備數量。雖然可以通過外部記憶體空間來控制周邊設備，但是與 SFR 存取相比，外部存取通常需要更多的開銷(需要將位址複製到 DPTR，資料必須通過 ACC 傳輸)。

　　在 ARM Cortex-M 微控制器中，所有周邊設備都是由記憶體對應的。由於所有暫存器都可用作指標或資料存取中的資料值，因此效率非常高。在 C 語言中，存取周邊設備位址的一個簡單方法就是使用指標，如：

```
(*((volatile unsigned long *)(Led_ADDRESS))) = 0xFF;
   ReceviedData = (*((volatile unsigned long *)(IO_INPUT_ADDRESS)));
```

此外，可以宣告周邊設備區塊的資料結構。使用資料結構，程式碼只需要儲存周邊設備的基址，而且每個暫存器存取可以利用帶有立即數偏移量的載入或儲存指令來執行，因此效率會提升。例如，具有四個暫存器的周邊設備可以定義為：

```
typedef struct
{
volatile unsigned long register0;
volatile unsigned long register1;
volatile unsigned long register2;
volatile unsigned long register3;
} SomePeripheral_Type;

#define SomePeripheral ((SomePeripheral_Type *) 0x40003000)
         SomePeripheral->register2 = 0x3;
```

由於 ARM 微控制器中周邊設備匯流排協議的特性，周邊設備暫存器通常定義為 32 位元，雖然只會用到其中幾位元。此外，周邊設備暫存器的位址是字對齊的。例如，如果周邊設備位於位址 0x40000000 處，那麼對應周邊設備暫存器的位址就是 0x40000000、0x40000004 和 0x40000008 等。某些執行在主系統匯流排上的周邊設備則沒有這個限制。

六、異常

8051 支援具有兩個可程式設計優先級的向量中斷。一些較新的 8051 支援四個級別和稍多的中斷源。它們也支援嵌套中斷。當中斷發生時，程式會保存返回位址，然後跳躍到向量表中的固定位址。向量表通常包含有另一個分支指令，以便跳躍至中斷服務程式的實際開始位置。進入中斷服務程式時，需要通過軟體程式碼將 PSW(也可能包括 ACC 和 DPTR 等)壓入堆疊並轉換暫存器程式庫。

　　ARM Cortex-M 微控制器的中斷處理由嵌套向量中斷控制器 (NVIC) 提供。NVIC 緊密地耦合到微控制器核心，支援向量中斷和嵌套中斷。此外，它還支援更多中斷源：Cortex-M0/M1 支援最多 32 個 IRQ，Cortex-M3 支援最多 240 個 IRQ。Cortex-M0/M1 支援 4 個可程式設計優先級，而 Cortex-M3 則支援 8 至 256 個級別，具體數目視實際情況而定(通常為 8 或 16 個級別)。

　　與 8051 不同的是，ARM Cortex-M 微控制器的向量表儲存的是異常處理程式的開始位址。此外，Cortex-M 微控制器支援 NMI(非屏蔽中斷)和一些系統異常。系統異常包括特別腳對操作系統的異常類型和用於檢測非法操作的故障處理異常。這些功能都是 8051 上所沒有的。8051 中的中斷服務程式需要通過 RETI 指令來終止，該指令與用於標準函數的 RET 指令不同。在 ARM Cortex-M 中，中斷服務程式與普通的 C 函數完全相同。異常機制使用異常進入期間 LR 中生成的特殊返回位址程式碼來檢測異常返回。

七、軟體

　　簡單瞭解架構情況後，我們現在來討論軟體程式碼的移植。在很多情況下，致能腳對 8051 編寫的 C 程式碼需要進行大幅度的修改。很顯然，記憶體對應和周邊設備驅動程式碼是不同的。除此之外，還需要特別注意一些地方：

1. 資料類型

　　8051 和 ARM 微控制器的資料類型有一些差異。由於資料大小不同，如果程式碼依賴於資料大小或溢出行為，不做修改可能會無法工作。表 1.3-1 所示為常見資料類型的大小，具體視編譯器而定。這裡是指 8051 的 KEIL C 編譯器和 ARM RealView 編譯器(也適用於 KEIL RealView 微控制器開發套件)。

表 1.3-1　8051 與 ARM 資料類型對比

類型	8051	ARM
char,unsigned char	8	8
enum	16	8/16/32(選擇最小的數)
short,unsigned short	16	16
int,unsigned int	32	32
long,unsigned long	32	32

資料類型大小不同的另一個影響是在 ROM 中保留常數資料所需的大小。例如，如果 8051 程式中包含一個整數型常數數組，那麼就需要修改程式碼，將該數組定義爲短整型常數。否則，程式碼長度可能會因爲該數組從 16 位元變成 32 位元而增加。

Cortex-M3 微控制器的用戶可以使用位段區來管理位元資料。由於位段區允許利用位段別名位址通過普通的記憶體存取指令來存取位元資料，因此可以將位元資料宣告爲指向位段別名位址的記憶體指標。

或者，如果使用 ARM RealView 編譯器或 KEIL MDK-ARM，則可以使用編譯器特有的位段功能。有關此功能的更多詳細資料，請參閱《ARM RealView 編譯器用戶指南》或 Keil 線上檔案。對於周邊設備位址，可以按照前文所述將 SFR 資料類型替換爲易失性記憶體指標。由於 8051 指令集的特性，SFR 位址是硬編碼在指令中的。在 ARM 微控制器中，可以將周邊設備的暫存器定義爲記憶體指標，並將暫存器作爲資料結構或數組來存取，這要比 8051 靈活很多。

由於 8051 的處理能力限制，大多數 8051 C 編譯器會將"雙精度"資料類型(64 位元)作爲單精度(32 位元)來處理。而在 ARM 微控制器中使用相同程式碼時，C 編譯器將使用雙精度，因此程式執行可能會發生變化。例如，如果只需要單精度，就需要對以下從 Whetstone 中提取的程式碼進行修改：

```
 X=T*atan(T2*sin(X)*cos(X)/(cos(X+Y)+cos(X-Y)-1.0));
Y=T*atan(T2*sin(Y)*cos(Y)/(cos(X+Y)+cos(X-Y)-1.0));
```

對於單精度運算，程式碼需要更改爲：

```
X=T*atanf(T2*sinf(X)*cosf(X)/(cosf(X+Y)+cosf(X-Y)-1.0F));
Y=T*atanf(T2*sinf(Y)*cosf(Y)/(cosf(X+Y)+cosf(X-Y)-1.0F));
```

對於不需要雙精度精確度的應用程式，將程式碼更改爲單精度能夠提高性能及縮短程式碼長度。

2. 中斷處理程式

為了使 8051 C 編譯器的中斷處理程式產生正確的程式碼，需要用到一些函數擴展。這可確保函數使用 RETI(而非 RET)來返回並確保將所有用到的暫存器保存到堆疊中。在 8051 的 KEIL C 編譯器中，這是通過"interrupt"擴展來執行的。如範例：

```
void timer0_isr (void) interrupt 1
{ /* 8051 timer ISR */
  …
  return;
}
```

在 ARM Cortex-M 微控制器中，中斷服務程式被當作普通的 C 函數那樣來編譯。因此，可以去掉"interrupt"擴展。在 ARM RealView 編譯器中，也可以添加 __irq 關鍵詞來加以說明。如範例：

```
__irq void timer0_isr (void)
{ /* ARM timer ISR */
  …
  return;
}
```

8051 編譯器的另一個 C 語言擴展用於指定所使用的暫存器程式庫。如範例：

```
void timer0_isr (void) interrupt 1 using 2
{ /* use register bank #2 */
  …
  return;
}
```

同樣，ARM 微控制器不需要此擴展，故可將其刪除。

3. 可重入函數

　　對於 8051，普通的 C 函數無法用作可重入函數。這是因為局部變數是靜態的，如果使用重入函數，局部變數可能會遭到損壞。為了解決此問題，一些 8051 C 編譯器支援"reentrant"擴展。例如，使用 KEIL 8051 C 編譯器時，可以將函數宣告為：

```
void foo (void) reentrant
{
  return;
}
```

　　ARM 微控制器的局部變數儲存在堆疊中，重入普通函數並不會出現問題，因此可以刪除"reentrant"擴展。

4. 非對齊資料

　　在 ARM 微控制器程式設計中，資料變數的位址必須對齊位址。換句話說，變數 "X" 的位址應該是 sizeof(X)的倍數。例如，字變數的位址最低兩位元應該是零。

　　ARM Cortex-M0/M1 要求資料對齊。Cortex-M3 微控制器支援非對齊資料存取，然而 C 編譯器通常不會生成非對齊資料。如果資料不對齊，那麼存取資料將需要更多的匯流排週期，因為 AMBA AHB LITE 匯流排標準(在 Cortex-M 微控制器中使用)不支援非對齊資料。存取非對齊資料時，匯流排介面必須將其分成數個對齊傳輸。在使用不同大小的元素來建立資料結構時，可能會遇到各元素的不同排列方式使該資料結構所需的記憶體變少。例如，像下面這樣的結構：

```
struct sample {
  short field1; // 2 位元組
  Int field2;  // 4 位元組
  char field3; // 1 位元組
  Int field4;  // 4 位元組
};
```

通過重新排列結構中的元素，可以使該結構所需的記憶體減少：

```
struct sample {
 short field1; // 2 位元組
 char field3; // 1 位元組
 Int field2;  // 4 位元組
 Int field4;  // 4 位元組
};
```

由於 Cortex-M0/M1 不支援非對齊資料處理，假如應用程式嘗試使用非對齊傳輸，則會觸發故障異常。C 程式通常不會產生非對齊傳輸，但如果手動安排 C 指標的位置，就可以生成非對齊資料，並導致 Cortex-M0/M1 的故障異常。Cortex-M3 可以配置異常陷阱來檢測非對齊傳輸，從而強制非對齊傳輸發生故障異常。

5. 故障異常

ARM 微控制器和 8051 之間的一個主要差別在於，ARM 微控制器通過故障異常來處理錯誤事件。記憶體或周邊設備可能會發生錯誤(匯流排\錯誤響應)，檢測到異常操作時，微控制器內部也可能會發生錯誤(如無效指令)，錯誤檢測功能有助於構建可靠的系統。

常見故障包括：

● 記憶體(資料或指令)存取無效記憶體空間。

● 無效指令(例如：指令記憶體損壞)。

● 不允許的操作(例如：嘗試轉換到 ARM 指令集，而非 Thumb 指令集)。

● 違反 MPU 記憶體存取權限(非特權程式嘗試存取特權位址)。

在 Cortex-M0/M1 微控制器中，檢測到任何錯誤時，都將其稱為硬體故障的異常類型。硬體故障處理程式的優先級要高於除 NMI 之外的其他異常。可以使用此異常來報告錯誤，或者在必要時還原系統。

Cortex-M3 微控制器中有兩個級別的錯誤處理程式。當錯誤發生時，如果已啓用第一級錯誤處理程式，並且這些處理程式的優先級高於當前的執行級別，就執行這些處理程式。如果未啓用第一級錯誤處理程式，或者這些處理程式的優先級並不高於當前的執行級別，就呼叫第二級錯誤異常，即硬體故障異常。

此外，Cortex-M3 微控制器包含有數個故障狀態暫存器，用於對故障進行診斷。對於 Cortex-M0/M1，由於進入硬體故障異常時會將數個核心暫存器(如 PC 和 PSR)壓入堆疊，因此可通過堆疊追蹤獲取基本除錯資料。

八、設備驅動程式和 CMSIS

微控制器廠商會以設備驅動程式庫的形式提供許多周邊設備控制程式碼。這類程式碼可顯著縮短軟體開發時間。即使不直接使用該設備驅動程式碼，它也可為設置和控制各種周邊設備提供頗具價值的參考。

在一些 ARM 微控制器廠商提供的設備驅動程式中包含 CMSIS(Cortex 微控制器軟體介面標準)。CMSIS 是用於 Cortex-M 微控制器的一套函數和定義。這些函數和定義是多個廠商共同採用的標準，使得在不同 Cortex-M 微控制器之間移植軟體變得更容易。

CMSIS 由以下內容組成：

- 暫存器定義，包括 NVIC 中斷控制、系統控制區塊(用於微控制器控制)、SysTick 定時器(用於嵌入式操作系統的 24 位元減法計數器)。
- 一些用於 NVIC 中斷控制的函數。
- 一些實現微控制器核心功能的函數。
- 標準化的系統初始化函數。

例如，如果希望禁用或啓用中斷，可以使用 CMSIS 函數"__disable_irq"和"__enable_irq"。借助 CMSIS，此程式碼可以在不同的 Cortex-M 微控制器上使用，並且得到了 ARM 開發工具(ARM RealView 開發套件和 KEIL MDK-ARM)、GCC(如 CodeSourcey G++)和 IAR C 編譯器的支援。

此外，CMSIS 包含一些隱含函數，可以產生一些特殊指令，這些指令無法用普通 C 程式碼由 C 編譯器來產生。例如，可以使用隱含函數來存取特殊暫存器和創建獨佔存取(對於 Cortex-M3 的多微控制器程式設計)等。同樣，CMSIS 使得所開發的軟體可以在多個 C 編譯器產品之間進行移植。CMSIS 對所有 Cortex-M 開發人員都非常重要，尤其是那些為多個項目開發嵌入式操作系統、中間件和可重覆嵌入式軟體的人員。CMSIS 包含在微控制器廠商提供的設備驅動程式中，也可以從 www.onarm.com 網站下載。

九、混用 C 語言和組合程式

大多數情況下，可以完全用 C 語言來編寫 Cortex-M 應用程式。即使需要存取一些 C 編譯器無法通過普通 C 程式碼生成的特殊指令，也可以使用 CMSIS 提供的隱含函數，或者根據需要在應用程式中使用組合語言。還可以在單獨的組合程式文件中編寫彙程式設計式碼，也可以使用 C 編譯器的特定方法將彙程式設計式碼混合在 C 程式文件中。

使用 ARM(和 KEIL)開發工具時，將彙程式設計式碼插入 C 程式設計文件的方法稱爲 "嵌入式組合程式"。彙程式設計式碼宣告爲函數，並可以被 C 程式碼呼叫。如範例：

```
int main (void)
{
  int  status;
  status = get_primask();
  while(1);
}
__asm int get_primask (void)
{
  MRS  R0,  PRIMASK ; Put interrupt masking register in R0
  BX  LR ; Return
}
```

有關嵌入式組合程式的更多詳細資料，請參閱《RealView 編譯器用戶指南》。使用 GCC 和 IAR 編譯器時，可以使用內嵌組合程式將彙程式設計式碼插入到 C 程式程式碼。請注意，雖然包括 RVDS 和 KEIL MDK-ARM 在內的 ARM 開發工具中也包含內嵌組合程式功能，但是 ARM 工具中的內嵌組合程式僅支援 ARM 指令，並不支援 Thumb 指令，因此不能用於 Cortex-M 微控制器。在組合程式和 C 語言混合環境中，可以通過組合程式程式碼呼叫 C 函數，也可以通過 C 函數呼叫組合程式程式碼。資料傳輸的暫存器使用可參見 《ARM 架構程式呼叫標準 (AAPCS)》的檔案。此檔案可以從 ARM 網站獲取。在簡單的情況下，可以使用 R0-R3 作爲函數的輸入(R0 作爲第一個輸入變數，以此類推)，並使用 R0 來返回結果。函數應該保留 R4 至 R11 的值，而如果呼叫 C 函數，那麼返回時該 C 函數可能會更改 R0-R3 和 R12 的值。

十、除錯和追蹤功能概述

ARM Cortex 微控制器可以使用 JTAG 或序列線協定來除錯嵌入式應用程式。序列線協定是在 Cortex-M3 中引入的。該協議可以完成相同的除錯任務，卻僅需要 2 根信號線(JTAG 需要 5 根信號線)。大多數 Cortex-M0 微控制器允許使用 JTAG 或序列線協定，但並不允許使用兩者。Cortex-M 微控制器包含有一些斷點和觀察點比較器，還可以使用斷點指令向程式碼中插入其他斷點。除錯器允許你暫停、重新啓動和單步除錯程式執行，並允許檢查核心暫存器和記憶體中的資料。甚至可以在微控制器執行時存取系統記憶體。此外，Cortex-M3 微控制器支援可選的嵌入式追蹤巨集單元 (ETM)。借助 ETM、RealView Trace 或 Keil ULINK Pro 等追蹤埠分析器可以追蹤程式指令執行序列並收集相關資料。在程式編譯期間，追蹤資料可用來對程式碼中的問題進行除錯，或者由 RealView Profiler 用來提高最佳化性能。

對於一些不具備指令追蹤(ETM)的 Cortex-M3 微控制器，仍然可實現基本的追蹤功能。Cortex-M3 微控制器支援單線瀏覽器(Single-wire Viewer)輸出，允許通過單個接腳輸出少量資料。可以利用 ULINK2 等低成本的除錯硬體來收集追蹤資料。利用單線瀏覽器提供的追蹤資料，可以實現資料追蹤、事件追蹤(如中斷)、PC 採樣和儀器追蹤，其中儀器追蹤是一種新的除錯功能，允許除錯器收集軟體生成的消息(例如，可以實現 printf，而不會對軟體執行速度造成太大影響)。

十一、除錯連接

在 8051 微控制器中，除錯連接通常非常少，而 ARM 微控制器具有更多的除錯連接：

- JTAG/串列線。
- 串列線輸出(通常與 TDO 共享，僅限 Cortex-M3/M4)。
- 追蹤輸出(僅限 Cortex-M3/M4，通常在使用 ETM 追蹤時使用。它包含 5 個信號)。

請注意，ARM 規定除錯連接的物理連接器標準。進行 PCB 設計時，使用標準連接器會簡單很多。對於新設計，建議使用新的 Cortex 除錯和 ETM 連接器(0.05"20 接

腳頭 - Samtec FTSH-120)。有關信號協議的詳細資料，請參閱"ETM 架構規範" 和 "CoreSight 架構規範"。

對於沒有 ETM 的設備，可以使用更小的 0.05i±10 接腳連接器。或者，還可以使用舊的 ARM JTAG/串列線 20 路 IDC 連接器。此外，還有一個舊的 38 位元 Mictor 連接器的追蹤連接。對於新設計，不建議採用。

CoreSight 是 ARM 的除錯和追蹤技術，它是整個系統單晶片 (SoC) 的最完善晶片，提供除錯和即時追蹤解決方案，從而使 ARM 微控制器的 SoC 成爲最容易除錯和最佳化的產品。使用 CoreSight 提高了系統性能並縮短了開發時間，通過使用 CoreSight 系統 IP，嵌入式軟體開發人員和 SoC 設計人員可以開發高性能的系統(軟體和硬體)，同時縮短開發時間和降低風險。ARM 開發工具和 Keil 開發工具以及全球超過 25 個其他除錯和性能分析工具支援 CoreSight 產品組合(包含 ARM 嵌入式追蹤巨集單元)，從而向產品開發團隊保證其產品將得到廣泛的支援。

 深入重點

☆ ARM Cortex-M0 不支持內置追蹤巨集單元(ETM)。

☆ 為了確保普通的 C 函數能夠用作中斷處理程式，在需要處理中斷時，Cortex-M 的暫存器(R0-R3、R12、LR、PC 和 xPSR)會被自動壓入堆疊，而軟體僅需在必要時將其他暫存器壓入堆疊。雖然 8051 具有 4 個暫存器程式庫，但是 ACC、B、DPTR 和 PSW 暫存器並不會自動壓入堆疊，因此需要通過中斷處理程式對這些暫存器進行軟體壓入堆疊。

☆ 在 ARM Cortex-M 微控制器中，所有周邊設備都是記憶體映射的。由於所有暫存器都可用作指標或數據存取中的數據值，因此效率非常高。

☆ 儘管 Cortex-M 微控制器的每次壓入堆疊需要 32 位元的堆疊記憶體，總體來說，RAM 使用仍然要比 8051 小。8051 的變量通常是靜態地放在 IDATA 上，而 ARM 處理的局部變量是放在堆疊記憶體上的，因此，只有當函數執行的時候，局部變量才會佔用 RAM 空間。

☆ ARM Cortex-M 微控制器的中斷處理由嵌套向量中斷控制器 (NVIC) 提供。NVIC 緊密地耦合到微控制器核心，支持向量中斷和嵌套中斷。此外，它還支持更多中斷源： Cortex-M0/M1 支持最多 32 個 IRQ，Cortex-M3 支持最多 240 個 IRQ。Cortex-M0/M1 支持 4 個可程式優先級，而 Cortex-M3 則支持 8 至 256 個級別，具體數目視實際情況而定(通常為 8 或 16 個級別)。

☆ ARM 微控制器具有 32 位元定址，可實現一個 4GB 的線性記憶體空間。該記憶體空間在結構上分成多個區。每個區都有各自的推薦用法(雖然並不是固定的)。統一記憶體架構不僅增加了記憶體使用的靈活性，而且降低了不同記憶體空間使用不同數據類型的複雜性。

☆ ARM 微控制器的局部變量儲存在堆疊中，重入普通函數並不會出現問題，因此可以刪除"reentrant"擴展。

☆ 在 ARM Cortex-M 微控制器中，中斷服務程序被作為普通的 C 函數那樣來編譯。因此，可以去掉"interrupt"擴展。

☆ ARM 微控制器和 8051 之間的一個主要差別在於，ARM 微控制器通過故障異常來處理錯誤事件。記憶體或周邊設備可能會發生錯誤(總線／錯誤響應)，檢測到異常操作時，微控制器內部也可能會發生錯誤(如無效指令)，錯誤檢測功能有助於構建可靠的系統。

☆ CoreSight™ 是 ARM 的除錯和跟蹤技術，它是整個系統單晶片 (SoC) 的最完善晶片，提供除錯和即時跟蹤解決方案，從而使 ARM 微控制器的 SoC 成為最容易除錯和最佳化的產品。

2

CHAPTER

ARM 概述

2.1　ARM

　　ARM(Advanced RISC Machines)是微控制器領域中的一家知名企業，設計出大量高性能、低成本、耗能低的 RISC 微控制器、相關技術及軟體。技術具有性能高、成本低和低能耗的特點。適用於多種領域，比如嵌入控制、消費/教育類多媒體、DSP 和移動式應用等。

　　英文全稱：Advanced RISC Machines

　　國家：英國(歐洲)

　　行業：電子半導體微控制器智慧手機

　　總部：英國劍橋

　　CEO：沃倫·伊斯特

　　競爭對手：英特爾

　　市場佔有率：手機微控制器 90%的市場佔有率、網路電腦微控制器 30%的市場佔有率、平板電腦微控制器 70%的市場佔有率。

　　ARM 公司是蘋果、Acorn、VLSI、Technology 等公司合資的企業。ARM 也將其技術授權給世界上許多著名的半導體、軟體和 OEM 廠商，每個廠商得到的都是一套獨一無二的 ARM 相關技術及服務。利用這種合夥關係，ARM 很快地成為許多全球性 RISC 標準的締造者。

目前，總共有 30 家半導體公司與 ARM 簽訂了硬體技術使用許可協議，其中包括 Intel、IBM、LG 半導體、NEC、SONY、飛利浦和國家半導體等的大公司。至於軟體系統的合夥人，則包括微軟、SUN 和 MRI 等一系列知名公司。

1991 年 ARM 公司成立於英國劍橋，主要出售晶片設計技術的授權。目前，採用 ARM 技術知識財產權(IP)核的微控制器，即 ARM 微控制器，已遍及工業控制、消費類電子產品、通信系統、網路系統及無線系統等各類產品市場，基於 ARM 技術的微控制器應用約佔據了 32 位元 RISC 微控制器 75 %以上的市場佔有率，ARM 技術正逐漸進入到人類生活的各個層面。

20 世紀 90 年代，ARM 公司的業績平平，微控制器的出貨量徘徊不前。由於資金短缺，ARM 做出了一個意義深遠的決定：自己不製造晶片，只將晶片的設計方案授權(licensing)給其他公司，由它們來生產。正是這個模式，最終使得 ARM 晶片遍地開花，將封閉設計的 Intel 公司置於"人民戰爭"的汪洋大海。

進入 21 世紀之後，由於手機製造行業的快速發展，出貨量呈現爆炸式的成長，ARM 微控制器佔領了全球手機市場。2006 年，全球 ARM 晶片出貨量為 20 億片，2010 年預計將達到 45 億片。

ARM 公司是專門從事 RISC 技術晶片設計開發的公司，作為知識產權供應商，本身不直接從事晶片生產，靠轉讓設計許可由合作公司生產各具特色的晶片，世界各大半導體生產商從 ARM 公司購買其設計的 ARM 微控制器核心，根據各自不同的應用領域，加入適當的外圍電路，從而形成自己的 ARM 微控制器晶片進入市場。目前，全世界有幾十家大的半導體公司都使用 ARM 公司的授權，因此既使得 ARM 技術獲得更多的第三方工具、製造及軟體的支援，更使整個系統成本降低，使產品更容易進入市場被消費者所接受，更具有競爭力。

ARM 商品模式的強大之處在於它在世界範圍有超過 100 位合作夥伴。ARM 本身是設計公司，但不生產晶片。採用轉讓許可證制度，由合作夥伴生產晶片。

2007 年底，ARM 的雇員總數為 1728 人，持有 700 項專利(另有 900 項正在申請批准中)，全球分支機構共 31 家，合作夥伴共 200 家，年收入 2.6 億英鎊。

　　ARM 公司本身並不靠自有的設計來製造或出售 CPU，而是將微控制器架構授權給有興趣的廠商。ARM 提供了多樣的授權條款，包括售價與散播性等項目。對於授權方來說，ARM 提供了核心整合硬體敘述，包含完整的軟體開發工具(編譯器、debugger、SDK)，以及腳對內含 ARM CPU 矽晶片的銷售權。對於無晶圓廠的授權方來說，其希望能將 ARM 核心整合到自行研發的晶片設計中，通常就僅腳對取得一份生產就緒的核心技術(IP Core)認證。對這些客戶來說，ARM 會釋出所選的 ARM 核心閘極電路圖，連同抽象類比模型和測試程式，以協助設計整合和驗證。需求更多的客戶，包括整合元件製造商(IDM)和晶圓廠商，就選擇可合成的 RTL(暫存器轉移層級，如 Verilog)形式來取得微控制器的智財權(IP)。藉著可整合的 RTL，客戶就有能力進行架構上的最佳化與加強。這個方式能讓設計者完成額外的設計目標(如高震盪頻率、低能量耗損、指令集延伸等)而不會受限於無法更動的電路圖。雖然 ARM 並不授予授權方再次出售 ARM 架構本身，但授權方可以任意地出售製品(如晶片元件、評估板、完整系統等)。商用晶圓廠是特殊例子，因為不僅授予能出售包含 ARM 核心的矽晶成品，對其他客戶來講，也重製 ARM 核心的權利。

　　就像大多數 IP 出售方，ARM 依照使用價值來決定 IP 的售價。對架構而言，更低效能的 ARM 核心比更高效能的核心擁有較低的授權費。以矽晶片實作而言，一顆可整合的核心要比一顆硬體巨集(黑箱)核心要來得貴。以更複雜的價位問題來說，持有 ARM 授權的商用晶圓廠(例如韓國三星和日本富士通)可以提供更低的授權價格給晶圓廠客戶。透過晶圓廠自有的設計技術，客戶可以更低或是免費的 ARM 預付授權費來取得 ARM 核心。相較於不具備自有設計技術的專門半導體晶圓廠(如台積電和聯電)，富士通/三星對每片晶圓多收取了兩至三倍的費用。對中少量的應用而言，具備設計部門的晶圓廠提供較低的整體價格(透過授權費用的補助)。對於量產而言，由於長期的成本縮減可借由更低的晶圓價格，減少 ARM 的 NRE 成本，使得專門的晶圓廠也成了一個更好的選擇。

　　許多半導體公司持有 ARM 授權：Atmel、Broadcom、Cirrus Logic、Freescale(於 2004 從摩托羅拉公司獨立出來)、Qualcomm、富士通、英特爾(借由和 Digital 的控訴調停)、IBM、英飛凌科技、任天堂、恩智浦半導體(於 2006 年從飛利浦獨立出來)、OKI 電氣工業、三星電子、Sharp、STMicroelectronics、德州儀器和 VLSI 等許多公司均擁有各個不同形式的 ARM 授權。雖然 ARM 的授權項目由保密合約所涵蓋，在智慧財產權工業，ARM 是廣爲人知最昂貴的 CPU 核心之一。單一的客戶產品包含一個基本的 ARM 核心可能就需索取一次高達美金 20 萬的授權費用。而若是牽涉到大量架構上修改，則費用就可能超過千萬美元。

2.2　RISC

　　ARM 公司設計的微控制器基於 RISC 架構，而 RISC(reduced instruction set computer，精簡指令集電腦)是一種執行較少類型的電腦指令微控制器，起源於 80 年代的 MIPS 主機(即 RISC 機)，RISC 機中採用的微控制器統稱 RISC 微控制器。這樣一來，它能夠以更快的速度執行操作(每秒執行更多百萬條指令，即 MIPS)。因爲電腦執行每個指令類型都需要額外的電晶體和電路元件，電腦指令集越大就會使微控制器更複雜，執行操作也會更慢。

2.2.1　簡介

　　紐約約克鎮 IBM 研究中心的 John Cocke 證明，電腦中約 20%的指令承擔了 80%的工作，他於 1974 年提出了 RISC 的概念。第一台得益於這個發現的電腦是 1980 年 IBM 的 PC/XT。後來，IBM 的 RISC System/6000 也使用了這個思想。RISC 這個詞本身屬於加州柏克萊大學的一個教師 David Patterson。RISC 概念還被用在 Sun 公司的 SPARC 微控制器中，並促成了現在所謂的 MIPS 技術的建立，它是 Silicon Graphics 的一部分。許多當前的微晶片現在都使用 RISC 概念。

2.2.2　概念分析

　　RISC 概念已經引領了微控制器設計至更深層次的思索。設計中必須考慮到：指令應該如何更好的對應到微控制器的時脈速度上(理想情況下，一條指令應在一個時脈週期內執行完)；體系結構需要多"簡單"；以及在不訴諸於軟體的幫助下，微晶片本身能做多少工作等等。

除了性能的改進，RISC 的優點以及相關的設計改進如下：

1. 如果一個新的微控制器其目標不那麼複雜，那麼其開發與測試將會更快。
2. 使用微控制器指令的操作系統及應用程式的程式設計師將會發現，使用更小的指令集使得程式碼開發變得更加容易。
3. RISC 簡單的使在選擇如何使用微控制器上的空間時擁有更多的自由。

比起從前，高階語言編譯器能產生更有效的程式碼，因為編譯器使用 RISC 機器上更小的指令集。

除了 RISC，任何全指令集電腦都使用複雜指令集計算(CISC)。RISC 典型範例如：MIPS R3000、HP—PA8000 系列，Motorola M88000 等均屬 RISC 微控制器。

2.2.3 特點

一、主要特點

RISC 微控制器不僅精簡了指令系統，採用超純量和超管線結構；雖然指令數目只有幾十條，卻大大增強了並行處理能力。如：1987 年 Sun Microsystem 公司推出的 SPARC 晶片就是一種超純量結構的 RISC 微控制器。而 SGI 公司推出的 MIPS 微控制器則採用超管線結構，這些 RISC 微控制器在構建並行精簡指令系統多處理機中起著核心的作用。RISC 微控制器是當今 UNIX 領域 64 位多處理機的主流晶片。

二、性能特點

性能特點一：由於指令集簡化後，管線以及常用指令均可用硬體執行；

性能特點二：採用大量的暫存器，使大部分指令操作都在暫存器之間進行，提高了處理速度；

性能特點三：採用[快取－主記憶體－外部記憶體]三級儲存結構，令存取數與存取數指令分開執行，使微控制器可以完成更多的工作，且不因從記憶體存取資料而處理速度變慢。

應用特點：由於 RISC 微控制器指令簡單、採用硬佈線控制邏輯、處理能力強、速度快，世界上絕大部分 UNIX 工作站和服務器廠商均採用 RISC 晶片作 CPU 用。如原 DEC 的 Alpha21364、IBM 的 Power PC G4、HP 的 PA—8900、SGI 的 R12000A 和 SUN Microsystem 公司的 Ultra SPARC。

三、執行特點

RISC 晶片的工作頻率一般在 400MHz 數量級。時脈頻率低，功率消耗少，溫升也少，機器不易發生故障和老化，提高了系統的可靠性。單一指令週期容納多部並行操作。在 RISC 微控制器發展過程中，曾產生了超長指令字(VLIW)微控制器，它使用非常長的指令組合，把許多條指令連在一起，以能並行執行。VLIW 微控制器的基本模型是標量程式碼的執行模型，使每個機器週期內有多個操作。有些 RISC 微控制器中也採用少數 VLIW 指令來提高處理速度。

2.2.4 區別

RISC 和 CISC 是目前設計製造微控制器的兩種典型技術，雖然它們都是試圖在體系結構、操作運行、軟體硬體、編譯時間和運行時間等諸多因素中做出某種平衡，以求達到高效能目的，但採用的方法不同，因此，許多方面差異很大，主要如下：

1. 指令系統：RISC 設計者主要把精力放在經常使用的指令上，儘量使其具有簡單高效能的特色。對於不常用的功能，常會通過組合指令來完成。因此，在 RISC 機器上實現特殊功能時，效率可能較低。但可以利用流水技術和超純量技術加以改進和彌補。而 CISC 電腦的指令系統比較豐富，有專用指令來完成特定的功能。因此，處理特殊任務效率較高。

2. 記憶體操作：RISC 對記憶體操作有限制，使控制簡單化；而 CISC 機器的記憶體操作指令多，操作直接。

3. 程式：RISC 組合語言程式一般需要較大的記憶體空間，實現特殊功能時，程式複雜且不易設計；而 CISC 組合語言程式設計相對簡單，科學計算及複雜操作的程式設計相對容易，效率較高。

4. 中斷：RISC 機器在一條指令執行的適當地方可以響應中斷；而 CISC 機器是在一條指令執行結束後響應中斷。

5. CPU：RISC CPU 包含有較少的單元電路，因而面積小、功耗低；而 CISC CPU 包含有豐富的電路單元，因而功能強、面積大、功耗大。

6. 設計週期：RISC 微控制器結構簡單，佈局緊湊，設計週期短，且易於採用最新技術；CISC 微控制器結構複雜，設計週期長。

7. 用戶使用：RISC 微控制器結構簡單，指令規整，性能容易把握，易學易用；CISC 微控制器結構複雜，功能強大，實現特殊功能容易。

8. 應用範圍：由於 RISC 指令系統的確定與特定的應用領域有關，故 RISC 機器更適合於專用機；而 CISC 機器則更適合於通用機。

2.2.5 種類

目前常見使用 RISC 的微控制器包括 DEC Alpha、ARC、ARM、MIPS、PowerPC、SPARC 和 SuperH 等。

2.2.6 CPU 發展

圖 2.2-1　Intel 創始人

CPU 是怎樣從無到有，並且一步步發展起來的。Intel 公司成立於 1968 年，格魯夫(左)、諾依斯(中)和摩爾(右)是微電子業界的夢幻組合如圖 2.2-1 所示。

1971 年 1 月，Intel 公司的霍夫(Marcian E.Hoff)研製成功世界上第一顆 4 位元微控制器晶片 Intel 4004，旗標著第一代微控制器問世，微控制器和微機時代從此開始。因發明微控制器，霍夫被英國《經濟學家》雜誌列為"二戰以來最有影響力的 7 位科學家"之一。

4004 當時只有 2300 個電晶體，是個四位元系統，時脈頻率在 108KHz，每秒執行 6 萬條指令。功能比較弱，且計算速度較慢，故只能用在 Busicom 計算器上。

1971 年 11 月，Intel 推出 MCS-4 微電腦系統(包括 4001 ROM 晶片、4002 RAM 晶片、4003 移位暫存器晶片和 4004 微控制器)，其中 4004 包含 2300 個電晶體，尺寸規格為 3mm×4mm，計算性能遠遠超過當年的 ENIAC，最初售價為 200 美元。

1972 年 4 月，霍夫等人開發出第一個 8 位元微控制器 Intel 8008。由於 8008 採用的是 P 通道 MOS 微控制器，因此仍屬第一代 RISC 微控制器。

Intel 8080 第二代微控制器，1973 年 8 月，霍夫等人研製出 8 位微控制器 Intel 8080，以 N 通道 MOS 電路取代了 P 通道，第二代微控制器就此誕生。主頻 2MHz 的 8080 晶片運算速度比 8008 快 10 倍，可存取 64KB 記憶體，使用了 RISC。基於 6 微米技術的 6000 個電晶體，處理速度為 2.64MIPS。

摩爾定律，摩爾預言，電晶體的密度每過 18 個月就會增加一倍，這就是著名的摩爾定律。

第一台微型電腦如圖 2.2-2 所示：Altair 8800 1975 年 4 月，MITS 發佈第一個通用型 Altair 8800，售價 375 美元，帶有 1KB 記憶體，這是世界上第一台微型電腦。

1976 年，Intel 發佈 8085 微控制器如圖 2.2-3 所示。當時，Zilog、Motorola 和 Intel 在微控制器領域三足鼎立。Zilog 公司於 1976 年對 8080 進行擴展，開發出 Z80 微控制器，廣泛用於微型電腦和工業自動控制設備。直到今天，Z80 仍然是 8 位微控制器 8085 的巔峰之作，並在各種場合大賣特賣。CP/M 就是面向其開發的操作系統。

圖 2.2-2　第一台微型機器

圖 2.2-3　8085 微控制器

第一台微型機器使用許多著名的軟體如：WORDSTAR 和 DBASE II 都基於此款微控制器。WordStar 處理程式是當時很受歡迎的應用軟體，後來也廣泛用於 DOS 平臺。

2.2.7　CPU 的製造過程

1. 切割晶圓

所謂的"切割晶圓"也就是用機器從單晶矽棒上切割下一片事先確定規格的矽晶片，並將其劃分成多個細小的區域，每個區域都將成為一個 CPU 的核心(Die)。

2. 曝光(Photolithography)

在經過熱處理得到的矽氧化物層上面塗敷一種光阻(Photoresist)物質，紫外線通過印製著 CPU 複雜電路結構圖樣的模板照射矽基板，被紫外線照射的地方光阻物質就會溶解。

3. 蝕刻(Etching)

　　用溶劑將被紫外線照射過的光阻物清除，然後再採用化學處理方式，把沒有覆蓋光阻物質部分的矽氧化物層蝕刻掉。然後把所有光阻物質清除，就得到了有溝槽的矽基板。

4. 分層

　　為加工新的一層電路，再次生長矽氧化物，然後沉積一層多晶矽，塗敷光阻物質，重複曝光、蝕刻過程，得到含多晶矽和矽氧化物的溝槽結構。

5. 離子注入(IonImplantation)

　　通過離子轟擊，使得暴露的矽基板局部摻雜，從而改變這些區域的導電狀態，形成閘電路。接下來的步驟就是不斷重複以上的過程。一個完整的 CPU 核心包含大約 20 層，層間留出窗口，填充金屬以保持各層間電路的連接。完成最後的測試工作後，切割矽片成單個 CPU 核心並進行封裝，一個 CPU 便製造出來了。

CHAPTER

3

ARM Cortex-M0

ARM 公司於 2009 年推出了 Cortex-M0 微控制器，這是市場上尺寸最小、能耗最低(在不到 12 K 閘的面積內能耗僅有 85 μW/MHz(0.085 毫瓦))、最節能的 ARM 微控制器。該微控制器能耗非常低、閘數量少、程式碼佔用空間小，能保留 8 位元微控制器的價位獲得 32 位微控制器的性能。超低閘數使其能夠用於類比信號設備和

圖 3.1-1　ARM Cortex-M0

混合信號設備及 MCU 應用中，可明顯降低系統成本，同時保留功能強大的 Cortex-M3 微控制器的工具和二進制兼容能力。該微控制器的推出把 ARM 的 MCU 路線圖拓展到了超低能耗 MCU 和 SoC 應用中，如醫療器材、電子測量、照明、智慧控制、遊戲設置、緊湊型電源、電源和馬達控制、精密類比系統和 IEEE 802.15.4(ZigBee)及 Z-Wave 系統(特別是在這樣的類比設備中：這些類比設備正在增加其數位功能，以有效地預處理和傳輸資料)。

3.1　匯流排架構

隨著微米製程技術日益成熟，積體電路晶片的規模越來越大。數位 IC 從時序驅動的設計方法，發展到 IP 複用的設計方法，並在 SOC 設計中得到了廣泛應用。在 IP 複用的 SoC(System on Chip 的縮寫，稱爲系統級晶片，也稱系統單晶片)設計中，晶片上匯流排設計是最關鍵的問題。爲此，業界出現了很多晶片上匯流排標準。其中，由

ARM 公司推出的 AMBA 晶片上匯流排受到了廣大 IP 開發商和 SoC 系統整合者的青睞，已成爲一種流行的工業標準晶片上結構。AMBA 規範主要包括了 AHB(Advanced High performance Bus)系統匯流排和 APB(Advanced Peripheral Bus)外圍匯流排。

Cortex—M0 屬於 ARMv6-M 架構，包括 1 顆專爲嵌入式應用而設計的 ARM 核心、緊耦合的可嵌套中斷微控制器 NVIC、可選的喚醒中斷控制器 WIC，對外提供了 AMBA 結構(高級微控制器匯流排架構)的 AHB-lite 匯流排和 CoreSight 技術的 SWD 或 JTAG 除錯介面，如圖 3.1-2 所示。Cortex-M0 微控制器的硬體實現包含多個可配置選項：中斷數量、WIC、睡眠模式和節能措施、儲存系統大小端模式、系統滴答時脈等，半導體廠商可以根據應用需要選擇合理的配置。

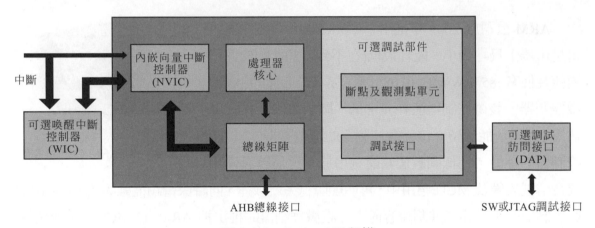

圖 3.1-2　Cortex-M0 架構

3.1.1　什麼是 AMBA

ARM 研發的 AMBA(Advanced Microcontroller Bus Architecture)提供一種特殊的機制，可將 RISC 微控制器整合在其他 IP 晶片核心和周邊設備中，2.0 版 AMBA 標準定義了三組匯流排：AHB(AMBA 高性能匯流排)、ASB(AMBA 系統匯流排)、和 APB(AMBA 周邊設備匯流排)。

1. AHB(the Advanced High-performance Bus)

由主模組、從模組和基礎結構(Infrastructure)3 部分組成，整個 AHB 匯流排上的傳輸都由主模組發出，由從模組負責回應。基礎結構則由仲裁器(arbiter)、主模組到從模組的多路器、從模組到主模組的多路器、解碼器(decoder)、虛擬從模組(dummy Slave)、虛擬主模組(dummy Master)所組成，是應用於高性能、高時脈頻率的系統模組，它構成了高性能的系統骨幹匯流排(back-bone bus)。主要支援的特性如下：

- 資料突發傳輸(burst transfer)
- 資料分割傳輸(split transaction)
- 管線方式
- 一個週期內完成匯流排主設備(master)對匯流排控制權的交接
- 單時脈沿操作
- 內部無三態實現
- 更寬的資料匯流排寬度(最低 32 位元，最高可達 1024 位元，但推薦不要超過 256 位元)

2. ASB(the Advanced System Bus)

是第一代 AMBA 系統匯流排，同 AHB 相比，它資料寬度要小一些，它支援的典型資料寬度為 8 位元、16 位元、32 位元。主要特徵如下：

- 管線方式
- 資料突發傳送
- 多匯流排主設備
- 內部有三態實現

3. APB(the Advanced Peripheral Bus)

是本地二級匯流排(local secondary bus)，通過橋接器和 AHB/ASB 相連。它主要是為了滿足不需要高性能管線介面或不需要高頻寬介面設備的互連。APB 的匯流排信號經改進後全都和時脈正緣相關，這種改進的主要優點如下：

- 更易達到高頻率的操作
- 性能和時脈的工作週期無關
- STA 單時脈沿簡化了
- 無需對自動插入測試鏈作特別考慮
- 更易與週期的模擬器整合

APB 只有一個 APB 橋接器，它將來自 AHB/ASB 的信號轉換為合適的形式以滿足掛在 APB 上設備的要求，如序列埠、定時器等。橋接器要負責鎖存位址、資料以及控制信號，同時要進行二次編碼以選擇相對應的 APB 設備。

3.1.2 什麼是 AHB-Lite

AMBA AHB-Lite 是面向高性能的可綜合設計，提供了一個匯流排介面來支援 Master 並提供高操作頻寬。

AHB-Lite 是為高性能、高頻率系統設計的，特性包括：

- Burst 傳輸
- 單邊操作
- 非三態
- 寬資料位元，包括 64、128、256、512 和 1024 位元

最普通的 AHB-Lite 從元件是記憶體元件，外部記憶體介面和高頻寬外圍元件。雖然低頻寬外圍元件可以連接到 AHB-Lite，但從系統性能考慮，應當連接到 APB 匯流排上，可以通過 APB 橋接實現。圖 3.1-3 是一個具有一個 Master 的 AHB-Lite 系統，包括一個 Master 和三個 Slave。利用內部邏輯生成了一個位址解碼器(Decoder)和一個 Slave-to-Master 多路轉換器(MultiPlexor select)。

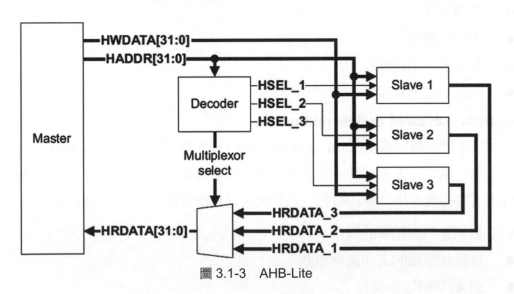

圖 3.1-3　AHB-Lite

表 3.1-1　相關術語解釋

名稱	描述
HADDR[31:0]	32-bit 系統位址匯流排
HWDATA[31:0]	在寫操作時，資料匯流排從 Master 傳輸資料到 Slave。推薦最小的資料匯流排寬度為 32 位元，但是可以擴展為更高的操作帶寬。
HRDATA[31:0]	在讀操作時，讀資料匯流排將資料從選定的 Slave 傳送到轉換器，轉換器再傳送到 Master。資料匯流排最小的寬度建議為 32 位元，但也可以通過擴展使用更高的位寬。

　　Master 通過驅動位址和控制信號開始一個傳輸。這些信號提供了關於傳輸位址、傳輸方向、傳輸位寬的資料以及是否來自 Burst 傳輸。傳輸特性包括：

● 單一傳輸

● 遞增爆發，位址邊界不回卷

● 回卷 Burst 傳輸，在特殊的位址邊界回卷

　　Slave 無法響應被擴展的位址相位，因為所有的 Slave 必須在指定週期內取樣完位址。但是 Slave 可以響應由 Master 通過使用 HREADY 信號擴展的資料相位。HREADY 為低時，將會在傳輸中插入一個等待狀態，從而可使 Slave 有額外的時間來提供或採樣資料。Slave 通過使用 HRESP 來表示傳輸成功或失敗。

3.1.3　什麼是 CoreSight

　　ARM CoreSight 產品包括 ARM 微控制器的各種追蹤巨集單元、系統和軟體測量以及一整套 IP 區塊，以便除錯和追蹤最複雜的多核 SoC。

　　ARM CoreSight 技術可快速地對不同地軟體進行除錯，通過對多核和 AMBA 匯流排的情況進行同時追蹤。此外，同時對多核進行暫停和除錯，CoreSight 技術可對 AMBA 上的記憶體和周邊設備進行除錯，無需暫停微控制器工作，達到不易做到的即時開發。ARM CoreSight 技術擁有更高的壓縮率，為半導體製造商們提供了對新的更高頻

微控制器進行除錯、追蹤的技術方案。使用 CoreSight 技術，製造商們可通過減少除錯所需的接腳、減少晶片上追蹤緩存所需的晶片面積等手段來降低生產成本。

ARM 定義了一個開放 CoreSight 體系結構，以使 SoC 設計人員能夠將其他 IP 核心的除錯和追蹤功能添加到 CoreSight 基礎結構中，然而不同的 Cortex-M 微控制器，對 CoreSight 的支援略有不同，如下表 3.1-2。

表 3.1-2　Cortex-M 系列微控制器支援的 CoreSight

功能	F:\zh\products\system-ip\debug-trace\coresight-soc-components\index.phpCoreSight 組件	Cortex-M0	Cortex-M1	Cortex-M3
測試	除錯介面技術	具有 Cortex-M0 DAP 的 JTAG 或序列線。對於雙模式，需要完整的 CoreSight DAP	具有 CoreSight SWJ-D 的雙 JTAG 和 SWD 支援	具有 CoreSight SWJ-D 的雙 JTAG 和 SWD 支援
	在運行程式碼時存取記憶體	是	是	是
	斷點(完全)	4	4	6 個指令位址 + 2 個文字位址
	觀察點(完全)	2	2	4
	BKPT 指令	是	是	是
追蹤	ETM 指令追蹤			是(可選)
	資料觀察點和追蹤 (DWT)			是(可選)
	測量追蹤巨集單元 (ITM)			是(可選)
	AHB 追蹤巨集單元介面			是(可選)
	序列線查看器			是(追蹤存在時)
	追蹤埠			M3 TPIU 為 1 至 4 位元；對於較多追蹤埠，也可以使 CoreSight TPIU

深入重點

☆ Cortex—M0 屬於 ARMv6-M 架構，包括 1 顆專為嵌入式應用而設計的 ARM 核心、緊耦合的可嵌套中斷微控制器 NVIC、可選的喚醒中斷控制器 WIC，對外提供 AMBA 結構（高級微控制器匯流排架構）的 AHB-lite 匯流排和 CoreSight 技術的 SWD 或 JTAG 調試介面。

☆ ARM 研發的 AMBA(Advanced Microcontroller Bus Architecture)提供一種特殊的機制，可將 RISC 微控制器整合在其他 IP 晶核和周邊設備中，2.0 版 AMBA 標準定義了三組匯流排：AHB(AMBA 高性能匯流排)、ASB(AMBA 系統匯流排)、和 APB(AMBA 周邊匯流排)。

3.2　Cortex-M0 的結構特點

　　Cortex-M0 是一款入門級的 32 位元 ARM 微控制器。它以簡易的程式設計模型、高效的中斷處理、出色的功耗管理、極高的程式碼密度、完美的兼容能力、全面的除錯支援使開發者受益匪淺。

3.2.1　程式設計模型

　　Cortex-M0 包含 Thread 和 Handler 兩種微控制器模式，與其他 ARM 架構都區分特權模式和非特權模式不同，除了異常處理程式在 Handler 模式下運行，其他程式在 Thread 模式下運行外，Cortex-M0 對軟體運行沒有其他限制，這也意味著軟體可以存取微控制器的所有資源。

　　Cortex-M0 有兩個滿遞減堆疊——主堆疊和程式堆疊，它們都有各自的堆疊指標暫存器。Cortex-M0 堆疊的使用如下表 3.2-1 所示。

表 3.2-1 微控制器模式和堆疊的對應關係

微控制器模式	所執行的程式碼	所使用的工作堆疊
Thread	應用程式	主堆疊或程式堆疊
Handler	異常處理程式	主堆疊

　　Cortex-M0 的工作暫存器由 13 個通用暫存器(R0~R12)、1 個堆疊指標暫存器(PSP 或 MSP)、1 個鏈接暫存器(LR)、1 個程式計數器(PC)和 3 個特殊暫存器(PSR、PRIMASK、CONTROL)組成，如圖 3.2-1 所示。

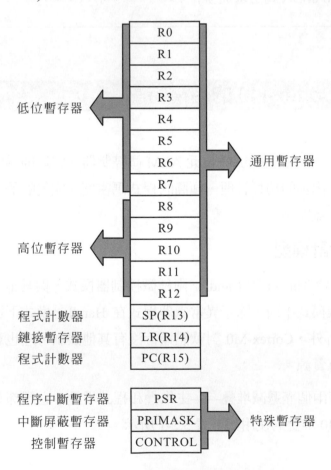

圖 3.2-1 Cortex-M0 工作暫存器簡圖

3.2.2 儲存模型

Cortex-M0 支援高達 4GB 的定址空間，整個空間被劃分爲不同的區，每個區都有確定的儲存類型(Normal、Device、Strongly-ordered)及儲存屬性(Shareabel、Execute Never)。這些儲存類型和儲存屬性決定了如何存取相對應區域。定址空間的劃分如圖 3.2-2 所示。

程式碼 0.5GB	SRAM 0.5GB	外部 RAM 0.5GB	外部 RAM 1.0GB	片周邊設備 1.0GB	專有周邊設備 匯流排 1.0GB	設備 511MB

0x0000_0000　　　　　　　　　　　　　　位址增長方向　　　　　　　　　　　　　0xFFFF_FFFF

圖 3.2-2　Cortex-M0 定址空間的劃分

3.2.3 異常處理

Cortex-M0 包含 7 種不同類型的異常，分別爲 Reset、NMI、HardFault、SVCall、PendSV、SysTick 及 IRQ。圖 3.2-3 列出了異常向量表的順序。異常向量表包含了堆疊指標的重置值以及異常處理程式的入口位址。當異常發生時，微控制器從相對應的異常向量擷取。

可嵌套中斷控制器 NVIC 與 Cortex-M0 微控制器核心緊密耦合，支援多達 32 個不同的中斷源，且支援中斷分級。爲了減少中斷延時和抖動，在較高優先級中斷到達之前的中斷尚未進入服務程式的情況下，Cortex-M0 的內建機制可以避免重新入堆疊。另外，M0 支援尾鏈技術，可以將異常處理退出時的出堆疊序列與後繼異常處理進入時的入堆疊序列整合在一起，允許直接進入中斷服務程式，從而減少中斷延遲時間。因此，M0 最高優先級中斷的固定延遲時間爲 16 個時脈週期。更爲重要的是，在中斷發生時，中斷優先級和上下文保護均由硬體進行處理，避免了處理中斷時需要編寫彙程式設計式碼，從而可以完全用 C 語言來編寫中斷處理程式。

異常編號	中斷編號	向量	偏移
16+n	n	IRQn	0x40+4n
		. . .	
17	1	IRQ1	0x44
16	0	IRQ0	0x40
15	-1	SysTick,if implemented	0x3C
14	-2	PendSV	0x38
13		Reserved	
12			
11	-5	SVCall	0x2C
10			
9			
8		Reserved	
6			
5			
4			0x10
3	-13	HardFault	0x0C
2	-14	NMI	0x08
1		Reset	0x04
		Initial SP value	0x00

圖 3.2-3　Cortex-M0 異常向量表

3.2.4　功耗管理

Cortex-M0 在架構上支援低功耗，提供了睡眠和深度睡眠兩種低功耗模式，並且提供一個可選的 WIC。在睡眠模式下，微控制器時脈停止工作，NVIC 保持工作。在深度睡眠模式下，可以關閉整個系統時脈，只保持 WIC 處於工作狀態，以在緊急時刻喚醒微控制器。除此之外，通過設置系統控制暫存器的 SLEEPONEXIT 位元，可以使微控制器在完成中斷服務程式後馬上進入睡眠模式。在只有發生中斷時才需要執行某些功能的應用中，這一機制猶為適用。

3.2.5　指令集

Cortex-M0 採用 ARMv6-M thumb 指令集，其指令共有 56 條。這一指令集不僅向上兼容 Cortex-M3，同時也以能與 ARM7 微控制器實現二進制兼容。不過，由於 Cortex-M0 上的程式設計完全可以用 C 程式碼實現，因此用戶可以不用瞭解這些彙編指令。

 深入重點

☆ Cortex-M0 包含 Thread 和 Handler 兩種微控制器模式，與其他 ARM 架構都區分特權模式和非特權模式不同，除了異常處理程序在 Handler 模式下運行，其他程序在 Thread 模式下運行外，Cortex-M0 對軟體運行沒有其他限制，這也意味著軟體可以存取微控制器的所有資源。

☆ Cortex-M0 支持高達 4GB 的定址空間，整個空間被劃分為不同的區，每個區都有確定的存儲類型（Normal、Device、Strongly-ordered）及存儲屬性（Shareabel、Execute Never）。

☆ Cortex-M0 包含 7 種不同類型的異常，分別為 Reset、NMI、HardFault、SVCall、PendSV、SysTick、IRQ。

☆ Cortex-M0 在架構上支援低功耗，提供了睡眠和深度睡眠兩種低功耗模式，並且提供一個可選的 WIC。

☆ Cortex-M0 採用 ARMv6-M thumb 指令集，其指令共有 56 條。

3.3　開發工具

Cortex-M0 架構基於 ARM CoreSight 除錯架構，目前已有多種開發工具支援 NuMicro M051 系列微控制器。既有傳統的開發工具(如 MDK、IAR EWARM)，也有免費的開發工具 CooCox Tools。

1. MDK 及 IAR EWARM

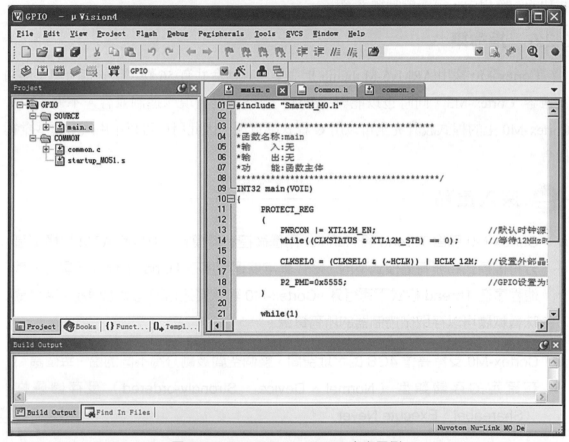

圖 3.3-1　Keil Realview MDK 專案示例

MDK 及 IAR EWARM 分別由 Keil 公司和 IAR 公司開發，是目前最為流行的兩種嵌入式整合開發環境。它提供了包括項目管理器、編輯器、編譯器、彙編器、除錯器、模擬器在內的各類軟硬體開發工具，支援所有 ARM 的微控制器。

2. CooCox Tools

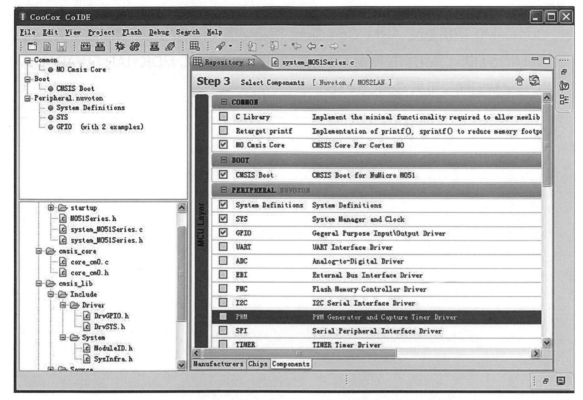

圖 3.3-2　CooCox Tools 專案示例

　　由 UP 團隊推出的 CooCox Tools 也支援 NuMicro M051 系列微控制器。CooCox Tools 是一個專門腳對 Cortex-M 系列晶片的網際網路及以組件程式庫爲核心的免費嵌入式開發平臺。所有的啓動程式碼、外圍程式庫、驅動、OS 等被抽象爲組件。用戶創建一款晶片的應用程式，只需點擊幾下游標即可輕鬆實現，極大地方便了軟體開發人員。其中方腳 CoLink 和即時操作系統 CoOS 則是開放原始碼的。

　　此外，還有很多其他工具和 RTOS 廠商也對該微控制器提供支援。這些廠商包括：CodeSource、Code Red、Express Logic、Mentor Graphics、Micrium 和 SEGGER。通過使用這些工具，開發者可以利用緊密結合的應用開發環境，迅速實現 Cortex-M0 微控制器的高性能和超低功耗的應用。

深入重點

☆ Cortex-M0 架構基於 ARM CoreSight 除錯架構，目前已有多種開發工具支持 NuMicro M051 系列微控制器。既有傳統的開發工具（如 MDK、IAR EWARM），也有免費的開發工具 CooCox Tools。

CHAPTER 4

ARM 微控制器的指令集

4.1 ARM 微控制器指令的分類與格式

ARM 微控制器的指令集是載入／儲存型的，也即指令集僅能處理暫存器中的資料，而且處理結果都要放回暫存器中，而對系統記憶體的存取則需要通過專門的載入／儲存指令來完成，每個指令都有相對應的機器碼。

ARM 微控制器的指令集可以分為跳躍指令、資料處理指令、程式狀態暫存器(PSR)處理指令、載入／儲存指令、協同微控制器指令和異常產生指令六大類，具體的指令及功能如表 4.1-1 所示(表中指令為基本 ARM 指令，不包括衍生的 ARM 指令)。

圖 4.1-1　機器碼

表 4.1-1　ARM 指令及功能描述表

ADC	包含進位加法指令
ADD	加法指令
AND	邏輯且指令
B	跳躍指令
BIC	位元清除指令
BL	包含返回的跳躍指令
BLX	包含返回和狀態轉換的跳躍指令
BX	帶狀態轉換的跳躍指令
CDP	協同微控制器資料操作指令
CMN	比較反值指令
CMP	比較指令
EOR	互斥或指令
LDC	記憶體到協同微控制器的資料傳輸指令
LDM	載入多個暫存器指令
LDR	記憶體到暫存器的資料傳輸指令
MCR	從 ARM 暫存器到協同微控制器暫存器的資料傳輸指令
MLA	乘加運算指令
MOV	資料傳送指令
MRC	從協同微控制器暫存器到 ARM 暫存器的資料傳輸指令
MRS	傳送 CPSR 或 SPSR 的內容到通用暫存器指令
MSR	傳送通用暫存器到 CPSR 或 SPSR 的指令
MUL	32 位乘法指令
MLA	32 位乘加指令
MVN	資料取反傳送指令

表 4.1-1　ARM 指令及功能描述表(續)

ORR	邏輯或指令
RSB	逆向減法指令
RSC	包含借位的逆向減法指令
SBC	包含借位減法指令
STC	協同微控制器暫存器寫入記憶體指令
STM	批次暫存器資料回寫入指令
STR	暫存器到記憶體的資料傳輸指令
SUB	減法指令
SWI	軟體中斷指令
SWP	交換指令
TEQ	相等測試指令
TST	位元測試指令

4.2　ARM 指令的條件域

　　當微控制器工作在 ARM 狀態時，幾乎所有的指令均根據 CPSR 中條件碼的狀態和指令的條件域有條件的執行。當指令的執行條件滿足時，指令被執行，否則指令被忽略。

　　每一條 ARM 指令包含 4 位元的條件碼，位於指令的最高 4 位元[31：28]。條件碼共有 16 種，每種條件碼可用兩個字符表示，這兩個字符可以添加在指令助記符的後面和指令同時使用。例如，跳躍指令 B 可以加上後綴 EQ 變為 BEQ 表示"相等則跳躍"，即當 CPSR 中的 Z 旗標置位時發生跳躍。

　　在 16 種條件旗標碼中，只有 15 種可以使用，如表 4.2-1 所示，第 16 種(1111)為系統保留，暫時不能使用。

表 4.2-1　指令的條件碼

條件碼	助記符後綴	旗標	含義
0000	EQ	Z 置位	相等
0001	NE	Z 清除	不相等
001O	CS	C 置位	無符號數大於或等於
0011	CC	C 清除	無符號數小於
01OO	MI	N 置位	負數
0lO1	PL	N 清除	正數或零
011O	VS	V 置位	溢出
0111	VC	V 清除	未溢出
1000	HI	C 置位 Z 清除	無符號數大於
1001	LS	C 清除 Z 置位	無符號數小於或等於
101O	GE	N 等於 V	帶符號數大於或等於
l011	LT	N 不等於 V	帶符號數小於
11OO	GT	Z 清除且(N 等於 V)	帶符號數大於
1101	LE	Z 置位或(N 不等於 V)	帶符號數小於或等於
111O	AL	忽略	無條件執行

4.3　ARM 指令的定址方式

所謂定址方式就是微控制器根據指令中給出的位址資料來尋找物理位址的方式。目前 ARM 指令系統支援如下列幾種常見的定址方式。

1. 立即定址

   立即定址又稱直接定址，這是一種特殊的定址方式，運算元本身就在指令中給出，只要取出指令也就取到了運算元。這個運算元被稱為立即數，對應的定址方式也就叫做立即定址。例如以下指令：

```
ADD R0，R0，  #1       ;R0 <- R0+1
ADD R0，R0，  #0x3f    ;R0 <- R0+0x3f
```

   在以上兩條指令中，第二個源運算元即為立即數，要求以"#"為前綴，對於以十六進制表示的立即數，還要求在"#"後加上"0x"或"&"。

2. 暫存器定址

   暫存器定址就是利用暫存器中的數值作為運算元，這種定址方式是各類微控制器經常採用的一種方式，也是一種執行效率較高的定址方式。以下指令：

```
ADD R0，R1，R2    ;R0<- R1+R2
```

   該指令的執行效果是將暫存器 R1 和 R2 的內容相加，其結果存放在暫存器 R0 中。

3. 暫存器間接定址

   暫存器間接定址就是以暫存器中的值作為運算元的位址，而運算元本身存放在記憶體中。例如以下指令：

```
ADD R0，R1，[R2]     ;R0 <- R1+[R2]
LDR R0，[R1]        ;R0 <- [R1]
STR R0，[R1]        ;[R1] <- R0
```

   在第一條指令中，以暫存器 R2 的值作為運算元的位址，在記憶體中取得一個運算元後且 R1 相加，結果存入暫存器 R0 中。
   第二條指令將以 R1 的值為位址的記憶體中的資料傳送到 R0 中。
   第三條指令將 R0 的值傳送到以 R1 的值為位址的記憶體中。

4. 基底定址

基底定址就是將暫存器(該暫存器一般稱作基底暫存器)的內容且指令中給出的位址偏移量相加，從而得到一個運算元的有效位址。基底定址方式常用於存取某基底附近的位址單元。採用變址定址方式的指令常見有以下幾種形式，如下所示：

```
LDR R0,    [R1，#4]     ;R0<- [Rl+4]
LDR R0,    [R1，#4]!    ;R0<- [R1+4]、R1<-R1+4
LDR R0,    [R1]，#4     ;R0<- [R1]、Rl<-R1+4
LDR R0,    [R1，R2]     ;R0<-[R1+R2]
```

在第一條指令中，將暫存器 R1 的內容加上 4 形成運算元的有效位址，從而取得運算元存入暫存器 R0 中。

在第二條指令中，將暫存器 R1 的內容加上 4 形成運算元的有效位址，從而取得運算元存入暫存器 R0 中，然後，R1 的內容自增 4 個位元組。

在第三條指令中，以暫存器 R1 的內容作爲運算元的有效位址，從而取得運算元存入暫存器 R0 中，然後，R1 的內容自增 4 個位元組。

在第四條指令中，將暫存器 R1 的內容加上暫存器 R2 的內容形成運算元的有效位址，從而取得運算元存入暫存器 R0 中。

5. 多暫存器定址

採用多暫存器定址方式，一條指令可以完成多個暫存器值的傳送。這種定址方式可以用一條指令完成傳送最多 16 個通用暫存器的值。以下指令：

```
LDMIA R0，{R1，R2，R3，R4) ;R1<-[R0]
                          ;R2<-[R0+4]
                          ;R3<-[R0+8]
                          ;R4<-[R0+12]
```

該指令的後綴 IA 表示在每次執行完載入／儲存操作後，R0 按字長度增加，因此，指令可將連續儲存單元的值傳送到 R1～R4。

6. 相對定址

與基底定址方式相類似，相對定址以程式計數器 PC 的當前值為基位址，指令中的位址標號作為偏移量，將兩者相加之後得到運算元的有效位址。以下程式段為完成子程式的呼叫和返回，跳躍指令 BL 採用了相對定址方式：

```
BL  NEXT                 ;跳躍到子程式 NEXT 處執行
NEXT
…………
MOV  PC，  LR             ;從子程式返回
```

7. 堆疊定址

堆疊是一種資料結構，按先進後出(First In Last Out，FILO)的方式工作，使用一個稱作堆疊指標的存用暫存器指示當前的操作位置，堆疊指標總是指向堆疊頂。

當堆疊指標指向最後壓入堆疊的資料時，稱為滿堆疊(Full Stack)，而當堆疊指標指向下一個將要放入資料的空位置時，稱為空堆疊(Empty Stack)。

同時，根據堆疊的生成方式，又可以分為遞增堆疊(Ascending Stack)和遞減堆疊(Decending Stack)，當堆疊由低位址向高位址生成時，稱為遞增堆疊，當堆疊由高位址向低位址生成時，稱為遞減堆疊。這樣就有四種類型的堆疊工作方式，ARM 微控制器支援這四種類型的堆疊工作方式，即：

● 滿遞增堆疊：堆疊指標指向最後壓入的資料，且由低位址向高位址生成。
● 滿遞減堆疊：堆疊指標指向最後壓入的資料，且由高位址向低位址生成。
● 空遞增堆疊：堆疊指標指向下一個將要放入資料的空位置，且由低位址向高位址生成。
● 空遞減堆疊：堆疊指標指向下一個將要放入資料的空位置，且由高位址向低位址生成。

4.4　ARM 指令集

本節對 ARM 指令集的六大類指令進行詳細的描述。

一、跳躍指令

跳躍指令用於實現程式流程的跳躍，在 ARM 程式中有兩種方法可以實現程式流程的跳躍：

- 使用專門的跳躍指令。
- 直接向程式計數器 PC 寫入跳躍位址值。

通過向程式計數器 PC 寫入跳躍位址值，可以實現在 4GB 的位址空間中的任意跳躍，在跳躍之前結合使用

```
MOV    LR，  PC
```

等類似指令，可以保存將來的返回位址值，從而實現在 4GB 連續的線性位址空間的子程式呼叫。

ARM 指令集中的跳躍指令可以完成從當前指令向前或向後的 32MB 位址空間的跳躍，包括以下 4 條指令：

- B　　跳躍指令
- BL　　帶返回的跳躍指令
- BLX　　帶返回和狀態轉換的跳躍指令
- BX　　帶狀態轉換的跳躍指令

1. B 指令

B 指令的格式為：

B{條件}　目標位址

B 指令是最簡單的跳躍指令。一旦遇到一個 B 指令，ARM 微控制器將立即跳躍到給定的目標位址，從那裡繼續執行。注意儲存在跳躍指令中的實際值是相對當前 PC 值的一個偏移量，而不是一個絕對位址，它的值由組合器來計算(參考定

址方式中的相對定址)。它是 24 位有符號數，左移兩位元後有符號擴展為 32 位，表示的有效偏移為 26 位(前後 32MB 的位址空間)。以下指令：

```
B     Label        ;程式無條件跳躍到標號 Label 處執行
CMP   R1,#0        ;當 CPSR 暫存器中的 z 條件碼置位時，
                    程式跳躍到標號 Label 處執行
BEQ   Label
```

2. BL 指令

BL 指令的格式為：

BL{條件)　目標位址

BL 是另一個跳躍指令，但跳躍之前，會在暫存器 R14 中保存 PC 當前的內容，因此，可以通過將 R14 的內容重新載入到 PC 中，來返回到跳躍指令之後的那個指令處執行。該指令是實現子程式呼叫的一個基本但常用的手段。以下指令：

```
BL    Label    ;當程式無條件跳躍到標號 Label 處執行時，
               同時將當前的 PC 值保存到 R14 中。
```

3. BLX 指令

BLX 指令的格式為：

BLX 目標位址

BLX 指令從 ARM 指令集跳躍到指令中所指定的目標位址，並將微控制器的工作狀態由 ARM 狀態轉換到 Thumb 狀態，該指令同時將 PC 當前的內容保存到暫存器 R14 中。因此，當子程式使用 Thumb 指令集，而呼叫者使用 ARM 指令集時，可以通過 BLX 指令實現子程式的呼叫和微控制器工作狀態的轉換。同時，子程式的返回可以通過將暫存器 R14 值複製到 PC 中來完成。

4. BX 指令

BX 指令的格式為：

BX{條件}　目標位址

BX 指令跳躍到指令中所指定的目標位址，目標位址處的指令既可以是 ARM 指令，也可以是 Thumb 指令。

二、資料處理指令

資料處理指令可分為資料傳送指令、算術邏輯運算指令和比較指令等。

資料傳送指令用在暫存器和記憶體之間進行資料的雙向傳輸。

算術邏輯運算指令完成常用的算術且邏輯的運算，該類指令不但將運算結果保存在目的暫存器中，同時更新 CPSR 中的相對應條件旗標位。

比較指令不保存運算結果，只更新 CPSR 中相對應的條件旗標位。

資料處理指令包括：

- MOV　　資料傳送指令
- MVN　　資料取反傳送指令
- CMP　　比較指令
- CMN　　反值比較指令
- TST　　位測試指令
- TEQ　　相等測試指令
- ADD　　加法指令
- ADC　　帶進位加法指令
- SUB　　減法指令
- SBC　　帶借位減法指令
- RSB　　逆向減法指令
- RSC　　帶借位的逆向減法指令
- AND　　邏輯且指令
- ORR　　邏輯或指令
- EOR　　邏輯互斥或指令
- BIC　　位清除指令

1. MOV 指令

MOV 指令的格式為：

MOV{條件}{S}　目的暫存器，源運算元

MOV 指令可完成從另一個暫存器、被移位的暫存器或將一個立即數載入到目的暫存器。其中 S 選項決定指令的操作是否影響 CPSR 中條件旗標位的值，當沒有 S 時指令不更新 CPSR 中條件旗標位的值。

指令示例：

```
MOV  R1,R0      ;將暫存器 R0 的值傳送到暫存器 R1
MOV  PC,R14      ;將暫存器 R14 的值傳送到 PC，常用於子程式返回
MOV  R1,R0,LSL#3    ;將暫存器 R0 的值左移 3 位後傳送到 R1
```

2. MVN 指令

MVN 指令的格式為：

MVN{條件}{S}　目的暫存器，源運算元

MVN 指令可完成從另一個暫存器、被移位的暫存器、或將一個立即數載入到目的暫存器。且 MOV 指令不同之處是在傳送之前按位被取反了，即把一個被取反的值傳送到目的暫存器中。其中 S 決定指令的操作是否影響 CPSR 中條件旗標位的值，當沒有 S 時指令不更新 CPSR 中條件旗標位的值。

指令示例：

```
MVN  R0，#0    ;將立即數 0 取反傳送到暫存器 R0 中，完成後 R0=-1
```

3. CMP 指令

CMP 指令的格式為：

CMP{條件} 運算元 1，運算元 2

CMP 指令用於把一個暫存器的內容和另一個暫存器的內容或立即數進行比較，同時更新 CPSR 中條件旗標位的值。該指令進行一次減法運算，但不儲存結果，只更改條件旗標位。旗標位表示的是運算元 1 且運算元 2 的關係(大、小、相等)，例如，當運算元 1 大於操作運算元 2，則此後有 GT 後綴的指令將可以執行。

指令示例：

```
CMP  R1，R0    ；將暫存器 R1 的值且暫存器 R0 值相減，
              並根據結果設置 CPSR 的旗標位
CMP  R1，#100；將暫存器 R1 的值且立即數 100 相減，
              並根據結果設置 CPSR 的旗標位
```

4. CMN 指令

CMN 指令的格式為：

CMN{條件} 運算元 1，運算元 2

CMN 指令用於把一個暫存器的內容和另一個暫存器的內容或立即數取反後進行比較，同時更新 CPSR 中條件旗標位的值。該指令實際完成運算元 1 和運算元 2 相加，並根據結果更改條件旗標位。

指令示例：

```
CMN  R1，R0；將暫存器 R1 的值且暫存器 R0 值相加，
            並根據結果設置 CPSR 的旗標位
CMN  R1，#100；將暫存器 R1 的值且立即數 100 相加，
              並根據結果設置 CPSR 的旗標位
```

5. TST 指令

TST 指令的格式為：

TST{條件} 運算元 1，運算元 2

TST 指令用於把一個暫存器的內容和另一個暫存器的內容或立即數進行按位的且運算，並根據運算結果更新 CPSR 中條件旗標位的值。運算元 1 是要測試的資料，而運算元 2 是一個位掩碼，該指令一般用來檢測是否設置了特定的位元。

指令示例：

```
TST  R1，#%1    ；用於測試在暫存器 R1 中是否設置了最低位（%表示二進制數）
TST  R1，#0xffe ；將暫存器 R1 的值且立即數 0xffe 按位且，
                並根據結果設置 CPSR 的旗標位
```

6. **TEQ** 指令

TEQ 指令的格式為：

TEQ{條件} 運算元 1，運算元 2

TEQ 指令用於把一個暫存器的內容和另一個暫存器的內容或立即數進行按位的互斥或運算，並根據運算結果更新 CPSR 中條件旗標位的值。該指令通常用於比較運算元 1 和運算元 2 是否相等。

指令示例：

```
TEQ  R1，R2  ;將暫存器 R1 的值且暫存器 R2 值按位互斥或，
             並根據結果設置 CPSR 的旗標位
```

7. **ADD** 指令

ADD 指令的格式為：

ADD{條件}{S} 目的暫存器，運算元 1，運算元 2

ADD 指令用於把兩個運算元相加，並將結果存放到目的暫存器中。運算元 1 應是一個暫存器，運算元 2 可以是一個暫存器，被移位的暫存器，或一個立即數。

指令示例：

```
ADD R0,R1,R2        ;    R0 = R1 + R2
ADD R0,R1,#256      ;    R0 = R1 + 256
ADD R0,R2,R3,LSL#1  ;    R0 = R2 + (R3 << 1)
```

8. **ADC** 指令

ADC 指令的格式為：

ADC{條件}{S} 目的暫存器，運算元 1，運算元 2

ADC 指令用於把兩個運算元相加，再加一個 CPSR 中的 C 條件旗標位的值，並將結果存放到目的暫存器中。它使用一個進位旗標位，這樣就可以做大於 32 位元的加法，注意不要忘記設置 S 後綴來更改進位旗標。運算元 1 應是一個暫存器，運算元 2 可以是一個暫存器，被移位的暫存器，或一個立即數。

以下指令序列完成兩個 128 位數的加法，第一個數由高到低存放在暫存器 R7～R4，第二個數由高到低存放在暫存器 R11～R8，運算結果由高到低存放在暫存器 R3～R0.

```
ADDS  R0，R4，R8        ;加低端的字
ADCS  R1，R5，R9        ;加第二個字，帶進位
ADCS  R2，R6，R10       ;加第三個字，帶進位
ADC   R3，R7，R11       ;加第四個字，帶進位
```

9. SUB 指令

SUB 指令的格式為：

SUB{條件}{S}   目的暫存器，運算元 1，運算元 2

SUB 指令用於把運算元 1 減去運算元 2，並將結果存放到目的暫存器中。運算元 1 應是一個暫存器，運算元 2 可以是一個暫存器，被移位的暫存器，或一個立即數。該指令可用於有符號數或無符號數的減法運算。

指令示例：

```
SUB   R0,R1,R2         ;R0 = R1 -R2
SUB   R0,R1,#256       ;R0 = R1 -256
SUB   R0,R2,R3,LSL#1   ;R0 = R2 -(R3 << 1)
```

10. SBC 指令

SBC 指令的格式為：

SBC{條件}{S}   目的暫存器，運算元 1，運算元 2

SBC 指令用於把運算元 1 減去運算元 2，再減去 CPSR 中的 C 條件旗標位的反碼，並將結果存放到目的暫存器中。運算元 1 應是一個暫存器，運算元 2 可以是一個暫存器，被移位的暫存器，或一個立即數。該指令使用進位旗標來表示借位，這樣就可以做大於 32 位的減法，注意不要忘記設置 S 後綴來更改進位旗標。該指令可用於有符號數或無符號數的減法運算。

指令示例：

```
SUBS    R0，R1，R2      ;R0=R1-R2-!c，並根據結果設置 CPSR 的進位旗標位
```

11. RSB 指令

RSB 指令的格式為：

RSB{條件}{S}　目的暫存器，運算元 1，運算元 2

RSB 指令稱為逆向減法指令，用於把運算元 2 減去運算元 1，並將結果存放到目的暫存器中。運算元 1 應是一個暫存器，運算元 2 可以是一個暫存器，被移位的暫存器，或一個立即數。該指令可用於有符號數或無符號數的減法運算。

指令示例：

```
RSB    R0，R1，R2      ；  R0=R2-R1
RSB    R0，R1，#256    ；   R0=256-R1
RSB    R0，R2，R3，LSL#1 ；   R0=(R3<<1)-R2
```

12. RSC 指令

RSC 指令的格式為：

RSC(條件){S}　目的暫存器，運算元 1，運算元 2

RSC 指令用於把運算元 2 減去運算元 1，再減去 CPSR 中的 C 條件旗標位的反碼，並將結果存放到目的暫存器中。運算元 1 應是一個暫存器，運算元 2 可以是一個暫存器，被移位的暫存器，或一個立即數。該指令使用進位旗標來表示借位，這樣就可以做大於 32 位元的減法，注意不要忘記設置 S 後綴來更改進位旗標。該指令可用於有符號數或無符號數的減法運算。

指令示例：

```
RSC    R0，R1，R2    ；  R0=R2-R1-!C
```

13 AND 指令

AND 指令的格式為：

AND{條件}{S}　目的暫存器，運算元 1，運算元 2

AND 指令用於在兩個運算元上進行邏輯且運算，並把結果放置到目的暫存器中。運算元 1 應是一個暫存器，運算元 2 可以是一個暫存器，被移位的暫存器，或一個立即數。該指令常用於屏蔽運算元 1 的某些位。

指令示例：

```
AND  R0,R0,#3      ；該指令保持 R0 的 0、1 位，其餘位清除。
```

14. ORR 指令

ORR 指令的格式為：

ORR{條件}{S} 目的暫存器，運算元 1，運算元 2

ORR 指令用於在兩個運算元上進行邏輯或運算，並把結果放置到目的暫存器中。運算元1應是一個暫存器，運算元2可以是一個暫存器，被移位的暫存器，或一個立即數。該指令常用於設置運算元 1 的某些位。

指令示例：

```
ORR  R0，R0，#3        ;該指令設置 R0 的 0、1 位，其餘位保持不變。
```

15 EOR 指令

EOR 指令的格式為：

EOR{條件}{S} 目的暫存器，運算元 1，運算元 2

EOR 指令用於在兩個運算元上進行邏輯互斥或運算，並把結果放置到目的暫存器中。運算元 1 應是一個暫存器，運算元 2 可以是一個暫存器，被移位的暫存器，或一個立即數。該指令常用於反轉運算元1的某些位。

指令示例：

```
EOR  R0，R0，#3        ;該指令反轉 R0 的 0、1 位，其餘位保持不變。
```

16. BIC 指令

BIC 指令的格式為：

BIC {條件}{S} 目的暫存器，運算元 1，運算元 2

BIC 指令用於清除運算元 1 的某些位元，並把結果放置到目的暫存器中。運算元1應是一個暫存器，運算元2可以是一個暫存器，被移位的暫存器，或一個立即數。運算元 2 為 32 位元的掩碼，如果在掩碼中設置了某一位元，則清除這一位元。未設置的掩碼位保持不變。

指令示例：

```
BIC  R0，R0，#%1 0 11   ;該指令清除 R0 中的位 0、1、和 3，其餘的位保持不變。
```

三、乘法指令且乘加指令

ARM 微控制器支援的乘法指令且乘加指令共有 6 條，可分為運算結果為 32 位元和運算結果為 64 位元兩類，且前面的資料處理指令不同，指令中的所有運算元、目的暫存器必須為通用暫存器，不能對運算元使用立即數或被移位的暫存器，同時，目的暫存器和運算元 1 必須是不同的暫存器。

乘法指令且乘加指令共有以下 6 條：

- MUL　　32 位乘法指令
- MLA　　32 位乘加指令
- SMULL　64 位有符號數乘法指令
- SMLAL　64 位有符號數乘加指令
- UMULL　64 位無符號數乘法指令
- UMLAL　64 位無符號數乘加指令

1. MUL 指令

MUL 指令的格式為：

MUL{條件}{S}　目的暫存器，運算元 1，運算元 2。

MUL 指令完成將運算元 1 且運算元 2 的乘法運算，並把結果放置到目的暫存器中，同時可以根據運算結果設置 CPSR 中相對應的條件旗標位。其中，運算元 1 和運算元 2 均為 32 位的有符號數或無符號數。

指令示例：

```
MUL    R0，R1，R2      ；R0=R1×R2
MULS   R0，R1，R2      ；R0=R1×R2，同時設置 CPSR 中的相關條件旗標位
```

2. MLA 指令

MLA 指令的格式為：

MLA{條件}{S}　目的暫存器，運算元 1，運算元 2，運算元 3

MLA 指令完成將運算元 1 且運算元 2 的乘法運算，再將乘積加上運算元 3，並把結果放置到目的暫存器中，同時可以根據運算結果設置 CPSR 中相對應的條

件旗標位。其中，運算元 1 和運算元 2 均為 32 位的有符號數或無符號數。

指令示例：

```
MLA  R0， R1， R2， R3  ;R0= R1×R2+R3
MLAS R0，R1，R2，R3       ;R0= R1×R2+R3，同時設置 CPSR 中的相關條件旗標位
```

3. SMULL 指令

SMLAL 指令的格式為：

SMLAL{條件}{S}　目的暫存器 LOW，目的暫存器低 High，運算元 1，
　　　　　　　　運算元 2

SMLAL 指令完成將運算元 1 且運算元 2 的乘法運算，並把結果的低 32 位放置到目的暫存器 Low 中，結果的高 32 位放置到目的暫存器 Hi 中，同時可以根據運算結果設置 CPSR 中相對應的條件旗標位。其中，運算元 1 和運算元 2 均為 32 位元的有符號數。

指令示例：

```
SMULL R0，R1，R2，R3      ;R0=(R2×R3)的低 32 位
                         ;R1=(R2×R3)的高 32 位
```

4. SMLAL 指令

SMLAL 指令的格式為：

SMLAL{條件}{S}　目的暫存器 LOW，目的暫存器低 High，運算元 1，
　　　　　　　　運算元 2

SMLAL 指令完成將運算元 1 且運算元 2 的乘法運算，並把結果的低 32 位元同目的暫存器 LOW 中的值相加後又放置到目的暫存器 LOW 中，結果的高 32 位元同目的暫存器 High 中的值相加後又放置到目的暫存器 High 中，同時可以根據運算結果設置 CPSR 中相對應的條件旗標位。其中，運算元 1 和運算元 2 均為 32 位元的有符號數。

對於目的暫存器 LOW，在指令執行前存放 64 位元加數的低 32 位元，指令執行後的結果存放低 32 位元。

對於目的暫存器 High，在指令執行前存放 64 位元加數的高 32 位元，指令執行後的結果存放高 32 位元。

指令示例：

```
SMLAL R0，R1，R2，R3          ;R0=(R2×R3)的低 32 位元+R0
                           ;R1=(R2×R3)的高 32 位元+R1
```

5. UMULL 指令

UMULL 指令的格式為：

UMULL{條件}{S}　目的暫存器 LOW，目的暫存器低 High，運算元 1，

運算元 2

UMULL 指令完成將運算元 1 且運算元 2 的乘法運算，並把結果的低 32 位元放置到目的暫存器 Low 中，結果的高 32 位元放置到目的暫存器 High 中，同時可以根據運算結果設置 CPSR 中相對應的條件旗標位。其中，運算元1和運算元2均為 32 位元的無符號數。

指令示例：

```
UMULL R0，R1，R2，R3        ;R0=(R2×R3)的低 32 位元
                         ;R1=(R2×R3)的高 32 位元
```

6. UMLAL 指令

UMLAL 指令的格式為：

UMLAL{條件}{S}　目的暫存器 LOW，目的暫存器低 High，運算元 1，

運算元 2

UMLAL 指令完成將運算元 1 且運算元 2 的乘法運算，並把結果的低 32 位元同目的暫存器 LOW 中的值相加後又放置到目的暫存器 LOW 中，結果的高 32 位元同目的暫存器 High 中的值相加後又放置到目的暫存器 High 中，同時可以根據運算結果設置 CPSR 中相對應的條件旗標位。其中，運算元 1 和運算元 2 均為 32 位元的無符號數。

對於目的暫存器 LOW，在指令執行前存放 64 位元加數的低 32 位元，指令執行後的結果存放低 32 位元。

對於目的暫存器 High，在指令執行前存放 64 位元加數的高 32 位元，指令執行後的結果存放高 32 位元。

指令示例：

```
UMLAL   R0，R1，R2，R3     ；R0=(R2×R3)的低 32 位元+R0
                          ；R1=(R2×R3)的高 32 位元+R1
```

四、程式狀態暫存器存取指令

ARM 微控制器支援程式狀態暫存器存取指令，用於在程式狀態暫存器和通用暫存器之間傳送資料，程式狀態暫存器存取指令包括以下兩條：

- MRS 程式狀態暫存器到通用暫存器的資料傳送指令
- MSR 通用暫存器到程式狀態暫存器的資料傳送指令

1. MRS 指令

MRS 指令的格式為：

MRS{條件}   通用暫存器，程式狀態暫存器(CPSR 或 SPSR)

MRS 指令用於將程式狀態暫存器的內容傳送到通用暫存器中。該指令一般用在以下幾種情況：

當需要改變程式狀態暫存器的內容時，可用 MRS 將程式狀態暫存器的內容讀入通用暫存器，修改後再寫回程式狀態暫存器。

當在異常處理或程序轉換時，需要保存程式狀態暫存器的值，可先用該指令讀出程式狀態暫存器的值，然後保存。

指令示例：

```
MRS     R0，CPSR     ；傳送 CPSR 的內容到 R0
MRS     R0，SPSR     ；傳送 SPSR 的內容到 R0
```

2. MSR 指令

MSR 指令的格式為：

MSR{條件}　程式狀態暫存器(CPSR 或 SPSR)_<域>，運算元

MSR 指令用於將運算元的內容傳送到程式狀態暫存器的特定域中。其中，運算元可以為通用暫存器或立即數。<域>用於設置程式狀態暫存器中需要操作的位，32 位元的程式狀態暫存器可分為 4 個域：

- 位元[31：24]為條件旗標位域，用 f 表示
- 位元[23：16]為狀態位域，用 S 表示
- 位元[15：8]為擴展位域，用 X 表示
- 位元[7：0]為控制位域，用 C 表示

該指令通常用於恢複或改變程式狀態暫存器的內容，在使用時，一般要在 MSR 指令中指明將要操作的域。

指令示例：

```
MSR   CPSR，R0      ；傳送 R0 的內容到 CPSR
MSR   SPSR，R0      ；傳送 R0 的內容到 SPSR
MSR   CPSR，R0      ；傳送 R0 的內容到 SPSR，但僅修改 CPSR 中的控制位域
```

五、載入／儲存指令

ARM 微控制器支援載入／儲存指令用於在暫存器和記憶體之間傳送資料，載入指令用於將記憶體中的資料傳送到暫存器，儲存指令則完成相反的操作。常用的載入儲存指令如下：

- LDR　　字資料載入指令
- LDRB　位元組資料載入指令
- LDRH　半字資料載入指令
- STR　　字資料儲存指令
- STRB　位元組資料儲存指令
- STRH　半字資料儲存指令

1. LDR 指令

LDR 指令的格式為：

LDR{條件} 目的暫存器，<記憶體位址>

LDR 指令用於從記憶體中將一個32位元的字資料傳送到目的暫存器中。該指令通常用於從記憶體中讀取 32 位元的字資料到通用暫存器，然後對資料進行處理。當程式計數器 PC 作為目的暫存器時，指令從記憶體中讀取的字資料被當作目的位址，從而可以實現程式流程的跳躍。

指令示例：

```
LDR  R0，[R1]        ；將記憶體位址為 R1 的字資料讀入暫存器 R0。
LDR  R0，[R1，R2]    ；將記憶體位址為 R1+R2 的字資料讀入暫存器 R0。
LDR  R0，[R1，#8]    ；將記憶體位址為 R1+8 的字資料讀入暫存器 R0。
LDR  R0，[R1，R2]！  ；將記憶體位址為 R1+R2 的字資料讀入暫存器 R0，
                      並將新位址 R1+R2 寫入 R1。
```

2. LDRB 指令

LDRB 指令的格式為：

LDR{條件}B 目的暫存器，<記憶體位址>

LDRB 指令用於從記憶體中將一個 8 位元的位元組資料傳送到目的暫存器中，同時將暫存器的高 24 位元清除。該指令通常用於從記憶體中讀取 8 位元的位元組資料到通用暫存器，然後對資料進行處理。當程式計數器 PC 作為目的暫存器時，指令從記憶體中讀取的字資料被當作目的位址，從而可以實現程式流程的跳躍。

指令示例：

```
LDRB R0，[R1]        ；將記憶體位址為 R1 的位元組資料讀入暫存器 R0，
                      並將 R0 的高 24 位元清除。
LDRB R0，[RI，#8]；將記憶體位址為 RI+8 的位元組資料讀入暫存器 R0，
                      並將 R0 的高 24 位元清除。
```

3. LDRH 指令

LDRH 指令的格式為：

LDRH{條件}H 目的暫存器，<記憶體位址>

LDRH 指令用於從記憶體中將一個 16 位元的半字資料傳送到目的暫存器中，同時將暫存器的高 16 位元清除。該指令通常用於從記憶體中讀取 16 位元的半字資料到通用暫存器，然後對資料進行處理。當程式計數器 PC 作為目的暫存器時，指令從記憶體中讀取的字資料被當作目的位址，從而可以實現程式流程的跳躍。

指令示例：

```
LDRH   R0，[R1]       ;將記憶體位址為 R1 的半字資料讀入暫存器 R0，
                       並將 R0 的高 16 位元清除。
LDRH   R0，[R1，#8];將記憶體位址為 R1+8 的半字資料讀入暫存器 R0，
                       並將 R0 的高 16 位元清除。
LDRH   R0，[R1，R2];將記憶體位址為 R1+R2 的半字資料讀入暫存器
                       R0，並將 R0 的高 16 位元清除。
```

4. STR 指令

STR 指令的格式為：

STR{條件} 源暫存器，<記憶體位址>

STR 指令用於從源暫存器中將一個 32 位元的字資料傳送到記憶體中。該指令在程式設計中比較常用，且定址方式靈活多樣，使用方式可參考指令 LDR。

指令示例：

```
STR  R0，[R1]，#8;將 R0 中的字資料寫入以 R1 為位址的記憶體中，
                   並將新位址 R1+8 寫入 R1。
STR  R0，[R1，#8];將 R0 中的字資料寫入以 R1+8 為位址的記憶體中。
```

5. STRB 指令

STRB 指令的格式為：

STR{條件}B 源暫存器，<記憶體位址>

STRB 指令用於從源暫存器中將一個 8 位元的位元組資料傳送到記憶體中。該位元組資料為源暫存器中的低 8 位元。

指令示例：

```
STRB   R0，[R1]          ；將暫存器 R0 中的位元組資料寫入以 R1 為位址的記憶體中。
STRB   R0，[R1，#8]      ；將暫存器 R0 中的位元組資料寫入以 R1+8 為位址的記憶體中。
```

6. STRH 指令

STRH 指令的格式為：

STRH{條件} H 源暫存器，<記憶體位址>

STRH 指令用於從源暫存器中將一個 16 位元的半字資料傳送到記憶體中。該半字資料為源暫存器中的低 16 位元。

指令示例：

```
STRH   R0，[R1]          ；將暫存器 R0 中的半字資料寫入以 R1 為位址的記憶體中。
STRH   R0，[R1，#8]      ；將暫存器 R0 中的半字資料寫入以 R1+8 為位址的記憶體中。
```

六、批次資料載入／儲存指令

ARM 微控制器所支援批次資料載入／儲存指令可以一次在一片連續的記憶體單元和多個暫存器之間傳送資料，批次載入指令用於將一片連續的記憶體中的資料傳送到多個暫存器，批次資料儲存指令則完成相反的操作。常用的載入儲存指令如下：

- LDM　　批次資料載入指令
- STM　　批次資料儲存指令

1. LDM(或 STM)指令

LDM(或 STM)指令的格式為：

LDM(或 STM){條件}{類型}基址暫存器{!}，暫存器列表{^}

LDM(或 STM)指令用於從由基址暫存器所指示的一片連續記憶體到暫存器列表所指示的多個暫存器之間傳送資料，該指令的常見用途是將多個暫存器的內容傳入或傳出。其中，{類型}為以下幾種情況：

- IA 每次傳送後位址加1
- IB 每次傳送前位址加1
- DA 每次傳送後位址減1
- DB 每次傳送前位址減1
- FD 滿遞減堆疊
- ED 空遞減堆疊
- FA 滿遞增堆疊
- EA 空遞增堆疊

{!}為可選後綴，若選用該後綴，則當資料傳送完畢之後，將最後的位址寫入基址暫存器，否則基址暫存器的內容不改變。

基址暫存器不允許為 R15，暫存器列表可以為 R0-R15 的任意組合。

{^}為可選後綴，當指令為 LDM 且暫存器列表中包含 R15，選用該後綴時表示：

除了正常的資料傳送之外，還將 SPSR 複製到 CPSR。同時，該後綴還表示傳入或傳出的是用戶模式下的暫存器，而不是當前模式下的暫存器。

指令示例：

```
STMFD   R13!，{R0，R4-R12，LR}   ；將暫存器列表中的暫存器
                                  (R0，R4 到 R12，LR)存入堆疊。
LDMFD   R13!，{R0，R4-R12，PC)   ；將堆疊內容恢複到暫存器
                                  (R0，R4 到 R12,LR)。
```

七、資料交換指令

ARM 微控制器所支援資料交換指令能在記憶體和暫存器之間交換資料。資料交換指令有如下兩條：

```
SWP    字資料交換指令
SWPB   位元組資料交換指令
```

1. SWP 指令

SWP 指令的格式為：

SWP{條件} 目的暫存器，源暫存器 1，[源暫存器 2]

SWP 指令用於將源暫存器 2 所指向的記憶體中的字資料傳送到目的暫存器中，同時將源暫存器 1 中的字資料傳送到源暫存器 2 所指向的記憶體中。顯然，當源暫存器 1 和目的暫存器為同一個暫存器時，指令交換該暫存器和記憶體的內容。

指令示例：

```
SWP  R0，R1，[R2]    ;將 R2 所指向的記憶體中的字資料傳送到 R0，
                      同時將 R1 中的字資料傳送到 R2 所指向的儲存
                      單元。
SWP  R0，R0，[R1]    ;該指令完成將 R1 所指向的記憶體中的字資料
                      且 R0 中的字資料交換。
```

2. SWPB 指令

SWPB 指令的格式為：

SWP{條件} B 目的暫存器，源暫存器 1，[源暫存器 2]

SWPB 指令用於將源暫存器 2 所指向的記憶體中的位元組資料傳送到目的暫存器中，目的暫存器的高 24 位元清除，同時將源暫存器 1 中的位元組資料傳送到源暫存器 2 所指向的記憶體中。顯然，當源暫存器 1 和目的暫存器為同一個暫存器時，指令交換該暫存器和記憶體的內容。

指令示例：

```
SWPB   R0，R1，[R2]       ;將 R2 所指向的記憶體中的位元組資料傳送到 R0，
                            R0 的高 24 位元清除，同時將 R1 中的低 8 位元資料傳
                            送到 R2 所指向的儲存單元。
SWPB   R0，R0，[R1]       ;該指令完成將 R1 所指向的記憶體中的位元組資
                            料且 R0 中的低 8 位元資料交換。
```

八、移位指令(操作)

ARM 微控制器內嵌的桶型移位器(Barrel Shifter)，支援資料的各種移位操作，移位操作在 ARM 指令集中不作為單獨的指令使用，它只能作為指令格式中是一個字段，在組合語言中表示為指令中的選項。例如，資料處理指令的第二個運算元為暫存器時，就可以加入移位操作選項對它進行各種移位操作。移位操作包括如下 6 種類型，ASL 和 LSL 是等價的，可以自由互換：

- LSL　　邏輯左移
- ASL　　算術左移
- LSR　　邏輯右移
- ASR　　算術右移
- ROR　　循環右移
- RRX　　帶擴展的循環右移

1. LSL(或 ASL)操作

LSL(或 ASL)操作的格式為：

通用暫存器，LSL(或 ASL)　運算元

LSL(或 ASL)可完成對通用暫存器中的內容進行邏輯(或算術)的左移操作，按運算元所指定的數量向左移位，低位用零來填充。其中，運算元可以是通用暫存器，也可以是立即數(0～31)。

操作示例：

```
MOV    R0，R1，LSL#2       ;將 R1 中的內容左移兩位後傳送到 R0 中。
```

2. LSR 操作

LSR 操作的格式為：

通用暫存器，LSR 運算元

LSR 可完成對通用暫存器中的內容進行右移的操作，按運算元所指定的數量向右移位，左端用零來填充。其中，運算元可以是通用暫存器，也可以是立即數(0～31)。

操作示例：

```
MOV    R0，R1，LSR#2    ；將 R1 中的內容右移兩位後傳送到 R0 中，
                          左端用零來填充。
```

3. ASR 操作

ASR 操作的格式為：

通用暫存器，ASR 運算元

ASR 可完成對通用暫存器中的內容進行右移的操作，按運算元所指定的數量向右移位，左端用第 31 位的值來填充。其中，運算元可以是通用暫存器，也可以是立即數(0～31)。

操作示例：

```
MOV  R0，R1，ASR#2    ；將 R1 中的內容右移兩位後傳送到 R0 中，
                        左端用第 31 位的值來填充。
```

4. ROR 操作

ROR 操作的格式為：

通用暫存器，ROR 運算元

ROR 可完成對通用暫存器中的內容進行循環右移的操作，按運算元所指定的數量向右循環移位，左端用右端移出的位來填充。其中，運算元可以是通用暫存器，也可以是立即數(0～31)。顯然，當進行 32 位元的循環右移操作時，通用暫存器中的值不改變。

操作示例：

```
MOV    R0，R1，ROR#2    ；將 R1 中的內容循環右移兩位後傳送到 R0 中。
```

5. RRX 操作

RRX 操作的格式為：

通用暫存器，RRX 運算元

RRX 可完成對通用暫存器中的內容進行帶擴展的循環右移的操作，按運算元所指定的數量向右循環移位，左端用進位旗標位 C 來填充。其中，運算元可以是通用暫存器，也可以是立即數(0～31)。

操作示例：

```
MOV    R0，R1，RRX#2    ；將 R1 中的內容進行帶擴展的循環右移兩位後傳送到 R0 中。
```

九、協同微控制器指令

ARM 微控制器可支援多達 16 個協同微控制器，用於各種協處理操作，在程式執行的過程中，每個協同微控制器只執行標對自身的協處理指令，忽略 ARM 微控制器和其他協同微控制器的指令，包括以下 5 條：

- CDP　　協同微控制器數操作指令
- LDC　　協同微控制器資料載入指令
- STC　　協同微控制器資料儲存指令
- MCR　　ARM 微控制器暫存器到協同微控制器暫存器的資料傳送指令
- MRC　　協同微控制器暫存器到 ARM 微控制器暫存器的資料傳送指令

1. CDP 指令

CDP 指令的格式為：

CDP{條件}協同微控制器編碼，協同微控制器操作碼 1，目的暫存器，
　　　　　　　　　源暫存器 1，源暫存器 2，
　　　　　　　　　協同微控制器操作碼 2。

CDP 指令用於 ARM 微控制器通知 A 協同微控制器執行特定的操作，若協同微控制器不能成功完成特定的操作，則產生未定義指令異常。其中協同微控制器

操作碼 1 和協同微控制器操作碼 2 為協同微控制器將要執行的操作，目的暫存器和源暫存器均為協同微控制器的暫存器，指令不涉及 ARM 微控制器的暫存器和記憶體。

指令示例：

```
CDP P3，2，C12，C10，C3，4        ;該指令完成協同微控制器 P3 的初始化
```

2. LDC 指令

LDC 指令的格式為：

LDC{條件}{L} 協同微控制器編碼，目的暫存器，[源暫存器]

LDC 指令用於將源暫存器所指向的記憶體中的字資料傳送到目的暫存器中，若協同微控制器不能成功完成傳送操作，則產生未定義指令異常。其中，{L}選項表示指令為長讀取操作，如用於雙精度資料的傳輸。

指令示例：

```
LDC P3，C4，[R0]        ;將 ARM 微控制器的暫存器 R0 所指向的記憶體中的
                        字資料傳送到協同微控制器 P3 的暫存器 C4 中。
```

3. STC 指令

STC 指令的格式為：

STC{條件}{L}協同微控制器編碼，源暫存器，[目的暫存器]

STC 指令用於將源暫存器中的字資料傳送到目的暫存器所指向的記憶體中，若協同微控制器不能成功完成傳送操作，則產生未定義指令異常。其中，{L}選項表示指令為長讀取操作，如用於雙精度資料的傳輸。

指令示例：

```
STC P3，C，[R0]        ;將協同微控制器 P3 的暫存器 C4 中的字資料傳送到
                       ARM 微控制器的暫存器 R0 所指向的記憶體中。
```

4. MCR 指令

MCR 指令的格式為：

MCR{條件} 協同微控制器編碼，協同微控制器操作碼1，

源暫存器， 目的暫存器1，

目的暫存器2，協同微控制器操作碼2。

MCR 指令用於將 ARM 微控制器暫存器中的資料傳送到協同微控制器暫存器中，若協同微控制器不能成功完成操作，則產生未定義指令異常。其中協同微控制器操作碼 1 和協同微控制器操作碼 2 為協同微控制器將要執行的操作，源暫存器為 ARM 微控制器的暫存器，目的暫存器1 和目的暫存器2 均為協同微控制器的暫存器。

指令示例：

```
MCR   P3，3，R0，C4，C5，6        ；該指令將 ARM 微控制器暫存器 R0 中的
                                   資料傳送到協同微控制器 P3 的暫存器
                                   C4 和 C5 中。
```

5. MRC 指令

MRC 指令的格式為：

MRC{條件}協同微控制器編碼，協同微控制器操作碼1，

目的暫存器，源暫存器1，

源暫存器2，協同微控制器操作碼2。

MRC 指令用於將協同微控制器暫存器中的資料傳送到 ARM 微控制器暫存器中，若協同微控制器不能成功完成操作，則產生未定義指令異常。其中協同微控制器操作碼 1 和協同微控制器操作碼 2 為協同微控制器將要執行的操作，目的暫存器為 ARM 微控制器的暫存器，源暫存器1 和源暫存器2 均為協同微控制器的暫存器。

指令示例：

```
MRC  P3，3，R0，C4，C5，6     ；該指令將協同微控制器 P3 的暫存器中的
                               資料傳送到 ARM 微控制器暫存器中。
```

十、異常產生指令

ARM 微控制器所支援的異常指令有如下兩條：

- SWI　　軟體中斷指令
- BKPT　　斷點中斷指令

1. SWI 指令

SWI 指令的格式為：

SWI{條件}　24 位元的立即數

SWI 指令用於產生軟體中斷，以便用戶程式能呼叫操作系統的系統例程。操作系統在 SWI 的異常處理程式中提供相對應的系統服務，指令中 24 位元的立即數指定用戶程式呼叫系統例程的類型，相關參數通過通用暫存器傳遞，當指令中 24 位元的立即數被忽略時，用戶程式呼叫系統例程的類型由通用暫存器。R0 的內容決定，同時，參數通過其他通用暫存器傳遞。

指令示例：

SWI 0x02　　該指令呼叫操作系統編號位 02 的系統例程。

2. BKPT 指令

BKPT、指令的格式為：

BKPT 16 位元的立即數

BKPT 指令產生軟體斷點中斷，可用於程式的除錯。

十一、Thumb 指令及應用

為兼容資料匯流排寬度為 16 位元的應用系統，ARM 體系結構除了支援執行效率很高的 32 位 ARM 指令集以外，同時支援 16 位元的 Thumb 指令集。Thumb 指令集是 ARM 指令集的一個子集，允許指令編碼為 16 位元的長度。且等價的 32 位元程式碼相比較，Thumb 指令集在-32 程式碼優勢的同時，大大的節省了系統的儲存空間。

所有的 Thumb 指令都有對應的 ARM 指令，而且 Thumb 的程式設計模型也對應於 ARM 的程式設計模型，在應用程式的編寫過程中，只要遵循一定呼叫的規則，Thumb 子程式和 ARM 子程式就可以互相呼叫。當微控制器在執行 ARM 程式段時，稱 ARM 微控制器處於 ARM 工作狀態，當微控制器在執行 Thumb 程式段時，稱 ARM 微控制器處於 Thumb 工作狀態。

且 ARM 指令集相比較，Thumb 指令集中的資料處理指令的運算元仍然是 32 位元，指令位址也為 32 位元，但 Thumb 指令集為實現 16 位元的指令長度，捨棄了 ARM 指令集的一些特性，如大多數的 Thumb 指令是無條件執行的，而幾乎所有的 ARM 指令都是有條件執行的：大多數的 Thumb 資料處理指令的目的暫存器與其中一個源暫存器相同。

由於 Thumb 指令的長度為 16 位元，即只用 ARM 指令一半的位數來實現同樣的功能，所以，要實現特定的程式功能，所需的 Thumb 指令的條數較 ARM 指令多。在一般的情況下，Thumb 指令且 ARM 指令的時間效率和空間效率關係為：

- Thumb 程式碼所需的儲存空間約為 ARM 程式碼的 60%～70%
- Thumb 程式碼使用的指令數比 ARM 程式碼多約 30%～40%
- 若使用 32 位元的記憶體，ARM 程式碼比 Thumb 程式碼快約 40%
- 若使用 16 位元的記憶體，Thumb 程式碼比 ARM 程式碼快約 40%～50%
- 且 ARM 程式碼相比較，使用 Thumb 程式碼，記憶體的功耗會降低約 30%

顯然，ARM 指令集和 Thumb 指令集各有其優點，若對系統的性能有較高要求，應使用 32 位元的儲存系統和 ARM 指令集，若對系統的成本及功耗有較高要求，則應使用 16 位元的儲存系統和 Thumb 指令集。當然，若兩者結合使用，充分發揮其各自的優點，會取得更好的效果。

5 CHAPTER

ARM C 語言程式設計

5.1 C 語言簡史

C 語言的開發是科技史上不可磨滅的偉大貢獻，因為這個語言把握住了電腦科技中一個至關重要並且恰到好處的中間點，一方面它具備搭建高層產品的能力，另一方面又能夠對於底層資料進行有效控制。正是因為這種關聯性和樞紐性作用，決定了 C 語言所導向近三十年來電腦程式設計主流方式。

圖 5.1-1　C 語言

C 語言的祖先是 BCPL 語言。

1967 年，劍橋大學的 Martin Richards 對 CPL 語言進行了簡化，於是產生了 BCPL(Basic Combined Programming Language)語言。

1970 年，美國貝爾實驗室的 Ken Thompson。以 BCPL 語言為基礎，設計出很簡單且很接近硬體的 B 語言(取 BCPL 的首字母)，並且他用 B 語言寫了第一個 UNIX 操作系統。

在 1972 年，美國貝爾實驗室的 D.M.Ritchie 在 B 語言的基礎上最終設計出了一種新的語言，他取了 BCPL 的第二個字母作為這種語言的名字，這就是 C 語言。

圖 5.1-2　D.M.Ritchie 和 Ken Thompson

　　爲了使 UNIX 操作系統推廣，1977 年 Dennis M.Ritchie 發表了不依賴於具體機器系統的 C 語言編譯文本《可移植的 C 語言編譯程式》。

　　1978 年由美國電話電報公司(AT&T)貝爾實驗室正式發表了 C 語言。同時由 B.W.Kernighan 和 D.M.Ritchie 合著了著名的《The C Programming Language》一書。通常簡稱爲《K&R》，也有人稱之爲《K&R》標準。但是，在《K&R》中並沒有定義一個完整的標準 C 語言，後來由美國國家標準化協會(American National Standards Institute)在此基礎上制定了一個 C 語言標準，於一九八三年發表。通常稱之爲 ANSI C。

　　K&R 第一版在很多語言細節上不夠精確，對於 pcc 這個"參照編譯器"來說，它顯得不切實際；K&R 甚至沒有表達適當地描述語言，並把後續擴展扔到了一邊。最後，C 在早期項目中的使用上受商業和政府合同支配，這意味著一個認可的正式標準是重要的。因此(在 M. D. McIlroy 的催促下)，ANSI 於 1983 年夏天，在 CBEMA 的領導下建立了 X3J11 委員會，目的是產生一個 C 標準。X3J11 在 1989 年末提出了一個報告 [ANSI 89]，後來這個標準被 ISO 接受爲 ISO/IEC 9899-1990。

　　1990 年，國際標準化組織 ISO(International Organization for Standards)接受了 89 ANSI C 爲 ISO C 的標準(ISO9899-1990)。1994 年，ISO 修訂了 C 語言的標準。

　　1995 年，ISO 對 C90 做了一些修訂，即"1995 基準增補 1(ISO/IEC/9899/AMD1: 1995)"。1999 年，ISO 對 C 語言標準進行修訂，在基本保留原來 C 語言特徵的基礎上，對腳對的需要上增加了一些功能，尤其是對 C++ 中的一些功能，命名爲 ISO/IEC9899:1999。

　　2001 年和 2004 年先後進行了兩次技術修正。

　　目前流行的 C 語言編譯系統大多是以 ANSI C 爲基礎進行開發，但不同版本的 C 編譯系統所實現的語言功能和語法規則略有差別。

5.2 語言特點

C 是高階語言，它把高階語言的基本結構和語句與低階語言的實用性結合起來。C 語言可以像組合語言一樣對位元、位元組和位址進行操作，而這三者是電腦最基本的工作單元。

C 是結構式語言，結構式語言的顯著特點是程式碼及資料的分隔化，即程式的各個部分除了必要的資料交流外彼此獨立，這種結構化方式可使程式層次清晰，以便於使用、維護以及除錯。C 語言是以函數形式提供給用戶的，這些函數可方便的呼叫，並具有多種循環、條件語句控制程式流向，從而使程式完全結構化。

C 語言功能齊全，具有各式各樣的資料類型，並引入了指標概念，可使程式效率更高，而且計算功能、邏輯判斷功能也比較強大，可以實現決策目的的遊戲。

C 語言適用範圍大，適合於多種操作系統，如 Windows、DOS、UNIX 等等；也適用於多種機型。

C 語言對編寫需要進行硬體操作的場合，明顯優於其他高階語言，有一些大型應用軟體也是用 C 語言編寫的。

一、優點

1. 簡潔緊湊、靈活方便

C 語言一共只有 32 個關鍵字，9 種控制語句，程式書寫形式自由，區分大小寫。把高階語言的基本結構和語句與低階語言的實用性結合起來。C 語言可以像組合語言一樣對位元、位元組和位址進行操作，而這三者是電腦最基本的工作單元。

2. 運算符豐富

C 語言的運算符包含的範圍很廣泛，共有 34 種運算符。C 語言把括號、賦值、強制類型轉換等都作為運算符處理。從而使 C 語言的運算類型極其豐富，表達式類型多樣化。靈活使用各種運算符可以實現在其他高階語言中難以實現的運算。

3. 資料類型豐富

C 語言的資料類型有：整數型、實數型、字符型、數組類型、指標類型、結構體類型、共用體類型等。能用來實現各種複雜的資料結構的運算。並引入了指標概念，使程式效率更高。另外 C 語言具有強大的圖形功能，支援多種顯示器和驅動器。且計算功能、邏輯判斷功能強大。

4. C 是結構式語言

結構式語言的顯著特點是程式碼及資料的分隔化，即程式的各個部分除了必要的資料交流外彼此獨立。這種結構化方式可使程式層次清晰，以便於使用、維護以及除錯。C 語言是以函數形式提供給用戶的，這些函數可方便的呼叫，並具有多種循環、條件語句控制程式流向，從而使程式完全結構化。

5. 語法限制不太嚴格，程式設計自由度大

雖然 C 語言也是強類型語言，但它的語法比較靈活，允許程式編寫者有較大的自由度。

6. 允許直接存取物理位址，對硬體進行操作

由於 C 語言允許直接存取物理位址，可以直接對硬體進行操作，因此它既具有高階語言的功能，又具有低階語言的許多功能，能夠像組合語言一樣對位元、位元組和位址進行操作，而這三者是電腦最基本的工作單元，可用來寫系統軟體。

7. 生成目標程式碼質量高，程式執行效率高

一般只比組合程式生成的目標程式碼效率低 10~20%。

8. 用範圍大，可移植性好

C 語言有一個突出的優點就是適合於多種操作系統，如 DOS、UNIX、windows 98、windows NT，也適用於多種機型。C 語言具有強大的繪圖能力，可移植性好，並具備很強的資料處理能力，因此適於編寫系統軟體，三維，二維圖形和動畫，它也是數值計算的高階語言。

二、缺點

1. C 語言的缺點主要表現在資料的封裝性上，這一點使得 C 在資料的安全性上有很大缺陷，這也是 C 和 C++的一大區別。

2. C 語言的語法限制不太嚴格，對變數的類型約束不嚴格，影響程式的安全性，對數組下標越界不作檢查等。從應用的角度，C 語言比其他高階語言較難掌握。

5.3 資料類型

1. 基本資料類型

ARM 編譯器支援的基本資料類型包括整數類型和浮點數類型,如表 5.3-1。

表 5.3-1 ARM 支援的資料類型

資料類型	C 類型	位長度	範圍
字符型	char(signed char)	8	$-2^7 \sim 2^7-1$
	unsigned char	8	$0 \sim 2^8-1$
整數型	short(signed short)	16	$-2^{15} \sim 2^{15}-1$
	unsigned short	16	$0 \sim 2^{16}-1$
	enum	32	$-2^{31} \sim 2^{31}-1$
	int(signed int)	32	$-2^{31} \sim 2^{31}-1$
	unsigned int	32	$0 \sim 2^{32}-1$
	long(signed long)	32	$-2^{31} \sim 2^{31}-1$
	unsigned long	32	$0 \sim 2^{32}-1$
	long long(signed long long)	64	$-2^{63} \sim 2^{64}-1$
	unsigned long long	64	$0 \sim 2^{64}-1$
指標	資料或函數指標	64	$0 \sim 2^{64}-1$
浮點型	float	32	
	double	64	
	long double	64	

二、資料類型修飾符 signed 和 unsigned

在 C 語言中，如果一個運算符兩側的運算元資料類型不同，則系統按"先轉換後運算"的原則進行運算。

對於無符號和有符號資料類型的轉換原則：在 C 語言中，遇到無符號和有符號數之間的操作時，編譯器會自動轉化為無符號數來進行處理。

```
unsigned  int a=10;
signed    int b=-100;
```

結論：b>a，因為 b 轉化為無符號數為 b=4394985869

5.4　常數和變數

一、常數

1. 整數

可以用十進制、十六進制表示，十進制由 0～9 的數字組成，不能以 0 開頭，二者均可以用負號表示負數。

2. 字符

由一對單引號及其所引起來的字符表示。

3. 字符串

由一對雙引號引起來的字符序列。

二、變數

1. const

把一個物件或變數定義為 const 類型，其值便不能被更新(read only)，故定義時必須給它一個初始值；如果函數中的指標參數在函數中是唯讀的，建議將其用 const 修飾。

2. static

被 static 修飾的變數從時間域而言是全局變數，不過空間作用域不是全域的，可用於保存變數所在函數被累次呼叫期間的中間狀態。

```
void TimeCount(void)
{
    Static unsigned int unCount=0;

    .............
    unCount = 0;

    .............

}
```

unCount 在函數的第一次呼叫時分配和初始化，函數推出後其值仍然存在(時間域)；但只能在函數內部才能存取 unCount (空間域)。

3. 存取控制原則：

● 模組內(但在函數體外)，被宣告為靜態的變數可以被模組內所有函數存取，但不能被模組外其他函數存取，是一個本地的全局變數；

● 模組內，被宣告為靜態的函數只可被這一模組內的其他函數呼叫。

4. 局部變數定義使用注意事項

大多數 ARM 資料處理指令是 32 位元，而 char 和 short 定義的資料為 8/16 位元，要對其進行載入和儲存時都要擴展(無符號數用 0 做擴展位，有符號數按符號位擴展)，這種擴展是用多餘的指令來實現的。故要避免把局部變數定義為 short 和 char 類型的(降低空間和時間效率)。

```c
int a(int x)
{
    return x+1;
}
```

```c
short b(short x)
{
    return x+1;
}

char c(char x)
{
    return x+1;
}
```

上述 3 個子函數的組合語言實現分別為：

```asm
//函數 a
ADD   r0,r0,#1
BX    r14

//函數 b
ADD   r0,r0,#1
MOV   r0,r0,LSL #16
MOV   r0,r0,ASR #16
BX    r14

//函數 c
ADD   r0,r0,#1
AND   r0,r0,#0xff
BX    r14
```

5.5　運算子

一、算術運算子

算術運算子包括+、-、×、/和%，當運算結果超過了資料類型的表示範圍時會發生溢出。

```
void main(void)
{
unsigned char i=255;
unsigned char n=0;

int m=0;
n=i+1;
m=i+1;

printf("sum is %d\r\n",n);
printf("sum is %d\r\n",m);


}
```

執行結果：n=0(相對應的 CPSR 中 Z=1，C=1)，m=256。

二、關係運算子

關係運算子和運算元構成了一個邏輯表達式，這個邏輯表達式可以作為邏輯運算子的運算元，如 if(x < SCR_XSIZE && y < SCR_YSIZE)。

三、邏輯運算子

邏輯運算子包括且(&&)、或(||)和非(!)。

四、位元運算子

位元運算子用於操作整數值的位(可以操作的最小資料單位)，理論上可以用位元運算完成所有的運算和操作。位元運算子在嵌入式開發中最為常用，來對變數或暫存器進行位操作，從而控制硬體，有效地提高程式運行的效率。

1. **且(&)**

   位且基本用途是清除某個位或某些位，示例程式碼如下：

   ```
   UINT32 i=0xFF000000;
   i &=0x0FFFFFFF;
   ```

2. **或(|)**

   位或基本用途是設置某個位或某些位，示例程式碼如下：

   ```
   UINT32 i=0xFF000000;
     i |=0x000FFFFF;
   ```

3. **互斥或(^)**

   把兩個運算元中對應位的值相異的位置 1。

   ```
   UINT32 i=0xFF000000;
   i ^=0x0FFFFFFF;
   ```

4. **左移運算子(<<)**

   將運算元向左移 n 位，右邊空出的位補 0，左邊移出的位被捨棄，可以用來設置暫存器的位。

   ```
   UINT32 i=0x10;
   i <<=4;
   ```

5. **右移運算子(>>)**

   將運算元右移 n 位，移出的位被捨棄，對於無符號數左邊補 0，有符號數補 1。

   ```
   UINT32 i=0x10000;
   i >>=4;
   ```

6. **反(～)**

可以直接做位取反，取反是反補碼取返。

```
int x=-20;
1000 0000 0001 0100：原碼 -20
1111 1111 1110 1100：補碼 -20
0000 0000 0001 00 11：補碼取反 19
```

電腦裡存負數是用補碼表示，取反是反補碼取返，如上所示，補碼取反，連符號位一起變反，故為 19。

5.6　控制結構

1. **選擇**

選擇分為 if else 和 switch 兩種形式

2. **循環**

ARM 的 C 語言程式設計中支援 while、do while 和 for 三種循環。為了提高循環效率，要遵循兩條基本原則：

● 減計數循環。

● 簡單的中止條件。

5.7　結構體

結構體是由基本資料類型構成，並用一個標識符來命名的變數集合，要先定義後使用。ARM 系統開發中使用結構體要考慮如何最佳地控制記憶體佈局(即結構成員位址邊界的對齊問題)。假設系統採用大端模式的記憶體，下面的例子分析了如何最佳化結構體在映像文件中資料佈局的問題，如圖 5.7-1 所示。

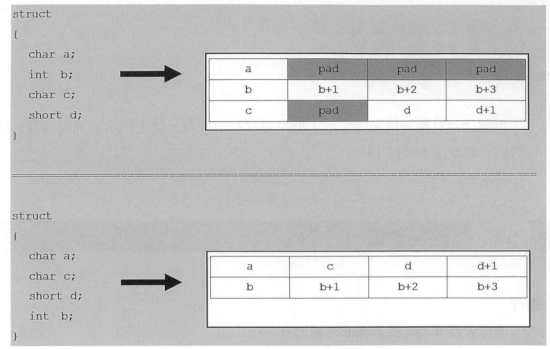

圖 5.7-1 結構體佈局比較

此外，關鍵詞__packed 可以使資料 1 位元組對齊，不會插入任何填充位來實現位元組對齊，但會破壞資料的對齊，故節省空間的同時卻犧牲了效率，故不提倡使用。

5.8 編譯指令

編譯器在對程式進行語法和詞法分析之前，要先對程式正文進行預處理，預處理命令以#開始，單獨占一行。

1. #define 和#undef

在 ARM 開發中可以使用#define 定義屏蔽位，用來設置或清除暫存器的值或定義暫存器的物理位址；

2. **#if** 和**#endif**

在程式除錯中，可以用來臨時注釋掉一段程式碼，並在需要編譯該段程式碼時，將 0 改為 1 即可。

3. **#error**

"#error 字符序列"，表示一種錯誤資料，當編譯器遇到它時顯示字符序列，然後停止對程式的編譯。

5.9　標準 C 函式庫的應用

1. **標準 C 函式庫的組成**

標準 C 函式庫為運行 C 語言應用程式提供了各種支援，ARM 編譯器支援 ANSI C 函式庫和 C++函式庫，該函式庫主要包含 2 個部分：1.與目標硬體無關的函數庫；2.與目標硬體有關的函數庫。

- 與目標硬體無關的函數庫

  這類函數庫是獨立於其他函數的，且與目標硬體沒有任何依賴關係，可以隨心所欲的使用，也可以腳對特定的應用程式的要求對其進行適當的剪裁。

- 與目標硬體相關的函數庫

  與目標硬體相關的函數庫主要有兩類：1.與輸入/輸出相關的函數；2.與記憶體相關的函數。

2. 標準 C 函式庫的使用流程

(1) 標準 C 函式庫的呼叫流程

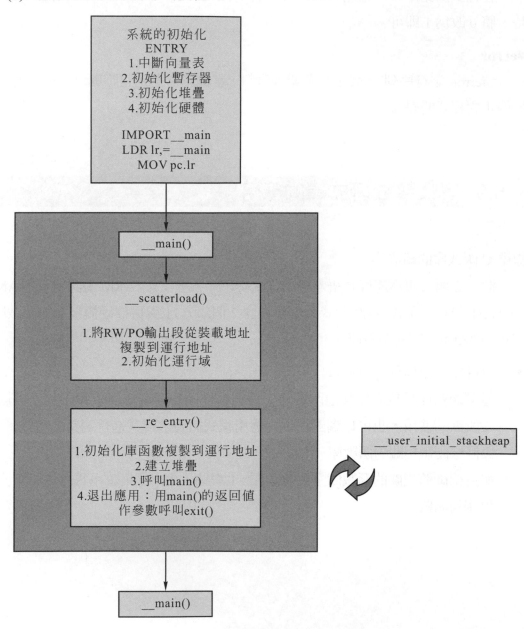

圖 5.9-1 標準 C 函式庫的呼叫流程

3. 半主機機制

- 定義：該機制指的是在除錯的時候，程式碼在 ARM 目標板上運行，但使用除錯主機上的輸入/輸出設備的機制(即讓 ARM 目標板將輸入/輸出請求從應用程式傳遞到除錯器主機的機制)，對於開發板沒有鍵盤、顯示器的情況很重要。

- 實現：半主機機制是由一組已定義的 SWI 操作來實現的，用於半主機的軟體中斷(SWI):ARM 狀態下為 0x123456，Thumb 狀態下為 0xAB；

- 應用：在最終的產品上程式呼叫的所有函數都必須是 non-semihost 類型的，為了避免使用半主機機制的函數被鏈接到應用程式：組合語言中使用指令 "IMPORT __use_no_semihosting_swi"，在 C 語言中使用指令 "#pragma import(__use_no_semihosting_swi)"，此時如果程式中含有半主機類函數 armcc 便會報錯。

 深入重點

☆ 目前流行的 C 語言編譯系統大多是以 ANSI C 為基礎進行開發的，但不同版本的 C 編譯系統所實現的語言功能和語法規則有略有差別。

☆ C 是高級語言，它把高階語言的基本結構和語句與低階語言的實用性結合起來。

☆ C 是結構式語言，結構式語言的顯著特點是程式碼及數據的分隔化，即程序的各個部分除了必要的資料交流外彼此獨立，這種結構化方式可使程式層次清晰，便於使用、維護以及調試。

☆ C 語言功能齊全，具有各種各樣的數據類型，並引入了指標概念，可使程式效率更高。

☆ 關鍵詞__packed 可以使數據 1 字節對齊，不會插入任何填充位來實現字節對齊，但會破壞數據的對齊，故節省空間的同時卻犧牲了效率，故不提倡使用。

ARM cortex M0

基礎入門篇

基礎入門篇著重講解 NuMicro M051 微控制器內部資源的基本使用，如 GPIO、定時器、外部中斷、序列埠、PWM、ISP、I2C、SPI、ADC 等，程式碼的編寫上簡單易懂，在瞭解原理的基礎上配合簡練的實驗程式碼，更加容易使初學者融會貫通，快速領悟。

6
CHAPTER

NuMicro M051 系列
微控制器

6.1 概述

Cortex-M0 微控制器是 32 位元多級可配置的 RISC 微控制器。它有 AHB-Lite 介面和嵌套向量中斷控制器(NVIC)，具有可選的硬體除錯功能，可以執行 Thumb 指令，並與其他 Cortex-M 系列兼容。該系列微控制器支援兩種操作模式 Thread 模式和 Handler 模式。當有異常發生時，微控制器進入 Handler 模式，異常返回只能在 Handler 模式下發生。當微控制器重置時，微控制器會進入 Thread 模式，微控制器也可在異常返回時進入到 Thread 模式。

圖 6.1-1　NuMicro M051

一、設備提供：

1. 低閘數微控制器特徵

- ARMv6-M Thumb 指令集。
- Thumb-2 技術。
- ARMv6-M 兼容 24-bit SysTick 定時器。
- 32-bit 硬體乘法器。
- 系統介面支援小端(little-endian)資料存取。

- 具有確定性，固定延遲的中斷處理能力。
- 可以禁用和重啓的多路載入/儲存和多週期乘法可以實現快速中斷處理。
- 兼容 C 應用程式二進制介面的異常兼容模式(C-ABI)。ARMv6-M(C-ABI)兼容異常模式允許用戶使用純 C 函數實現中斷處理。
- 使用等待中斷(WFI)，等待事件(WFE)指令，或者從中斷返回時的 sleep-on-exit 特性可以進入低功耗的休眠模式。

2. **NVIC 特徵**

- 32 個外部中斷輸入，每個中斷具有 4 級優先級。
- 不可屏蔽中斷輸入(NMI)。
- 支援電位敏感和脈衝敏感的中斷線。
- 中斷喚醒控制器(WIC)，支援極低功耗休眠模式。

3. **除錯**

- 四個硬體斷點。
- 兩個觀察點。
- 用於非侵入式程式碼分析的程式計數採樣暫存器(PCSR)。
- 單步和向量捕獲能力。

4. **匯流排介面**

- 單一 32 位元的 AMBA-3 AHB-Lite 系統介面，向所有的系統周邊設備和記憶體提供簡單的整合。
- 支援 DAP(Debug Access Port)的單一 32 位元的從機埠。

　　DAP(Debug Access Port，除錯存取介面)是 Cortex-M0 的除錯系統基於 ARM 最新的 CoreSight 架構(CoreSight 相關內容可跳至 3.1 章節)，不同於以往的 ARM 處理器，核心本身不再含有 JTAG 介面。取而代之的，是 CPU 提供稱爲"除錯存取介面(DAP)"的匯流排介面。通過這個匯流排介面，可以存取晶片的暫存器，也可以存取系統記憶體，甚至是在核心運行的時候存取！對此匯流排介面的使用，是由一個除錯埠(DP)設備完成的。

6.2 系統管理器

一、系統管理器包括如下功能：

- 系統重置。
- 系統記憶體對應。
- 用於管理產品 ID、晶片重置及晶片上模組重置，多功能接腳控制的系統管理暫存器。
- 系統定時器(SysTick)。
- 嵌套向量中斷控制器(NVIC)。
- 系統控制暫存器。

1. 系統重置

有如下事件發生時，系統將重置，這些重置事件旗標可以由暫存器 RSTRC 讀出。

- 通電重置(POR)。
- 重置腳(/RESET)上有低電位。
- 看門狗定時溢出重置(WDT)。
- 低電壓重置(LVR)。
- 欠壓檢測重置(BOD)。
- CPU 重置。
- 系統重置。

2. 系統電源架構

該元件的電源架構分為三個部分：

- 由 AVDD 和 AVSS 提供的類比電源，為類比部分提供工作電壓。
- 由 VDD 與 VSS 提供的數位電源，為內部穩壓器提供電壓，內部穩壓器向數位操作與 I/O 接腳提供固定的 2.5V 電壓。

內部電壓管理器(LDO)的輸出，需要在相對應接腳附近接一顆電容。圖 6.2-1 示出了該設備的電源架構：

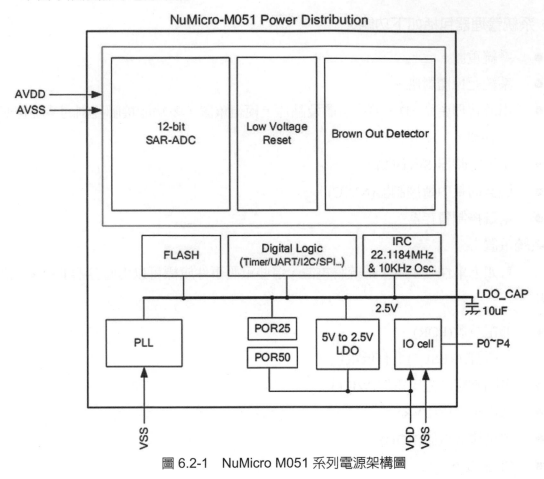

圖 6.2-1　NuMicro M051 系列電源架構圖

6.3　系統儲存對應

NuMicro M051 系列提供 4G 位元組的定址空間。每個晶片上模組記憶體位址分配情況如表 6.3-1 所示。詳細的暫存器位址分配和程式設計將在後續的章節各別描述。NuMicro M051 系列僅支援小端資料格式。

表 6.3-1 晶片上模組記憶體位址分配

位址空間	旗標	模組
Flash & SRAM 記憶體空間		
0x0000_0000 – 0x0000_FFFF	FLASH_BA	FLASH 記憶體空間(64KB)
0x2000_0000 – 0x2000_0FFF	SRAM_BA	SRAM 記憶體空間(4KB)
AHB 模組空間(0x5000_0000 – 0x501F_FFFF)		
0x5000_0000 – 0x5000_01FF	GCR_BA	系統全域控制暫存器
0x5000_0200 – 0x5000_02FF	CLK_BA	時脈控制暫存器
0x5000_0300 – 0x5000_03FF	INT_BA	多路中斷控制暫存器
0x5000_4000 ~ 0x5000_7FFF	GPIO_BA	GPIO (P0~P4) 控制暫存器
0x5000_C000 – 0x5000_FFFF	FMC_BA	Flash 記憶體控制暫存器
0x5001_0000 – 0x5001_3FFF	EBI_CTL_BA	EBI 控制暫存器 (128KB)
EBI 空間 (0x6000_0000 ~ 0x6001_FFFF)		
0x6000_0000 – 0x6001_FFFF	EBI_BA	EBI 空間
APB 模組空間(0x4000_0000 ~ 0x400F_FFFF)		
0x4000_4000 – 0x4000_7FFF	WDT_BA	看門狗控制暫存器
0x4001_0000 – 0x4001_3FFF	TMR01_BA	Timer0/Timer1 控制暫存器
0x4002_0000 – 0x4002_3FFF	I2C_BA	I2C 介面控制暫存器
0x4003_0000 – 0x4003_3FFF	SPI0_BA	帶主/從功能的 SPI0 控制暫存器
0x4003_4000 – 0x4003_7FFF	SPI1_BA	帶主/從功能的 SPI1 控制暫存器
0x4004_0000 – 0x4004_3FFF	PWMA_BA	PWM0/1/2/3 控制暫存器
0x4005_0000 – 0x4005_3FFF	UART0_BA	UART0 控制暫存器
0x400E_0000 – 0x400E_FFFF	ADC_BA	模數轉換器(ADC)控制暫存器
0x4011_0000 – 0x4011_3FFF	TMR23_BA	Timer2/Timer3 控制暫存器

表 6.3-1　晶片上模組記憶體位址分配(續)

位址空間	旗標	模組
APB 模組空間(0x4000_0000 ~ 0x400F_FFFF)		
0x4014_0000 – 0x4014_3FFF	PWMB_BA	PWM4/5/6/7 控制暫存器
0x4015_0000 – 0x4015_3FFF	UART1_BA	UART1 控制暫存器
System Control Space (0xE000_E000 ~ 0xE000_EFFF)		
0xE000_E010 – 0xE000_E0FF	SCS_BA	System 定時器控制暫存器
0xE000_E100 – 0xE000_ECFF	SCS_BA	外部中斷控制器控制暫存器
0xE000_ED00 – 0xE000_ED8F	SCS_BA	System 控制暫存器

6.4　系統管理器控制暫存器對應

GCR_BA = 0x5000_0000

暫存器	偏移量	R/W	描述	重置後的值
PDID	GCR_BA+0x00	R	設備 ID 暫存器	0x0000_5200
RSTSRC	GCR_BA+0x04	R/W	系統重置源暫存器	0x0000_00XX
IPRSTC1	GCR_BA+0x08	R/W	周邊設備重置控制暫存器 1	0x0000_0000
IPRSTC2	GCR_BA+0x0C	R/W	周邊設備重置控制暫存器 2	0x0000_0000
BODCR	GCR_BA+0x18	R/W	欠壓檢測控制暫存器	0x0000_008X
PORCR	GCR_BA+0x24	R/W	通電重置控制暫存器	0x0000_00XX
P0_MFP	GCR_BA+0x30	R/W	P0 複用功能和輸入類型控制暫存器	0x0000_0000
P1_MFP	GCR_BA+0x34	R/W	P1 複用功能和輸入類型控制暫存器	0x0000_0000
P2_MFP	GCR_BA+0x38	R/W	P2 複用功能和輸入類型控制暫存器	0x0000_0000
P3_MFP	GCR_BA+0x3C	R/W	P3 複用功能和輸入類型控制暫存器	0x0000_0000

暫存器	偏移量	R/W	描述	重置後的值
P4_MFP	GCR_BA+0x40	R/W	P4 輸入類型控制暫存器	0x0000_00C0
REGWRPROT	GCR_BA+0x100	R/W	暫存器寫保護控制暫存器	0x0000_0000

1. 設備 ID 暫存器(PDID)

Bits	描述
[31:0]	產品元件識別碼 該暫存器反映元件的識別碼。S/W 可以讀該暫存器識別所使用的元件。 例如，M052LAN PDID 的識別碼是 0x0000_5200。

註：每個型號的設備重置後都有一個唯一的預設 ID。

NuMicro M051 系列	產品元件識別碼
M052LAN	0x00005200
M054LAN	0x00005400
M058LAN	0x00005800
M0516LAN	0x00005A00
M052ZAN	0x00005203
M054ZAN	0x00005403
M058ZAN	0x00005803
M0516ZAN	0x00005A03

2. 系統重置源暫存器(RSTSRC)

該暫存器提供具體的資料給軟體用，於識別上次操作引起晶片重置的重置源。

Bits		描述
[31:8]	-	-
[7]	RSTS_CPU	當軟體向 CPU_RST (IPRSTCR1[1])寫入"1"，重置 Cortex-M0 CPU 核心和 FLASH 控制器(FMC)時，RSTS_CPU 旗標由硬體置位。 1= 軟體置 CPU_RST 為 1 時， Cortex-M0 CPU 核心與 FMC

Bits		描述
		重置
		0= CPU 無重置
		向該位寫 1 清除。
[6]	-	-
[5]	RSTS_MCU	RSTS_MCU 由來自 MCU Cortex_M0 的"重置信號"置位，以表示當前的重置源。
		1= MCU Cortex_M0 在軟體向 SYSRESTREQ(AIRCR[2]寫 1 時，發出重置信號以重置系統
		0= MCU 無重置
		向該位寫 1 清除。
[4]	RSTS_BOD	RSTS_BOD 旗標位由欠壓檢測模組的" 重置信號"置 1，用於表示當前重置源。
		1：欠壓檢驗模組發出重置信號使系統重置
		0：BOD 無重置
		向該位寫 1 清除。
[3]	RSTS_LVR	RSTS_LVR 旗標位由低壓重置模組的" 重置信號"置 1，用於表示當前重置源。
		1：低壓 LVR 模組發出重置信號使系統重置
		0：LVR 無重置
		向該位寫 1 清除。
[2]	RSTS_WDT	RSTS_WDT 旗標位由看門狗模組的" 重置信號"置 1，用於說明當前重置源。
		1：看門狗模組發出重置信號使系統重置
		0：沒有看門狗重置信號
		向該位寫 1 清除。
[1]	RSTS_RESET	RSTS_RESET 旗標位由/RESET 腳的" 重置信號"置 1，用於說明當前重置源。
		1：/RESET 腳上發出重置信號使系統重置
		0：沒有/RESET 重置信號
		向該位寫 1 清除。
[0]	RSTS_POR	RSTS_POR 旗標位由 POR 模組的" 重置信號"置 1，用於說明當前的重置源。

Bits		描述
		1：通電重置 POR 發出重置信號使系統重置
		0：沒有 POR 重置信號
		向該位寫 1 清除。

3. 周邊設備重置控制暫存器 1 (IPRSTC1)

Bits		描述
[31：4]	-	-
[3]	EBI_RST	**EBI 控制器重置** 設置該位為"1"，產生重置信號到 EBI。用戶需要置 0 才能釋放重置狀態。該位是受保護的位，修改該位時，需要依次向 0x5000_0100 寫入"59h"、"16h"、"88h"解除暫存器保護。 參考暫存器 REGWRPROT，位址 GCR_BA + 0x100。 0 = 正常工作 1 = EBI IP 重置
[2]	-	-
[1]	CPU_RST	**CPU 核心覆位** 該位置 1，CPU 核心和 Flash 儲存控制器重置。兩個時脈週期後，該位自動清除。該位是受保護的位，修改該位時，需要依次向 0x5000_0100 寫入"59h"、"16h"、"88h" 解除暫存器保護，參考暫存器 REGWRPROT，位址 GCR_BA + 0x100。 0：正常 1：重置 CPU
[0]	CHIP_RST	**晶片重置** 該位置 1，晶片重置，包括 CPU 核心和所有周邊設備均重置。兩個時脈週期後，該位自動清除。CHIP_RST 與 POR 重置相似，所有晶片上模組都重置，晶片設置從 FLASH 重載 CHIP_RST 與通電重置一樣，所有的晶片模組都重置，晶片設置從 flash 重新載入該位是受保護的位，修改該位時，需要依次向 0x5000_0100 寫入"59h"、"16h"、"88h" 解除暫存器保護。 參考暫存器 REGWRPROT，位址 GCR_BA +0x100。 0：正常

Bits		描述
		1：重置晶片

4. 周邊設備重置控制暫存器 2 (IPRSTC2)

置"1"這些位將會產生非同步重置信號給相對應的 IP。用戶需要清除相對應位來使 IP 離開重置狀態。

Bits		描述
[31：29]	-	-
[28]	ADC_RST	**ADC 控制器重置** "0"： ADC 模組正常工作 "1"： ADC 模組重置
[27：22]	-	-
[21]	PWM47_RST	**PWM4～7 控制器重置** 0= PWM4～7 模組正常工作 1= PWM4～7 模組重置
[20]	PWM03_RST	**PWM0～3 控制器重置** 0= PWM0～3 模組正常工作 1= PWM0～3 模組重置
[19：18]	-	-
[17]	UART1_RST	**UART1 控制器重置** 0= UART1 正常工作 1= UART1 模組重置
[16]	UART0_RST	UART0 控制器重置 0= UART0 正常工作 1= UART0 模組重置
[15：14]	-	-
[13]	SPI1_RST	**SPI1 控制器重置** 0= SPI1 正常工作 1= SPI1 模組重置
[12]	SPI0_RST	**SPI0 控制器重置** 0= SPI0 正常工作

Bits		描述
		1= SPI0 模組重置
[11：9]	-	-
[8]	I2C_RST	**I2C 控制器重置** 0= I2C 模組正常工作 1= I2C 模組重置
[7：6]	-	-
[5]	TMR3_RST	**Timer3 控制器重置** 0= Timer3 正常工作 1= Timer3 模組重置
[4]	TMR2_RST	**Timer2 控制器重置** 0= Timer2 正常工作 1= Timer2 模組重置
[3]	TMR1_RST	**Timer1 控制器重置** 0= Timer1 正常工作 1= Timer1 模組重置
[2]	TMR0_RST	**Timer0 控制器重置** 0= Timer0 正常工作 1= Timer0 重置
[1]	GPIO_RST	**GPIO (P0~P4) 控制器重置** 0= GPIO 正常工作 1= GPIO 重置
[0]	-	-

5. 欠壓檢測控制暫存器(BODCR)

　　BODCR 控制暫存器的部分值在 flash 配置時已經初始化和寫保護，程式設計這些被保護的位需要依次向位址 0x5000_0100 寫入"59h"，"16h"，"88h"，禁用暫存器保護。參考暫存器 REGWRPROT，其位址為 GCR_BA+0x100。

Bits		描述
[31:8]	-	-
[7]	LVR_EN	**低壓重置致能(寫保護位)** 輸入電源電壓低於 LVR 電路設置時, LVR 重置, LVR 預設配置下 LVR 重置是致能的, 典型的 LVR 值為 2.0V。 1 = 致能低電壓重置功能, 致能該位 100US 後, LVR 功能生效(預設) 0 = 禁用低電壓重置功能
[6]	BOD_OUT	**欠壓檢測輸出的狀態位** 1 = 欠壓檢測輸出狀態為 1, 表示檢測到的電壓低於 BOD_VL 設置。若 BOD_EN 是"0", 該位保持為 "0"。 0 = 欠壓檢測輸出狀態為 0, 表示檢測到的電壓高於 BOD_VL 設置
[5]	BOD_LPM	**低壓模式下的欠壓檢測(寫保護位)** 1 = 致能 BOD 低壓模式 0 = BOD 工作於正常模式(預設) BOD 在正常模式下消耗電流約為 100uA, 低壓模式下減少到當前的 1/10, 但 BOD 響應速度變慢
[4]	BOD_INTF	**欠壓檢測中斷旗標** 1 = 欠壓檢測到 VDD 下降到 BOD_VL 的設定電壓或 VDD 升 BOD_VL 的設定電壓, 該位設置為 1, 如果欠壓中斷被致能, 則發生欠壓中斷。 0 = 沒有檢測到任何電壓由 VDD 下降或上升至 BOD_VL 設定值。
[3]	BOD_RSTEN	**欠壓重置致能(通電初始化和寫保護位)** 1 = 致能欠壓重置功能, 當欠壓檢測功能致能後, 檢測的電壓低於門檻電壓 , 晶片發生重置預設值由用戶在配置 flash 控制暫存器時的 config0 bit[20]設置。 0 = 致能欠壓中斷功能, 當欠壓檢測功能致能後, 檢測的電壓低於門檻電壓, 就發送中斷信號給 MCU Cortex-M0, 當 BOD_EN 致能, 且中斷被宣告時, 該中斷會持續到將 BOD_EN 設置為"0"通過禁用

Bits		描述
		CPU 中的 NVIC 以禁用 BOD 中斷或者通過禁用 BOD_EN 禁用中斷源可禁用 CPU 響應中斷,如果需要 BOD 功能時,可重新致能 BOD_EN 功能。
[2:1]	BOD_VL	**欠壓檢測門檻電壓 電壓選擇 (通電初始化和寫保護位)** 預設值由用戶在配置 FLASH 控制暫存器 config0 bit[22:21]時設定 <table><tr><th>BOV_VL[1]</th><th>BOV_VL[0]</th><th>欠壓值</th></tr><tr><td>1</td><td>1</td><td>4.5</td></tr><tr><td>1</td><td>0</td><td>3.8</td></tr><tr><td>0</td><td>1</td><td>2.7</td></tr><tr><td>0</td><td>0</td><td>2.2</td></tr></table>
[0]	BOD_EN	**欠壓檢測致能(通電初始化和寫保護位)** 預設值由用戶在配置 FLASH 控制暫存器 config0 bit[23]時設定 1 = 致能欠壓檢測功能 0 = 禁用欠壓檢測功能

6. 通電重置控制暫存器(PORCR)

Bits		描述
[31:16]	-	-
[15:0]	POR_DIS_CODE	**該暫存器用於致能通電重置控制** 通電時,POC 電路產生重置信號使整個晶片重置,但是電源部分的干擾可能引起 POR 重新有效。如果將 POR_DIS_CODE 設置為 0x5AA5,POR 重置功能被禁用,直到電源電壓很低,設置 POR_DIS_CODE 為其他值,或者由晶片的其他重置功能引起重置時,POR 功能重新有效,這些重置功能包括:/RESET 接腳重置,看看門狗,LVR 重置,BOD 重置,ICE 重置命令和軟體重置。

Bits		描述
		該暫存器是受保護的暫存器，寫該位需要先向位址 0x5000_0100 依次寫入"59h"，"16h"，"88h" 解除暫存器保護。參考暫存器 REGWRPROT 的設置，其位址為 GCR_BA +0x100。

6.5　嵌套向量中斷控制器(NVIC)

Cortex-M0 提供中斷控制器，作為異常模式的組成部分，稱之為"嵌套向量中斷控制器(NVIC)"。它與微控制器核心緊密聯繫，並具有以下特性：

● 　支援嵌套和向量中斷。

● 　自動保存和恢復微控制器狀態。

● 　可動態改變優先級。

● 　簡化精確的中斷延遲。

NVIC 對所有支援的異常按優先級排序並處理，所有異常在"處理模式"處理，NVIC 結構支援具有四級優先級的 32 個(IRQ[31:0])離散中斷。

所有的中斷和大多數系統異常可以配置為不同優先級。當中斷發生時，NVIC 將比較新中斷與當前中斷的優先級，如果新中斷優先級高於當前中斷，則新中斷將代替當前中斷被處理。

當任何中斷被響應時，中斷服務程式 ISR 的起始位址可從記憶體的向量表中取得。不需要確定哪個中斷被響應，也不要軟體分配相關中斷服務程式(ISR)的起始位址。當起始位址取得時，NVIC 將自動保存處理狀態，包括以下暫存器"PC、PSR、LR、R0~R3、R12"的值到堆疊中。在 ISR 結束時，NVIC 將從堆疊中恢復相關暫存器的值，恢復正常操作，因此微控制器將花費更少的時間去處理中斷請求。

NVIC 支援末尾連鎖 "Tail Chaining"，有效處理背對背中斷 "back-to-back interrupts"，即無需保存和恢復當前狀態從而減少從當前 ISR 結束轉換到掛起 ISR 的延遲時間。NVIC 還支援晚到 "Late Arrival"，改善同時發生的 ISR 的效率。當較高優先級中斷請求發生在當前 ISR 開始執行之前(保存微控制器狀態和獲取起始位址階段)，NVIC 將立即選擇處理更高優先級的中斷，從而提高了即時性。

開關全域中斷用到的函數為 __enable_irq()、__disable_irq()。

6.5.1 異常模式和系統中斷對應

表 6.5-1 列出了 NuMicro M051 系列支援的異常模式。軟體可以對其中一些異常以及所有中斷設置 4 級優先級。最高用戶可配置優先級記為 "0"，最低優先級記為 "3"，所有用戶可配置的優先級預設值為 "0"。

【注意】優先級為 "0" 在整個系統中為第 4 優先級，排在 "Reset"、"NMI" 與 "Hard Fault" 之後。

表 6.5-1　異常模式

異常號	向量位址	中斷號	中斷名	源 IP	中斷描述	省電
1-15	0x00-0x3C	-	-	-	系統異常	
16	0x40	0	BOD_OUT	Brown-Out	欠壓檢測中斷	Yes
17	0x44	1	WDT_INT	WDT	看門狗定時器中斷	Yes
18	0x48	2	EINT0	GPIO	P3.2 腳上的外部信號中斷	Yes
19	0x4C	3	EINT1	GPIO	P3.3 腳上的外部信號中斷	Yes
20	0x50	4	GP01_INT	GPIO	P0[7:0] / P1[7:0] 外部信號中斷	Yes

表 6.5-1   異常模式(續)

異常號	向量位址	中斷號	中斷名	源 IP	中斷描述	省電
21	0x54	5	GP234_INT	GPIO	P2[7:0]/P3[7:0]/P4[7:0] 外部信號中斷，除 P32 和 P33	Yes
22	0x58	6	PWMA_INT	PWM0~3	PWM0, PWM1, PWM2 和 PWM3 中斷	No
23	0x5C	7	PWMB_INT	PWM4~7	PWM4, PWM5, PWM6 和 PWM7 中斷	No
24	0x60	8	TMR0_INT	TMR0	Timer 0 中斷	No
25	0x64	9	TMR1_INT	TMR1	Timer 1 中斷	No
26	0x68	10	TMR2_INT	TMR2	Timer 2 中斷	No
27	0x6C	11	TMR3_INT	TMR3	Timer 3 中斷	No
28	0x70	12	UART0_IN	UART0	UART0 中斷	Yes
29	0x74	13	UART1_INT	UART1	UART1 中斷	Yes
30	0x78	14	SPI0_INT	SPI0	SPI0 中斷	No
31	0x7C	15	SPI1_INT	SPI1	SPI1 中斷	No
32-33	0x70-0x84	16-17	-	-	-	
34	0x88	18	I2C_INT	I2C	I2C 中斷	No
35-43	0x8C-0xAC	19-27	-	-	-	
44	0xB0	28	PWRWU_INT	CLKC	從省電狀態喚醒的時脈控制器中斷	Yes
45	0xB4	29	ADC_INT	ADC	ADC 中斷	No
46-47	0xB8-0xBC	30-31	-	-	-	

表 6.5-2　系統中斷對應

異常名稱	向量號	優先級
Reset	1	-3
NMI	2	-2
Hard Fault	3	-1
-	4~10	-
SVCall	11	可配置
-	12~13	-
PendSV	14	可配置
SysTick	15	可配置
Interrupt (IRQ0 ~ IRQ31)	16~47	可配置

　　當任何中斷被響應時，微控制器會自動從記憶體的向量表中獲取中斷服務程式 (ISR)的起始位址。對 ARMv6-M 向量表的基位址固定在 0x00000000。向量表包括重置 後堆疊指標的初始值，所有異常處理函數的入口位址。在向量號定義向量表中與上一 部分說明的異常處理函數相關的入口序。

表 6.5-3　向量表格式

向量表字偏移量	描述
0	SP_main - 主堆疊指標
Vector Number	異常入口指標，用向量號表示

　　上述所說到的向量表相關位址會在 startup_M051.s 啓動文件(啓動文件詳細注解請 見 19.1 章節)有完整描述，示例如下：

程式清單 6.5-1 啓動文件的向量表位址和異常號

```
            AREA    RESET, DATA, READONLY
            EXPORT  __Vectors

__Vectors   DCD     __initial_sp                ; 向量位址 0
            DCD     Reset_Handler               ; 向量位址 1
            DCD     NMI_Handler                 ; 向量位址 2
            DCD     HardFault_Handler           ; 向量位址 3
            DCD     0                           ; 向量位址 4
            DCD     0                           ; 向量位址 5
            DCD     0                           ; 向量位址 6
            DCD     0                           ; 向量位址 7
            DCD     0                           ; 向量位址 8
            DCD     0                           ; 向量位址 9
            DCD     0                           ; 向量位址 10
            DCD     SVC_Handler                 ; 向量位址 11
            DCD     0                           ; 向量位址 12
            DCD     0                           ; 向量位址 13
            DCD     PendSV_Handler              ; 向量位址 14
            DCD     SysTick_Handler             ; 向量位址 15

            DCD     BOD_IRQHandler              ; 向量位址 16
            DCD     WDT_IRQHandler              ; 向量位址 17
            DCD     EINT0_IRQHandler            ; 向量位址 18
            DCD     EINT1_IRQHandler            ; 向量位址 19
            DCD     GPIOP0P1_IRQHandler         ; 向量位址 20
            DCD     GPIOP2P3P4_IRQHandler       ; 向量位址 21
            DCD     PWMA_IRQHandler             ; 向量位址 22
            DCD     PWMB_IRQHandler             ; 向量位址 23
            DCD     TMR0_IRQHandler             ; 向量位址 24
            DCD     TMR1_IRQHandler             ; 向量位址 25
            DCD     TMR2_IRQHandler             ; 向量位址 26
            DCD     TMR3_IRQHandler             ; 向量位址 27
            DCD     UART0_IRQHandler            ; 向量位址 28
```

```
DCD     UART1_IRQHandler            ; 向量位址 29
DCD     SPI0_IRQHandler             ; 向量位址 30
DCD     SPI1_IRQHandler             ; 向量位址 31
DCD     Default_Handler             ; 向量位址 32
DCD     Default_Handler             ; 向量位址 33
DCD     I2C_IRQHandler              ; 向量位址 34
DCD     Default_Handler             ; 向量位址 35
DCD     Default_Handler             ; 向量位址 36
DCD     Default_Handler             ; 向量位址 37
DCD     Default_Handler             ; 向量位址 38
DCD     Default_Handler             ; 向量位址 39
DCD     Default_Handler             ; 向量位址 40
DCD     Default_Handler             ; 向量位址 41
DCD     Default_Handler             ; 向量位址 42
DCD     Default_Handler             ; 向量位址 43
DCD     PWRWU_IRQHandler            ; 向量位址 44
DCD     ADC_IRQHandler              ; 向量位址 45
DCD     Default_Handler             ; 向量位址 46
DCD     Default_Handler             ; 向量位址 47
```

譬如，為什麼 Timer 0 中斷的向量位址是 0x60，異常號為 24。從程式清單 6.5-1 看出，向量表含有 47 個位址，每個位址占 4 個位元組，因為偽指令 "DCD" 用於分配一片連續的字儲存單元並用偽指令中指定的表達式初始化；其中，表達式可以為程式標號或數字表達式。

因此，中斷向量位址 = 4 × (異常號)，Timer 0 中斷的向量位址=4 × 24 = 96 (16 進制：0 × 60)。

現在，我們可以清楚地知道關於 NVIC 的相關資料，但是當微控制器有中斷請求時，該如何進入編寫好的中斷服務函數呢？由於 startup_M051.s 都是官方幫我們配置好的，那麼編寫程式碼時向量位址和異常號並不是重要關注的部分，需要關注的部分就是 DCD 對應的程式標號，例如 "DCD TMR0_IRQHandler" 可以知道定時器 0 的中斷服務函數名稱是 "TMR0_IRQHandler"，"DCD UART0_IRQHandler" 可以知道序列埠 0 的中斷服務函數名稱是 "UART0_IRQHandler"，其他中斷服務函數名稱亦然。例如在第九章節編寫的是定時控制器 0 中斷的程式碼，中斷服務函數如下：

程式清單 6.5-2 定時器控制器 0 中斷服務函數

```
VOID TMR0_IRQHandler(VOID)
{
    /* 清除 TMR1 中斷旗標位 */
    TISR0 |= TMR_TIF;


    P2_DOUT = 1UL<<i;

    i++;


}
```

要清楚地認識怎樣進入中斷服務函數詳見 7.1.7 除錯程式碼章節。

6.5.2 操作描述

通過寫相對應中斷致能設置暫存器或清除致能暫存器位域，可以致能 NVIC 中斷或禁用 NVIC 中斷，這些暫存器通過寫 1 致能和寫 1 清除，讀取這兩種暫存器均返回當前相對應中斷的致能狀態。當某一個中斷被禁用時，中斷宣告將使該中斷掛起，然而，該中斷不會被啟動。如果某一個中斷在被禁用時處於啟動狀態，該中斷就保持在啟動狀態，直到通過重置或異常返回來清除。清除致能位可以阻止相關中斷被再次啟動。

NVIC 中斷可以使用互補的暫存器對掛起/解除掛起以致能/禁用這些中斷，這些暫存器分別為 Set-Pending 暫存器與 Clear-Pending 暫存器，這些暫存器使用寫 1 致能和寫 1 清除的方式，讀取這兩種暫存器返回當前相對應中斷的掛起狀態。Clear-Pending 暫存器不會對處於啟動狀態的中斷執行狀態產生任何影響。

NVIC 中斷通過更新 32 位元暫存器中的各個 8 位元字段(每個暫存器支援 4 個中斷)來分配中斷的優先級，與 NVIC 相關的通用暫存器都可以從記憶體系統控制空間的一塊區域存取。

1. NVIC 控制暫存器

暫存器	偏移量	R/W	描述	重置後的值
SCS_BA = 0xE000_E000				
NVIC_ISER	SCS_BA + 100	R/W	IRQ0 ~ IRQ31 設置致能控制暫存器	0x0000_0000
NVIC_ICER	SCS_BA + 180	R/W	IRQ0 ~ IRQ31 清除致能控制暫存器	0x0000_0000
NVIC_ISPR	SCS_BA + 200	R/W	IRQ0 ~ IRQ31 設置掛起控制暫存器	0x0000_0000
NVIC_ICPR	SCS_BA + 280	R/W	IRQ0 ~ IRQ31 清除掛起控制暫存器	0x0000_0000
NVIC_IPR0	SCS_BA + 400	R/W	IRQ0 ~ IRQ3 優先級控制暫存器	0x0000_0000
NVIC_IPR1	SCS_BA + 404	R/W	IRQ4 ~ IRQ7 優先級控制暫存器	0x0000_0000
NVIC_IPR2	SCS_BA + 408	R/W	IRQ8 ~ IRQ11 優先級控制暫存器	0x0000_0000
NVIC_IPR3	SCS_BA + 40C	R/W	IRQ12 ~ IRQ15 優先級控制暫存器	0x0000_0000
NVIC_IPR4	SCS_BA + 410	R/W	IRQ16 ~ IRQ19 優先級控制暫存器	0x0000_0000
NVIC_IPR5	SCS_BA + 414	R/W	IRQ20 ~ IRQ23 優先級控制暫存器	0x0000_0000
NVIC_IPR6	SCS_BA + 418	R/W	IRQ24 ~ IRQ27 優先級控制暫存器	0x0000_0000
NVIC_IPR7	SCS_BA + 41C	R/W	IRQ28 ~ IRQ31 優先級控制暫存器	0x0000_0000

2. IRQ0 ~ IRQ31 設置掛起控制暫存器(NVIC_ISPR)

Bits		描述
[31：0]	SETENA	致能 1 個或多個中斷，每位代表從 IRQ0 ~ IRQ31 的中斷號(向量號：16 ~ 47)。 寫 1 致能相關中斷。 寫 0 無效。 暫存器讀取返回當前致能狀態。

3. IRQ0 ~ IRQ31 清除致能控制暫存器(NVIC_ICER)

Bits		描述
[31：0]	CLRENA	禁用 1 個或多個中斷，每位代表從 IRQ0 ~ IRQ31 的中斷號 (向量號：16 ~ 47)。 寫 1 禁用相對應中斷。 寫 0 無效。 暫存器讀取返回當前致能狀態。

4. IRQ0 ~ IRQ31 設置掛起控制暫存器(NVIC_ISPR)

Bits		描述
[31：0]	SETPEND	軟體寫 1，掛起相對應中斷。每位代表從 IRQ0 ~ IRQ31 的中斷號(向量號：16 ~ 47)。 寫 0 無效。 暫存器讀取返回當前掛起狀態。

5. IRQ0 ~ IRQ31 清除掛起控制暫存器(NVIC_ICPR)

Bits		描述
[31：0]	CLRPEND	寫 1 清除相對應中斷掛起，每位代表從 IRQ0 ~ IRQ31 的中斷號 (向量號：16 ~ 47)。 寫 0 無效。 暫存器讀取返回當前掛起狀態。

6. IRQ[M] ~ IRQ[M+3] 中斷優先級暫存器(NVIC_IPR[N])

M：0、4、8、12、16、20、24、28

N：0、1、2、3、4、5、6、7

Bits		描述
[31：30]	PRI_[M+3]	IRQ[M+3]優先級 "0" 表示最高優先級& "3" 表示最低優先級
[23：22]	PRI_[M+2]	IRQ[M+2]優先級 "0" 表示最高優先級& "3" 表示最低優先級
[15：14]	PRI_[M+1]	IRQ[M+1]優先級 "0" 表示最高優先級& "3" 表示最低優先級

Bits		描述
[7：6]	PRI_[M]	IRQ[M]優先級 "0" 表示最高優先級& "3" 表示最低優先級

7. NMI 中斷源選擇控制暫存器(NMI_SEL)

Bits		描述
[31：5]	-	-
[4：0]	NMI_SEL	Cortex-M0 的 NMI 中斷源可以從 interrupt[31：0]中選擇一個 NMI_SEL bit[4：0] 用於選擇 NMI 中斷源

8. MCU 中斷請求源暫存器(MCU_IRQ)

Bits		描述
[31：0]	MCU_IRQ	MCU IRQ 源暫存器 MCU_IRQ 從外圍設備收集所有中斷，同步對 Cortex-M0 產生中斷。以下兩種模式均可中斷 Cortex-M0，正常模式與測試模式。 MCU_IRQ 從每一個周邊設備收集中斷，同步他們，然後觸發 Cortex-M0 中斷。 MCU_IRQ[n] 是 "0"：置 MCU_IRQ[n] 為"1"，向 Cortex_M0 NVIC[n] 發生一個中斷。 MCU_IRQ[n] 是 "1"：(意味著有中斷請求) 置位 MCU_bit[n]將清除中斷。 MCU_IRQ[n]是 "0"：無效。

深入重點

☆ Cortex-M0 提供中斷控制器，作為異常模式的組成部分，稱之為"嵌套向量中斷控制器(NVIC)"。它與微控制器內核緊密聯繫，並具有以下特性：支持嵌套和向量中斷、自動保存和恢復微控制器狀態、可動態改變優先級、簡化精確的中斷延遲。

☆ 開關全域中斷用到的函數為__enable_irq()、__disable_irq()。

☆ NVIC 支持末尾連鎖"Tail Chaining"，有效處理背對背中斷"back-to-back interrupts"，即無需保存和恢復當前狀態從而減少從當前 ISR 結束切換到掛起 ISR 的延遲時間。NVIC 還支持晚到"Late Arrival"，改善同時發生的 ISR 效率。當較高優先級中斷請求發生在當前 ISR 開始執行之前(保存微控制器狀態和獲取起始地址階段)，NVIC 將立即選擇處理更高優先級的中斷，從而提高了即時性。

☆ 關於 NVIC 的相關資訊，當微控制器有中斷請求時，如何進入編寫好的中斷服務函數呢？由於 startup_M051.s 都是官方幫我們配置好的，因此，編寫程式碼時，向量地址和異常號並不是重要關注的部分，需要關注的部分就是 DCD 對應的程序標號，例如"DCD　TMR0_IRQHandler"可以知道定時器 0 的中斷服務函數名稱是"TMR0_IRQHandler"，"DCD　UART0_IRQHandler"可以知道串列埠 0 的中斷服務函數名稱是"UART0_IRQHandler"，其他中斷服務函數名稱亦然。

☆ 當任何中斷被響應時，微控制器會自動從內存的向量表中獲取中斷服務程序(ISR)的起始地址。對 ARMv6-M 向量表的基地址固定在 0x00000000。向量表包括重置後堆疊指標的初始值，所有異常處理函數的入口地址。

☆ 通過寫相對應中斷致能設置暫存器或清除致能暫存器位域，可以致能 NVIC 中斷或禁用 NVIC 中斷，這些暫存器通過寫 1 致能和寫 1 清除零，讀取這兩種暫存器均返回當前相對應中斷的致能狀態。當某一個中斷被禁用時，中斷宣告將該中斷掛起，然而，該中斷不會被啟動。如果某一個中斷在被禁用時處於啟動狀態，該中斷就保持在啟動狀態，直到通過重置或異常返回來清除。清除致能位可以阻止相關中斷被再次啟動。

CHAPTER 7

平臺搭建與下載工具

7.1 平台搭建

7.1.1 啓動程式

雙擊 Keil 圖標 ，會彈出顯示 Keil Logo 圖片，如圖 7.1-1 所示。

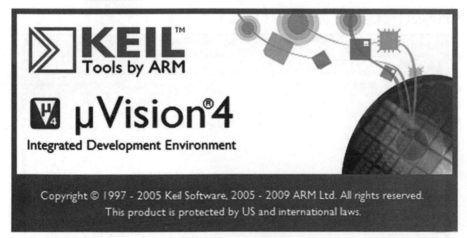

圖 7.1-1 Keil Logo

當 Keil 啟動圖片時，會自動進入 Keil 的開發環境，如圖 7.1-2 所示。

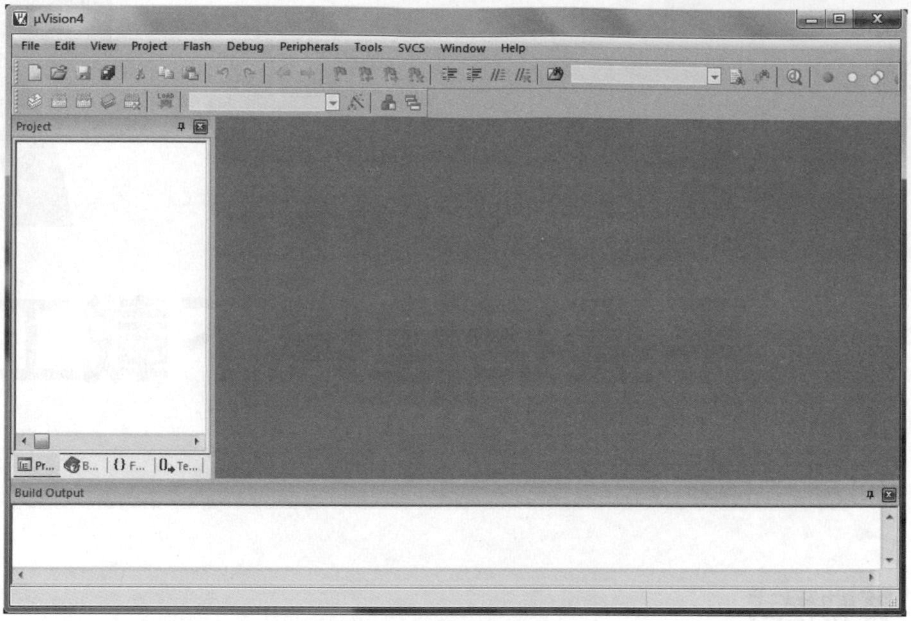

圖 7.1-2　Keil 開發環境

7.1.2　創建專案

第一步： 點擊選單的【Project】，然後點擊【New uVision Project】，彈出【Create New Project】對話框，如圖 7.1-3 所示。

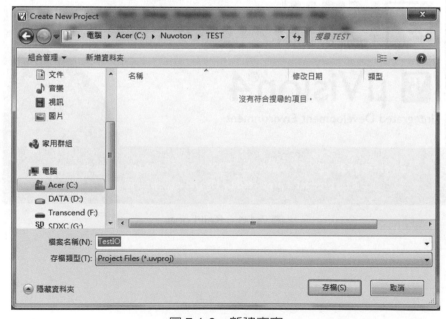

圖 7.1-3　新建專案

第二步： 輸入專案名"TestIO"，點擊【存檔】退出，彈出【Select a CPU Data Base File】
對話框，並在下拉列表框選中"NuMicro Cortex M0 DataBase"如圖 7.1-4 所
示。

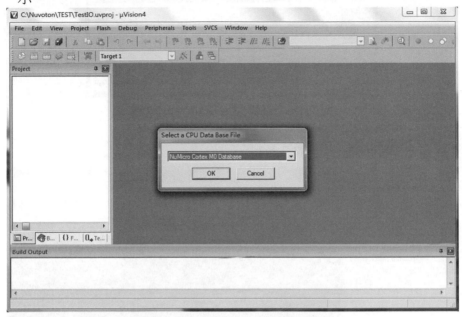

圖 7.1-4　選擇 CPU 資料庫文件

第三步： 在【Select Device for Target 'Targe 1'】對話框中，選中【Nuvoton】，然後再
選【M0516LAN】，點擊【OK】，如圖 7.1-5 所示。

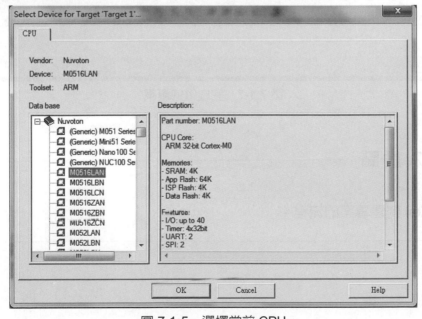

圖 7.1-5　選擇當前 CPU

第四步： 在【uVision】對話框中，點擊【是(Y)】添加 Startup 程式碼到專案，如圖 7.1-6 所示。

圖 7.1-6　是否添加 Startup 程式碼

第五步： 最後創建的專案，如圖 7.1-7 所示。

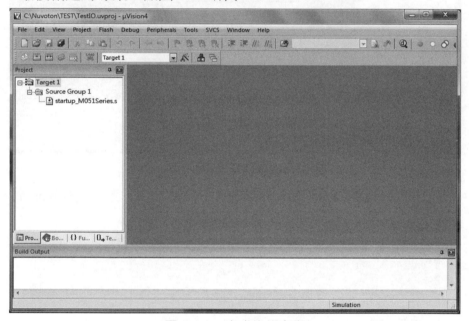

圖 7.1-7　完成後的專案

 深 入 重 點

☆ 熟悉 Keil 創建專案的流程。

7.1.3　編譯程式碼

打開提供的實驗【基礎實驗-GPIO(Led 燈閃爍)】，如圖 7.1-8 所示。

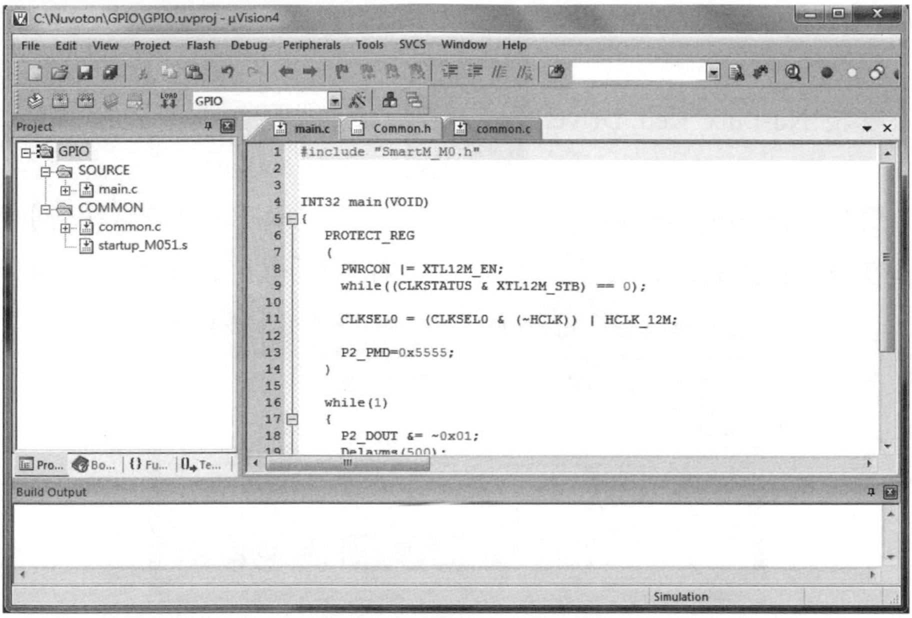

圖 7.1-8　專案示例

點擊【Rebuild all target files】，在輸出窗口會顯示編譯資料，如圖 7.1-9 所示。

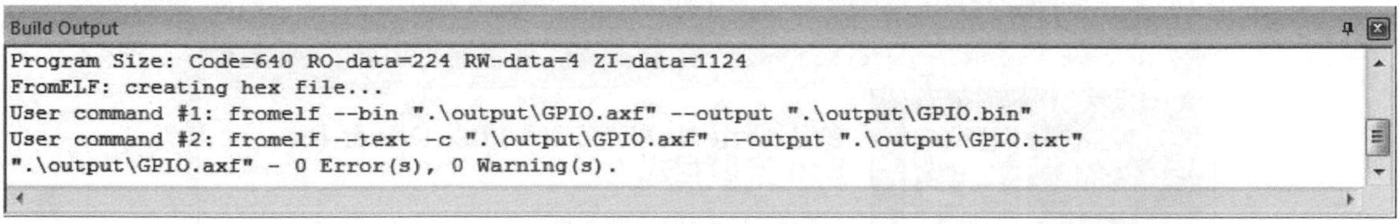

圖 7.1-9　編譯輸出資料

7.1.4　安裝 Nu-Link for Keil 驅動

使用 Keil 下載程式碼的前提必須安裝"Nu-Link_Keil_Driver"，否則程式碼下載功能得不到支援。

第一步： 安裝"Nu-Link_Keil_Driver" ，安裝步驟如下：

雙擊執行"Nu-Link_Keil_Driver.exe"，顯示提示【選擇安裝語言】對話框，在下拉列表框選中"中文(繁體)"，點擊按鈕【確定】，如圖 7.1-10 所示。

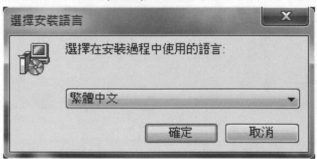

圖 7.1-10　選擇安裝語言

【NuMicro Nu-Link Driver for Keil 安裝程式】對話框，點擊按鈕【下一步(N)>】，如圖 7.1-11 所示。

圖 7.1-11　安裝程式步驟 1

在【NuMicro Nu-Link Driver for Keil 安裝程式】對話框中選擇正確的安裝位置，點擊按鈕【下一步(N)>】，如圖 7.1-12 所示。

圖 7.1-12　安裝程式步驟 2

在【NuMicro Nu-Link Driver for Keil 安裝程式】對話框中選擇創建程式快捷方式，點擊按鈕【下一步(N)>】，如圖 7.1-13 所示。

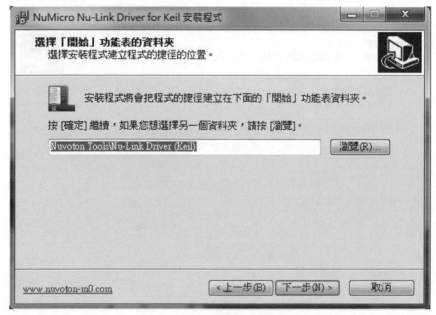

圖 7.1-13　安裝程式步驟 3

在【NuMicro Nu-Link Driver for Keil 安裝程式】對話框點擊按鈕【安裝(I)】，
如圖 7.1-14 所示。

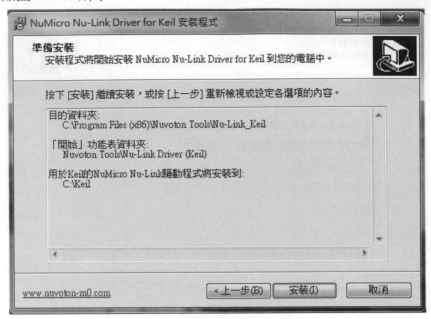

圖 7.1-14　安裝程式步驟 4

在【NuMicro Nu-Link Driver for Keil 安裝程式】對話框顯示安裝文件進度，
如圖 7.1-15 所示。

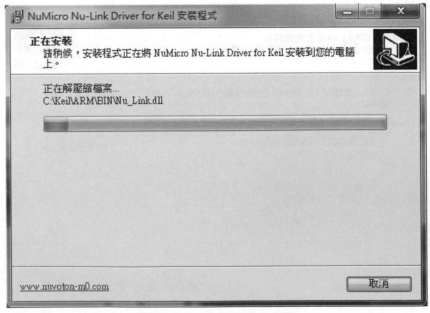

圖 7.1-15　安裝程式步驟 5

當安裝文件完成後顯示【完成】對話框，點擊按鈕【完成(F)】，如圖 7.1-16
所示。

圖 7.1-16　安裝程式步驟 6

安裝完畢後可在"C:\Keil\ARM\NULink"查看相關文件，如圖 7.1-17 所示。

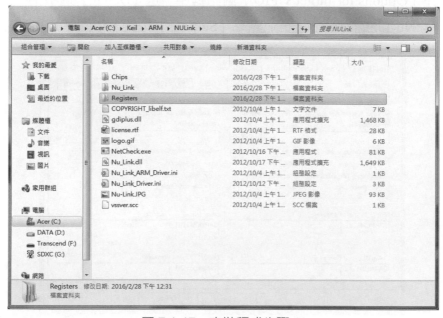

圖 7.1-17　安裝程式步驟 11

7.1.5　設置 Nu-Link

第一步： 打開"基礎實驗-GPIO(Led 燈閃爍)"專案，並右鍵點擊左側【Project】列表框
的"GPIO"專案，選"Options for Target 'GPIO'"，如圖 7.1-18 所示。

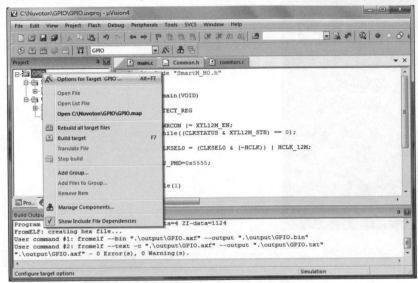

圖 7.1-18　進入專案設置選項

第二步： 在【Options for Target 'GPIO'】對話框中，選【Debug】選項卡，如圖 7.1-19
選"Nu-Link Debugger"，並點擊【Settings】按鈕，如圖 7.1-20 所示之設置。

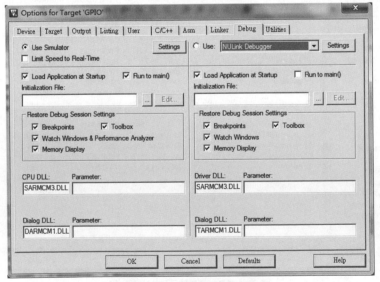

圖 7.1-19　選擇除錯方式

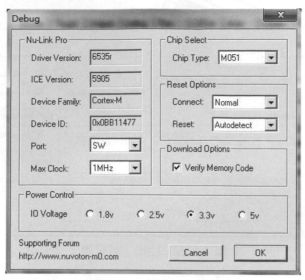

圖 7.1-20　除錯方式設置

第三步： 在【Options for Target 'GPIO'】對話框中，選中【Utilities】選項卡，如圖 7.1-21
選"Nu-Link Debugger"，並點擊【Settings】按鈕，如圖 7.1-22 所示之設置，
點擊按鈕【Configure】可對晶片的配置位進行設置，如圖 7.1-23 所示。

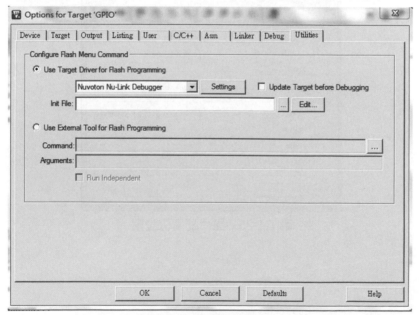

圖 7.1-21　選擇目標工具

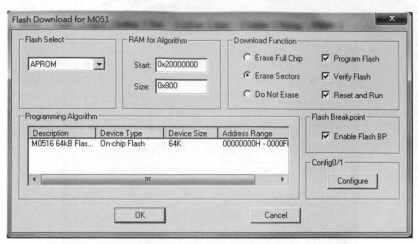

圖 7.1-22 目標工具設置

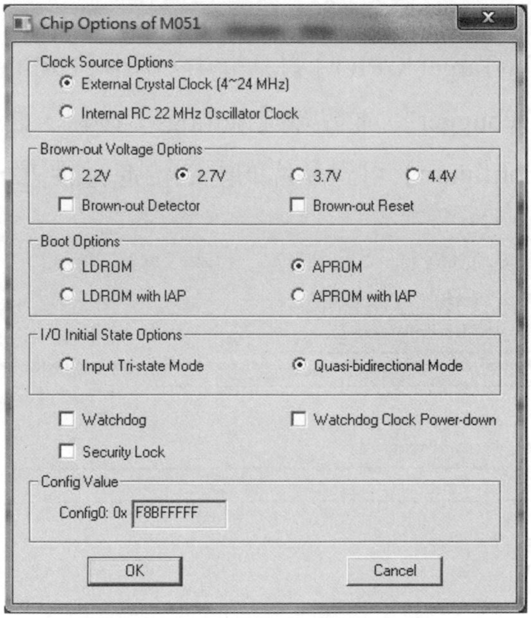

圖 7.1-23 晶片配置位設置

7.1.6 下載程式碼

第一步： 打開"基礎實驗-TIMER"專案，點擊"Rebuild"圖標(若程式碼有變動)，如圖 7.1-24 所示，會在輸出視窗顯示編譯資料，如圖 7.1-25 所示。

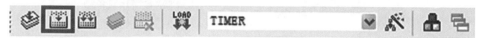

圖 7.1-24　重新編譯專案

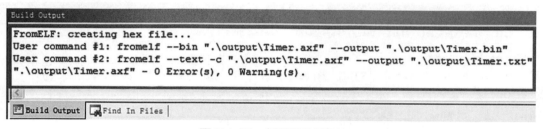

圖 7.1-25　編譯資料輸出

第二步： 點擊"Load"圖標，如圖 7.1-26 所示，在狀態欄顯示進度條，如圖 7.1-27 所示，當進度條消失時，程式碼下載完畢。

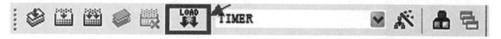

圖 7.1-26　下載程式碼操作

圖 7.1-27　下載程式碼進度

7.1.7 硬體模擬

打開"基礎實驗-TIMER"專案,點擊"Debug"圖標,如圖 7.1-28 所示,同時窗體會出現較大的變化,如圖 7.1-29 所示。

圖 7.1-28 進入除錯模式

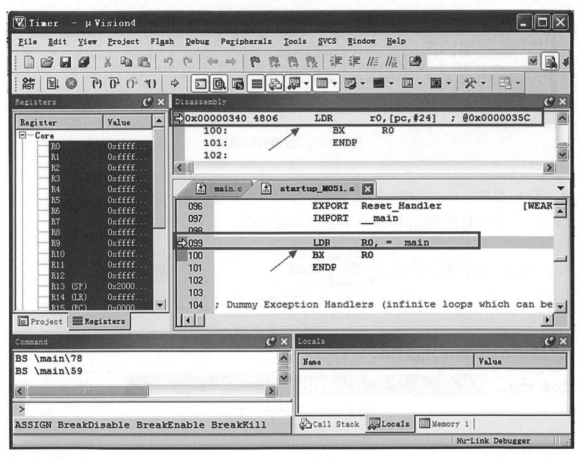

圖 7.1-29 窗體變化

第一步: "基礎實驗-TIMER"專案含有 main 函數和中斷服務函數 TMR0_IRQHandler,分別在 main 函數裡的"i=0;"和中斷服務函數 TMR0_IRQHandler 裡的"i++;"添加斷點,並添加變數"i"到觀察窗口,如圖 7.1-30、7.1-31、7.1-32 所示。

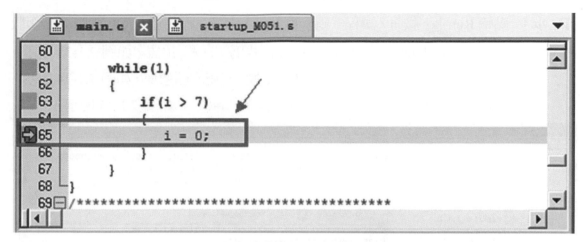

圖 7.1-30　"i=0;"程式碼處添加斷點

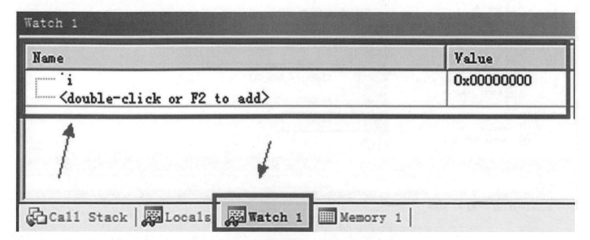

圖 7.1-31　"i++;"程式碼處添加斷點

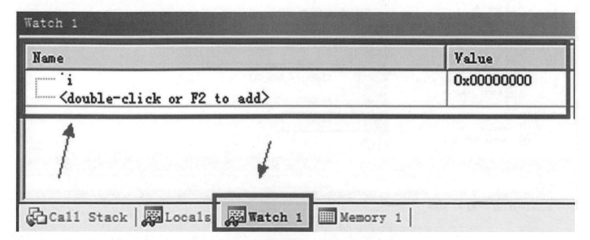

圖 7.1-32　添加變數"i"到觀察窗口

第二步： 點擊 Run 圓 按鈕，讓程式碼一直執行，之後，程式碼運行到中斷服務函數 TMR0_IRQHandler 函數裡，並停在程式碼 "i++" 位置，如圖 7.1-33 所示，此時 i=0；再次重複當前操作，發現變數 i 的值不斷遞增，如圖 7.1-34 所示。一旦變數 i 的值大於 7，程式碼將運行至 "i=0"，如圖 7.1-35 所示。

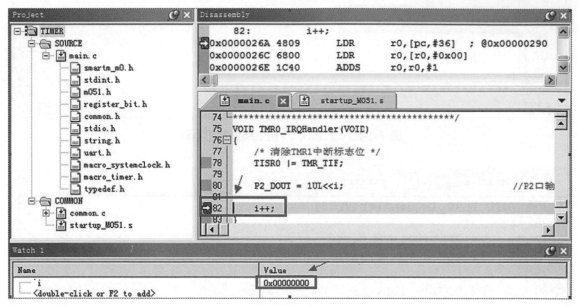

圖 7.1-33　程式碼運行至 "i++"

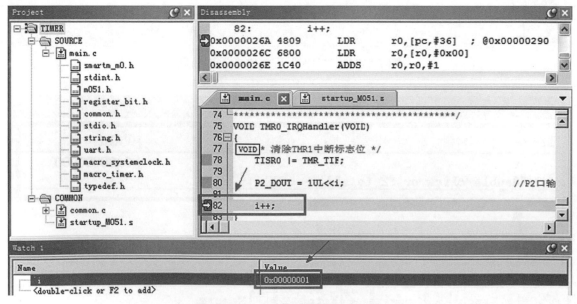

圖 7.1-34　程式碼運行至 "i++"

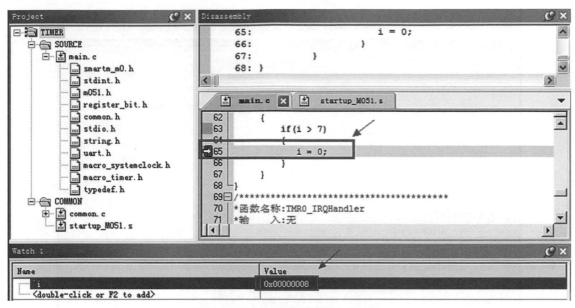

圖 7.1-35　程式碼運行至 "i=0"

第三步： 不斷重複第二步操作，會發現程式碼不斷在 main 函數和中斷服務函數 TMR0_IRQHandler 兩者之間來回執行。

由於篇幅有限，關於硬體模擬的內容就到此爲止，讀者可以使用 SmartM-NuLink 對 SmartM-M051 開發板進行硬體模擬，Keil 每個除錯功能逐個測試，加深對硬體模擬的印象。

7.2　ISP 下載

7.2.1　ISP 下載工具概述

Nuvoton NuMicro ISP 下載工具支援 USB 下載與序列埠下載，下載程式碼支援應用程式區(APROM)和資料儲存區(DataFlash)，並提供設置配置位的功能，如圖 7.2-1 所示。

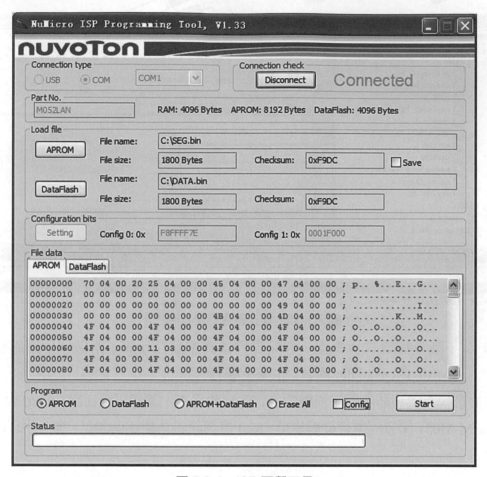

圖 7.2-1　ISP 下載工具

7.2.2　ISP 下載步驟

第一步：　當 ISP 下載工具還沒有檢測到 MCU 進入下載模式時，"Connect check"預設
狀態顯示為"Disconnected"，如圖 7.2-2 所示。

圖 7.2-2　連接狀態

第二步： 點擊【Connect】按鈕，ISP 下載工具就不斷通過序列埠向 MCU 下發連接指令，此時重置 MCU(MCU 已經被正確配置爲 LDROM 啓動，並且燒寫了正確的 LDROM 程式碼，否則不能做出正確的連接回應)，"Connect check"狀態顯示爲"Connected"，如圖 7.2-3 所示。

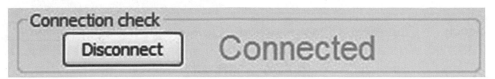

圖 7.2-3　連接狀態

第三步： 點擊【APROM】按鈕選擇要下載的文件，如"SEG.bin"，這時"File Data"會顯示下載文件的相關資料，如圖 7.2-4 所示。

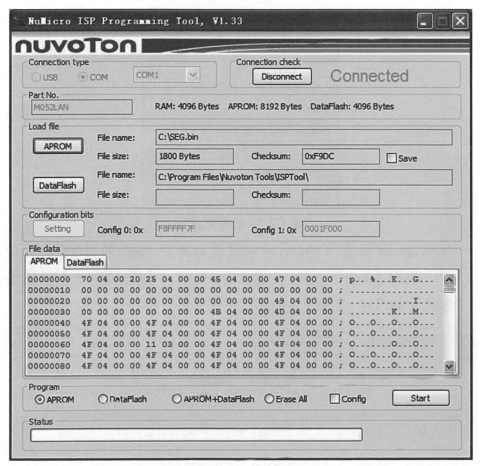

圖 7.2-4　載入下載文件

第四步： 若需要對配置位進行設置(否則跳過該步驟)，在"Program"區勾選"Config"，如圖 7.2-5 所示，在"Configuration bits"區點擊【Setting】按鈕，如圖 3.2-6 所示，然後顯示"Configuration"對話框，如圖 7.2-7 所示，配置成功後點擊【OK】按鈕退出。

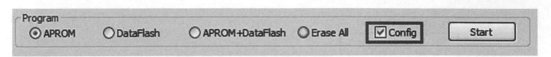

圖 7.2-5　勾選配置位

圖 7.2-6　進入設置配置位

圖 7.2-7　設置配置位

第四步： 在"Program"區選"APROM"，並注意勾選"Config"(若需要對配置位進行設置)，點擊【Start】按鈕，如圖 7.2-8 所示，下載完畢後，狀態欄"Status"將會顯示"PASS"，如圖 7.2-9 所示。

圖 7.2-8　下載設置

圖 7.2-9　下載成功

7.3 ICP 下載

7.3.1 ICP 下載工具概述

Nuvoton NuMicro ICP 下載工具不需要將目標 MCU 晶片從終端產品中取下，即可進行 flash 程式碼和資料的更新，同時支援"離線程式設計模式"。"離線程式設計模式"的第一步，用戶可以先將 flash 資料保存在 Nu-Link 中；第二步，在沒有 PC 和 Nuvoton NuMicro ICP 工具的情況下，僅使用 SmartM Nu-Link 程式設計/除錯器，如圖 7.3-1 所示，用戶就能對目標設備燒寫 flash 程式碼和資料。

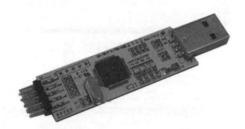

圖 7.3-1 SmartM Nu-Link

功能：

- 對目標設備進行即時在線燒寫 flash
- 備份目標設備 flash 中的程式碼資料 (在不設定 flash 保護位的情況下有效)
- 備份離線燒寫的資料
- 離線燒寫 flash
- 寫入軟體序列號
- 限制最大可燒寫次數
- 加密離線燒寫的資料
- 在線和離線燒寫，均支援批次燒寫方式

7.3.2 ICP 下載步驟

第 一步： 執行"NuMicro ICP Programming Tool"軟體，在"選擇目標晶片"選"M051 系列"，如圖 7.3-2 所示，然後點擊【繼續】按鈕，並進入 ICP 下載介面，如圖 7.3-3 所示。

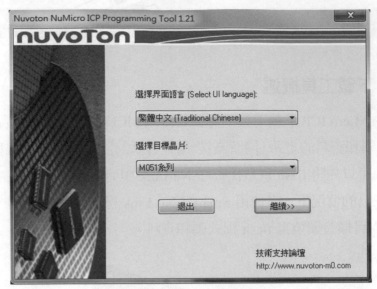

圖 7.3-2　ICP 啓動介面

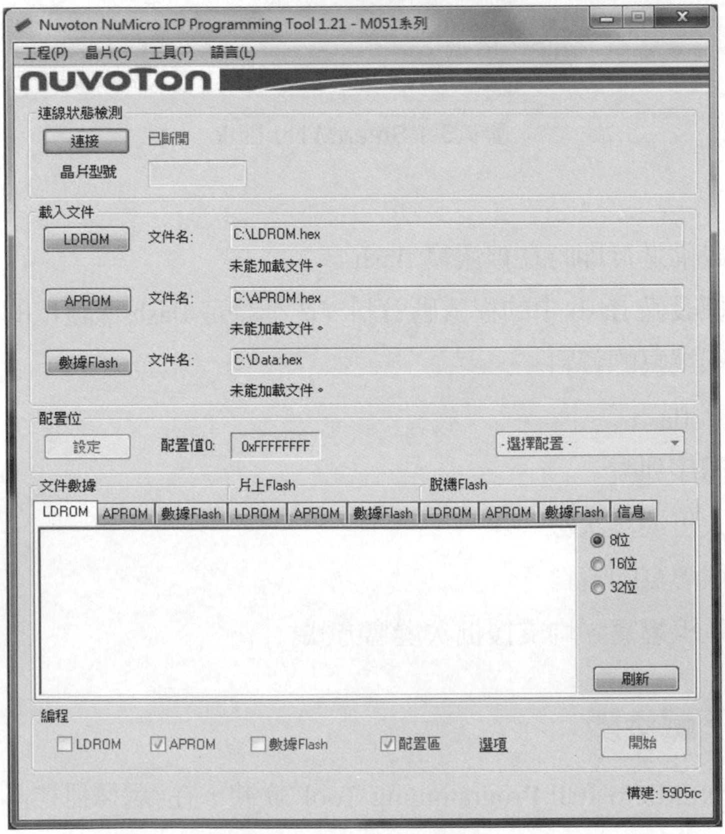

圖 7.3-3　ICP 下載介面

第二步： 點擊【連接】按鈕，"連線狀態檢測"會顯示"晶片已連接"，並在"晶片型號"處顯示晶片相關資料，如圖 7.3-4 所示。

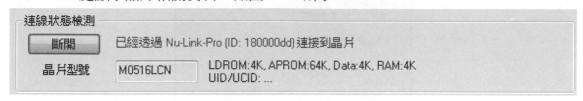

圖 7.3-4　連線狀態檢測

第三步： 選擇載入燒錄的文件，同時相對應文件的大小、校驗值等資料會在下方顯示出來，如圖 7.3-5 所示。

圖 7.3-5　載入燒錄文件

第四步： 如若需要設置配置位(否則跳過該步驟)，要在"程式設計"選項中選"配置區"，如圖 7.3-6 所示，然後對晶片進行設定，如圖 7.3-7 所示。

圖 7.3-6　選配置區

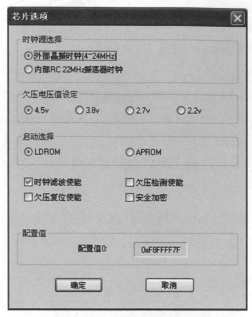

圖 7.3-7　晶片選項設置

第四步： 選擇相對應的程式設計選項，點擊【開始】按鈕進行下載，並顯示燒寫進度，如圖 7.3-8 所示，最後燒寫完畢。

圖 7.3-8　顯示燒寫進度

7.4　JTAG 且串列除錯(SWD)

7.4.1　JTAG 簡介

　　JTAG(Joint Test Action Group：聯合測試行動小組)是一種國際標準測試協議(IEEE 1149.1 兼容)，主要用於晶片內部測試。現在多數的高級元件都支援 JTAG 協議，如 DSP、FPGA 元件等。標準的 JTAG 介面是 4 線：TMS、TCK、TDI、TDO，分別為模式選擇、時脈、資料輸入和資料輸出線。

圖 7.4-1 ULINK USB-JTAG

JTAG 最初是用來對晶片進行測試的，其基本原理是在元件內部定義一個 TAP(Test Access Port;測試存取埠)通過專用的 JTAG 測試工具對內部節點進行測試。JTAG 允許測試多個元件通過 JTAG 介面串聯在一起，形成一個 JTAG 鏈，能實現對各個元件分別測試。現在，JTAG 介面還常用於實現 ISP(In-System Programmable 在線程式設計)，對 FLASH 等元件進行程式設計。

JTAG 程式設計的方式是在線設計，在傳統生產流程中，先對晶片進行預程式設計再裝到板上，簡化的流程為先固定元件到電路板上，再用 JTAG 程式設計，從而大大加快專案進度。

具有 JTAG 埠的晶片都有如下 JTAG 接腳定義：

- TCK──測試時脈輸入；
- TDI──測試資料輸入，資料通過 TDI 輸入 JTAG 埠；
- TDO──測試資料輸出，資料通過 TDO 從 JTAG 埠輸出；
- TMS──測試模式選擇，TMS 用來設置 JTAG 埠處於某種特定的測試模式。
- 可選接腳 TRST──測試重置，輸入接腳，低電位有效。
- 含有 JTAG 埠的晶片種類較多，如 CPU、DSP、CPLD 等。

JTAG 內部有一個狀態機，稱為 TAP 控制器。TAP 控制器的狀態機通過 TCK 和 TMS 進行狀態的改變，實現資料和指令的輸入。

JTAG 標準定義了一個串列的移位暫存器。暫存器的每一個單元分配給 IC 晶片的相對應接腳，每一個獨立的單元稱為 BSC(Boundary-Scan Cell)邊界掃描單元。這個串聯的 BSC 在 IC 內部構成 JTAG 迴路，所有的 BSR(Boundary-Scan Register)邊界掃描暫存器通過 JTAG 測試啟動，平時這些接腳則保持正常的 IC 功能。

7.4.2　SWD 簡介

ARM Cortex-M0 整合了除錯的功能。支援串列線除錯功能。ARMCortex-M0 被配置為支援多達 4 個斷點和 2 個觀察點。

串列線除錯技術可作為 CoreSight 除錯存取埠的一部分，它提供了 2 腳除錯埠，這是 JTAG 的低腳數和高性能替代產品。

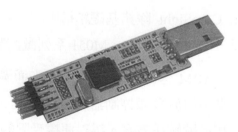

圖 7.4-2 SmartM Nu-Link

串列線除錯 (SWD) 為嚴格限制腳數包裝而提供的一個除錯埠，通常用於小包裝微控制器，但也用於複雜 ASIC 微控制器，此時，限制腳數至關重要，因這可能是設備成本的控制因素。

SWD 將 5 腳 JTAG 埠替換為時脈 + 單個雙向資料腳，以提供所有常規 JTAG 除錯和測試功能以及即時系統記憶體存取，而無需停止微控制器或需要任何目標駐留程式碼。SWD 使用 ARM 標準雙向線協議(在 ARM 除錯介面第 5 版中定義)，以標準方式與除錯器和目標系統之間高效地傳輸資料。作為 ARM 微控制器設備的標準介面，軟體開發人員可以使用 ARM 和第三方工具供應商提供的各種可互相操作的工具。

- 僅需要 2 個腳 - 對於非常低的連接設備或包裝至關重要
- 提供與 JTAG TAP 控制器的除錯和測試通信
- 使除錯器成為另一個 AMBA 匯流排主介面，以存取系統記憶體和周邊設備或除錯暫存器
- 高性能資料速率 - 4 M 位元組/秒 @ 50 MHz
- 低功耗 - 不需要額外電源或接地插腳
- 較小的矽面積 - 2.5k 附加閘數
- 低工具成本
- 可靠 - 內置錯誤檢測
- 安全 - 防止未連接工具時出現接腳故障

SWD 提供了從 JTAG 輕鬆且無風險的遷移，因為兩個信號 SWDIO 和 SWCLK 重疊在 TMS 和 TCK 插腳上，從而使雙模式設備能夠提供其他 JTAG 信號。在 SWD 模式下，可以將這些額外的 JTAG 腳轉換到其他用途。SWD 與所有 ARM 微控制器以及使用 JTAG 進行除錯的任何微控制器兼容，它可以存取 Cortex 微控制器和 CoreSight 除錯基礎結構中的除錯暫存器。目前，批次生產設備中實現了串列線技術，例如，NuMicro M051 系列微控制器。

ARM 多點 SWD 技術允許通過單個連接同時存取任意數量的設備，以將 SWD 優點應用於多微控制器的複雜 SoC，從而為複雜設備開發人員提供了低功耗 2 腳除錯和追蹤解決方案。這對連接受限的產品特別重要，例如，手機，其中多晶片和多晶片是很常見的。

多點 SWD 完全向後兼容,從而保留現有的單一點到點主機設備連接,並允許在未選擇設備時將其完全關閉以降低功耗。

SWD 串列除錯具有以下特性:

● 支援 ARM 串列線除錯模式;

● 可直接對所有記憶體、暫存器和周邊設備進行除錯;

● 除錯階段不需目標資源;

● 4 個斷點。4 個指令斷點,可以用來對應修補程式碼的指令位址。2 個資料比較器,可用來對應修補文字的位址;

● 2 個資料觀察點,可用作追蹤觸發器;

表 7.4-1 列出了與除錯和追蹤相關的 JTAG 與 SWD 不同接腳功能。有些功能與其他功能共用接腳,因此這些功能不能同時使用。

表 7.4-1　JTAG 與 SWD 功能接腳

管教名稱	類型	說明
TCK	輸入	JTAG 測試時脈。該接腳在 JTAG 模式下是除錯邏輯的時脈。
TMS	輸入	JTAG 測試模式選擇。TMS 接腳負責選擇 TAP 狀態機的下一個狀態。
TDI	輸入	JTAG 測試資料輸入。這是移位暫存器的串列資料輸入。
TDO	輸出	JTAG 測試資料輸出。這是移位暫存器的串列資料輸出。在 TCK 信號的負緣,資料將通過移位暫存器從元件向外輸出。
TRST	輸入	JTAG 測試重置。可用 TRST 接腳來重置除錯邏輯中的測試邏輯。
SWCLK	輸入	串列線時脈。這個接腳在串列線除錯模式下是除錯邏輯的時脈 (SWDCLK)。在 JTAG 模式下該接腳爲 TCK 接腳。
SWDIO	輸入/輸出	串列線除錯資料輸入/輸出。外部除錯工具可通過 SWDIO 接腳來與 NuMicro M051 通信,並對其進行控制。在 JTAG 模式下該接腳爲 TMS 接腳。

從表 7.4-1 可以得知，SWDCLK、SWDIO 與 JTAG 接腳 TCK、TMS 接腳共用，當使用 ULINK 進行除錯或下載時，只需其引出TRST、TCK、TMS、GND 接腳，如圖 7.4-3 所示。

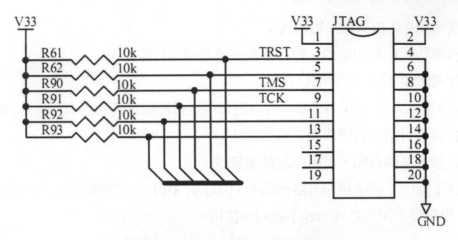

圖 7.4-3 SWD 串列除錯涉及到的接腳

SmartM Nu-Link 同樣可以理解為 JTAG 介面的精簡版，提供了TRST、TCK、TMS、GND 接腳，為了實現 SWD 串列除錯，NuMicro M051 系列微控制器可供除錯的接腳為 P3.0/TRST、P4.6/SWDCLK、P4.7/SWDIO。

還有要強調的是，用戶必須知道除錯期間的某些限制。最關鍵的一點就是：由於 ARM Cortex-M0 整合特性的限制，NuMicro M051 系列 ARM 不能通過常規方法從深度睡眠模式中喚醒。建議在除錯期間不要使用這些模式。

另一方面，除錯模式改變了 ARM Cortex-M0 CPU 內部的低功耗工作模式，這波及到了整個系統。其差別意味著在除錯期間不應對功耗進行測量，在測試期間測量的功耗值會比在普通操作期間測量的值高。

在除錯階段中，只要 CPU 停止，系統節拍定時器就會自動停止。其他周邊設備則不受影響。

深入重點

☆ JTAG(Joint Test Action Group;聯合測試行動小組)是一種國際標準測試協議 (IEEE 1149.1 兼容)，主要用於晶片內部測試。

☆ SWD 提供了從 JTAG 輕鬆且無風險的轉移，因為兩個信號 SWDIO 和 SWCLK 重疊在 TMS 和 TCK 接腳上，從而使雙模式設備能夠提供其他 JTAG 信號。在 SWD 模式下，可以將這些額外的 JTAG 腳轉換到其他用途。 SWD 與所有 ARM 微控制器以及使用 JTAG 進行除錯的任何微控制器兼 容，它可以存取 Cortex 微控制器和 CoreSight 除錯基礎結構中的除錯暫存器。

☆ ARM Cortex-M0 整合了除錯的功能。支持串列線除錯功能。ARMCortex-M0 被 配置為支持多達 4 個斷點和 2 個觀察點。

☆ 串列線除錯技術可作為 CoreSight 除錯存取埠的一部分，它提供了 2 腳除錯 埠，這是 JTAG 的低腳數和高性能替代產品。

☆ 由於 ARM Cortex-M0 整合特性的限制，NuMicro M051 系列 ARM 不能通過常 規方法從深度睡眠模式中喚醒。建議在除錯期間不要使用這些模式。

8

CHAPTER

通用輸入輸出埠

NuMicro M051 微控制器共有 40 個通用 I/O 埠，並可複用為特殊功能接腳，如串列埠輸入輸出介面、外部中斷觸發、PWM 輸出等功能。這 40 個接腳分別分配在 P0、P1、P2、P3、P4 這五個埠上，每個埠最多有 8 個接腳，且各接腳之間都是相互獨立的，可通過相對應的暫存器來控制接腳的工作模式和讀取當前接腳的資料。

每個 I/O 接腳上的 I/O 類型都能夠通過軟體獨立地配置為輸入、輸出、開汲級或準雙向模式。當 MCU 重置時，埠資料暫存器 Px_DOUT[7:0]的值為 0x000_00FF。每個 I/O 接腳配有 110k 歐姆~300k 歐姆的上拉電阻到輸入電源(VDD)上，輸入電源可為 5V~2.5V。

8.1　通用 I/O 模式的設置

通用 I/O 工作模式可分為輸入模式、輸出模式、開汲級模式、準雙向模式這四種模式，模式的選擇需要對 I/O 模式控制暫存器 Px_PMD[1:0]進行程式設計，當 P0/1/2/3/4 被設置為推挽模式或準雙向模式時，流入電流和輸出電流的參數如表 8.1-1、8.1-2 所示。

表 8.1-1　源電流參數

參數	最小值	典型值	最大值	單位	測試條件
P0/1/2/3/4 流入電流(推挽模式)	-20	-24	-28	mA	VDD = 4.5V, VSS = 2.4V
	-4	-6	-8	mA	VDD = 2.7V, VSS = 2.2V
	-3	-5	-7	mA	VDD = 2.5V, VSS = 2.0V

表 8.1-2　流入電流參數

參數	最小值	典型值	最大值	單位	測試條件
P0/1/2/3/4 輸出電流(準雙向模式 和推挽模式)	10	16	20	mA	VDD = 4.5V, VSS = 0.45V
	7	10	13	mA	VDD = 2.7V, VSS = 0.45V
	6	9	12	mA	VDD = 2.5V, VSS = 0.45V

註：P0/1/2/3/4 接腳被外部由 1 驅動到 0 時，　可作來輸出電流的源端，在 VDD=5.5V 時, 當輸入電壓範圍接近 2V 時，輸出電流達到最大值。

1.　輸入模式

　　設置 Px_PMD(PMDn[1:0])為 00b，Px[n]為輸入模式，I/O 接腳為三態(高阻態)，沒有輸出驅動能力。Px_PIN 的值反映相對應埠接腳的狀態。

2.　輸出模式

　　設置 Px_PMD(PMDn[1:0]) 為 0x01，Px[n]為輸出模式，I/O 接腳支援數位輸出功能，有流入電流／輸出電流能力。Px_DOUT[0:7]相對應位的值被送到相對應接腳上。

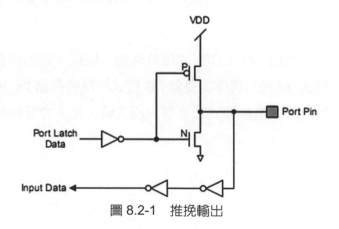

圖 8.2-1　推挽輸出

3. 開汲級模式

設置 Px_PMD(PMDn [1:0])為 2'b10，Px[n]為開汲極模式，I/O 支援數位輸出功能，但僅有輸出電流能力，為了把 I/O 接腳拉到高電位狀態，需要外接一顆上拉電阻。如果 Px_DOUT 相對應位 bit [n]的值為"0"，接腳上輸出低電位。如果 Px_DOUT 相對應位 bit [n]的值為"1"，該接腳輸出為高電位，由內部上拉電阻或外部上拉電阻控制。

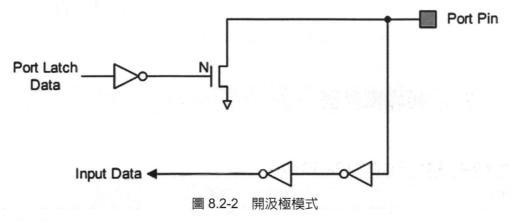

圖 8.2-2　開汲極模式

4. 準雙向模式

設置 Px_PMD(PMDn[1:0]) 為 2'b11，Px[n]接腳為準雙向模式，I/O 同時支援數位輸出和輸入功能，但流入電流僅達數百 μA。要實現數位輸入，需要先將 Px_DOUT 相對應位置 1。準雙向輸出是 80C51 及其衍生產品所共有的模式。若 Px_DOUT 相對應位 bit[n]為"0"，接腳上輸出為"低電位"。若 Px_DOUT 相對應位 bit[n]為"1"，該接腳將核對接腳值，若接腳值為高，沒有任何動作，若接腳值為低，該接腳置為強高需要 2 個時脈週期，然後禁用強輸出驅動，接腳狀態由內部上拉電阻控制。

註：準雙向模式的流入電流能力僅有 200μA 到 30μA(相對應 VDD 的電壓從 5.0V 到 2.5V)。

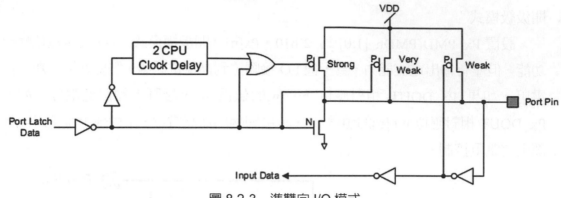

圖 8.2-3　準雙向 I/O 模式

8.2　相關暫存器

1. Port 0-4　I/O 模式控制(Px_PMD)

Bits		描述
[31:16]	-	-
[2n+1 :2n]	TCMP	Px I/O Pin[n] 模式控制 Px 的 I/O 類型 00 = Px [n] 輸入模式 01 = Px [n] 輸出模式 10 = Px [n] 開汲極模式 11 = Px [n] 準雙端模式 x=0~4, n = 0~7

2. Port 0-4 資料輸出值(Px_DOUT)

Bits		描述
[31:8]	-	-
[n]	DOUT[n]	Px Pin[n] 輸出值 Px 配置成輸出，輸入，和準雙端模式時，這些位控制 Px 接腳狀態 1 = 相對應的輸出模式致能位設置時，Px Pin[n] 為高 0 = 相對應的輸出模式致能位設置時，Px Pin[n] 為低 x=0~4, n = 0~7

【例 8.3-1】 SmartM-M051 開發板：控制 1 盞 Led 燈的亮滅，每 500ms 亮滅一次。

1. 硬體設計

　　由於微控制器的流入電流有限，必須採用流入電流方式來實現，即點亮其中某一盞 Led 燈需要控制對應的 I/O 埠輸出低電位。GPIO 實驗用到的 I/O 埠是 P2 埠，採用流入電流的方式，如圖 8.3-1 所示。

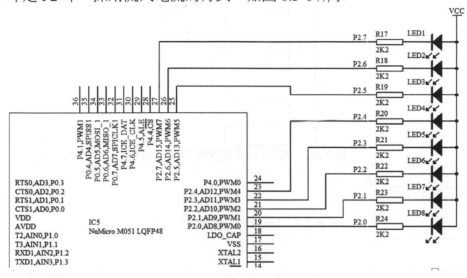

圖 8.3-1　Led 連接原理圖

2. 軟體設計

　　❀　點亮設計

　　　　由於硬體設計點亮 Led 燈的操作為流入電流方式，因此點亮某一盞 Led 燈只需要對 P2 埠的某一位輸出低電位。例如第一盞 Led 亮，其餘 Led 燈滅，相對應 P2 的輸出邏輯值 0xFE，0xFE=1111 1110b，除了最後一位是邏輯值"0"之外，其餘七位都是邏輯值"1"。

　　❀　延時設計

　　　　延時 500ms 可以採用軟體延時，即 MCU 操作一段時間湊夠 500ms 的延時，或使用系統定時器。

3. 流程圖

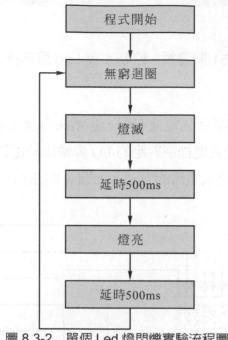

圖 8.3-2　單個 Led 燈閃爍實驗流程圖

4. 實驗程式碼

表 8.2-1　Led 燈閃爍實驗函數列表

函數列表		
序號	函數名稱	說明
1	Delayms	延時函數
2	main	函數主體

程式清單 8.3-1 Led 燈閃爍實驗程式碼

程式碼位置：\基礎實驗-GPIO(Led 燈閃爍)\main.c

```
#include "SmartM_M0.h"


/***************************************
*函數名稱:main
*輸    入:無
*輸    出:無
```

```
*功     能:函數主體
*******************************************/
INT32 main(VOID)
{
    PROTECT_REG
    (
        PWRCON |= XTL12M_EN;                    //預設時脈源爲外部晶振
        while((CLKSTATUS & XTL12M_STB) == 0);   //等待 12MHz 時脈穩定

        CLKSEL0 = (CLKSEL0 & (~HCLK)) | HCLK_12M;//設置外部晶振爲系統時脈

         P2_PMD=0x5555;
    )

    while(1)
    {                                           //點亮 Led 燈
        P2_DOUT &= ~0x01;                       //延時 500ms
        Delayms(500);

        P2_DOUT |= 0x01;                        //熄滅 Led 燈
        Delayms(500);                           //延時 500ms

    }
}
```

程式清單 8.3-2 延時函數程式碼

程式碼位置：\common.c

```
void Delayms(uint32_t unCnt)
{
    SYST_RVR = unCnt*12000;
    SYST_CVR = 0;
    SYST_CSR |=1UL<<0;


    while((SYST_CSR & 1UL<<16)==0);
}
```

5. 程式碼分析

    Delayms 函數是使用系統定時器產生一段時間的延時，關於系統定時器的使用將在其章節中介紹，在這不作贅述！程式碼流程也十分簡單，進入 while(1) 無窮迴圈後，Led 亮 500ms，然後 Led 滅 500ms，如此循環。

深入重點

☆ 關於 IO 埠電位的控制，"0"代表輸出低電位，"1"代表輸出高電位
   P2_DOUT=0xFF 即 P2 的 IO 埠全部輸出高電位。
   0xFF → 1111   1111(二進制)

☆ 若要 P2.0 的接腳輸出高電位，其餘接腳低電位。
   P2_DOUT=0x01; 0x01 → 0000   0001

☆ 若要 P2.0 和 P2.3 的接腳輸出高電位，其餘接腳低電位。
   P2_DOUT=0x09; 0x09 → 0000   1001

☆ 當然要 P2.0 和 P2.3 的接腳輸出低電位，其餘接腳高電位。
   P2_DOUT=0XF6; 0xF6 → 1111   0110

【例 8.3-2】跑馬燈實驗，每個 Led 燈只滅 100ms。

1. 硬體設計

    參考圖 8.3-1。

2. 軟體設計

    延時 100ms 可以採用系統定時器。

    硬體設計點亮 Led 燈的操作為流入電流方式，因此點亮某一盞 Led 燈只需要對 P2 埠的某一位輸出低電位。例如第一盞 Led 亮，其餘 Led 燈滅，相對應 P2 的輸出邏輯值 0xFE，0xFE=1111 1110b，除了最後一位是邏輯值"0"之外，

其餘七位都是邏輯值"1"。最後通過移位操作對 P2 埠值就可以實現跑馬燈效果。

3. 流程圖

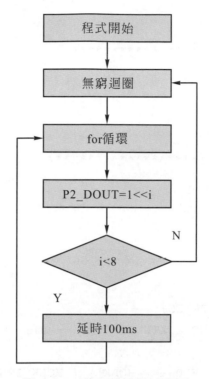

圖 8.3-3　跑馬燈實驗流程圖

4. 實驗程式碼

表 8.3-2　跑馬燈實驗函數列表

函數列表		
序號	函數名稱	說明
1	Delayms	延時函數
2	main	函數主體

程式清單 8.2-2 跑馬燈實驗程式碼

程式碼位置：\基礎實驗-GPIO(跑馬燈)\main.c

```c
#include "SmartM_M0.h"


/******************************************
*函數名稱:main
*輸    入:無
*輸    出:無
*功    能:函數主體
******************************************/
INT32 main(VOID)
{
    UINT32 i;


    PROTECT_REG
    (
        PWRCON |= XTL12M_EN;                         //預設時脈源為外部晶振
        while((CLKSTATUS & XTL12M_STB) == 0);        //等待12MHz時脈穩定

        CLKSEL0 = (CLKSEL0 & (~HCLK)) | HCLK_12M;    //設置外部晶振為系統時脈

        P2_PMD=0x5555;                               //GPIO設置為輸出模式
    )


    while(1)
    {
        for(i=0; i<8; i++)
        {
            P2_DOUT = 1UL<<i;             //進入位移操作,熄滅相對應位的Led

            Delayms(100);                  //延時100ms
        }
    }
}
```

程式清單 8.2-4 延時函數程式碼

程式碼位置：\Common\common.c

```c
void Delayms(uint32_t unCnt)
{

    SYST_RVR = unCnt*12000;

    SYST_CVR = 0;

    SYST_CSR |=1UL<<0;


    while((SYST_CSR & 1UL<<16)==0);

}
```

5. 程式碼分析

     延時 100ms 可以使用系統定時器進行。

     在 main 函數中的 while(1)無窮迴圈當中，P2 埠的值通過(1<<i)來獲得，若當前 i 值為 2，那麼 1<<i=1<<2=0000 0100，即只有第 3 個 Led 是滅的，其餘 Led 燈是亮的。

深入重點

☆ P0/1/2/3/4 接腳被外部由 1 驅動到 0 時,可作來流出電流的源端,在 VDD=5.5V 時,當輸入電壓範圍接近 2V 時,流出電流達到最大值。

☆ 位移操作(P2_DOUT=1<<i),位移圖如圖 8.3-4 所示,請讀者認真分析。

1<<i	P2.7	P2.6	P2.5	P2.4	P2.3	P2.2	P2.1	P2.0
1<<0=0x01	0	0	0	0	0	0	0	1
1<<1=0x02	0	0	0	0	0	0	1	0
1<<2=0x04	0	0	0	0	0	1	0	0
1<<3=0x08	0	0	0	0	1	0	0	0
1<<4=0x10	0	0	0	1	0	0	0	0
1<<5=0x20	0	0	1	0	0	0	0	0
1<<6=0x40	0	1	0	0	0	0	0	0
1<<7=0x80	1	0	0	0	0	0	0	0

圖 8.3-4　位移操作圖

9

CHAPTER

定時器控制器與系統定時器

9.1 定時器控制器

9.1.1 概述

定時器是微控制器中最基本的介面之一，它的用途非常廣泛，常用於計數、延時、提供定時脈衝信號等。在實際應用中，對於轉速、位移、速度、流量等物理量的測量，通常也是由傳感器轉換成脈衝電信號，通過使用定時器來測量其週期或頻率，再經過計算處理獲得。

圖 9.1-1 現實中的定時器

定時器控制器包括 4 組 32 位元的定時器，TIMER0~TIMER3，方便用戶在定時器控制應用。定時器模組可支援例如：頻率測量、計數、間隔時間測量、時脈產生、延遲時間等功能。定時器在計時溢出時產生中斷信號，也可在操作過程中提供計數的當前值。

9.1.2 特徵

- 4 組 32-位元定時器，帶 24 位元向上定時器和一個 8 位元的預分頻計數器
- 每個定時器都有獨立的時脈源
- 24 位元向上計數器，通過 TDR(定時器資料暫存器)可讀取
- 4 種工作模式：單脈衝模式(one-shot)，週期模式(periodic)，開關模式(toggle) 和連續計數(continuous counting)操作模式

9.1.3 定時器操作模式

定時器控制器提供 4 種工作模式，單脈衝(one-shot)模式、週期(periodic)模式、開關(toggle)和連續計數(continuous counting)模式。每種操作功能模式如下所示：

1. 單脈衝模式

如果定時器工作在單脈衝模式且 CEN (定時器致能位)置 1，定時器的計數器開始計數。一旦定時器計數器的值達到定時器比較器暫存器(TCMPR)的值，IE(中斷致能位)置 1，則定時器中斷旗標置位，產生中斷信號並送到 NVIC 通知 CPU。表明定時器計數發生溢出。如果 IE (interrupt enable bit) 置 0，無中斷信號產生。

在此工作模式下，一旦定時器計數器的值達到定時器比較暫存器(TCMPR)的值，定時器計數器的值返回初始值且 CEN (定時器致能位)由定時器控制器清除。一旦定時器計數器的值達到定時器比較暫存器(TCMPR)的值，定時器計數操作停止。也就是說，在程式設計比較暫存器(TCMPR)的值與 CEN(定時器致能位)置 1 後，定時器操作定時器計數和與 TCMPR 值的比較僅執行一次。因此，該操作稱為單脈衝模式。

2. 週期模式

如果定時器工作在週期模式且 CEN(定時器致能位)置 1，定時器計數器開始計數。一旦定時器計數器的值達到定時器比較暫存器(TCMPR)的值，且 IE (中斷致能位)設置為 1，則定時器中斷旗標置位且產生中斷信號，並發送到 NVIC 通知 CPU。表示定時器計數溢出發生。

如果 IE (中斷致能位)設置為 0，無中斷信號發生。在該工作模式下，一旦定時器計數器的值達到定時器比較器暫存器(TCMPR)的值，定時器計數器的值返回計數初始值且 CEN 保持為 1 (持續致能計數)。定時器計數器重新開始計數。

如果軟體清除中斷旗標，一旦定時器計數器的值與定時器比較暫存器(TCMPR)的值匹配且 IE (中斷致能位)設置為 1，則定時器中斷旗標置位，產生中斷信號並送到 NVIC 再次通知 CPU。也就是說，定時器操作定時器計數與 TCMPR 比較功能是週期性進行的。直到 CEN 設置為 0，定時器計數操作才會停止。中斷信號的產生也是週期性的。因此，這種操作模式稱為週期模式。

3. 開關模式

如果定時器工作在開關模式且 CEN(定時器致能位)置 1，定時器計數器開始計數。一旦定時器計數器的值與定時器比較暫存器 TCMPR 的值匹配時，且 IE(中斷致能位)設置為 1，則定時器中斷旗標置位，產生中斷信號並送到 NVIC 通知 CPU。表示定時器發生計數溢出。相對應開關輸出(tout)信號置 1。

在這種操作模式，一旦定時器計數器的值與定時器比較暫存器 TCMPR 的值匹配，定時器計數器的值返回到計數初始值且 CEN 保持為 1 (持續致能計數)。定時器計數器重新開始計數。如果中斷旗標由軟體清除，一旦定時器計數器的值與定時器比較暫存器中 TCMPR 的值匹配且 IE (中斷致能位)置 1，則定時器中斷旗標置位，發生中斷信號，並送到 NVIC 再次通知 CPU。相對應開關輸出(tout)信號置 0。定時器計數操作在 CEN 設置為 0 之後才停止。因此，開關輸出(tout)信號以 50% 的工作週期反復改變，所以這種操作模式稱為開關模式。

4. 連續計數模式

如果定時器工作在連續計數模式且 CEN (定時器致能位)置 1，如果 IE(中斷致能位)設置為 1，當 TDR = TCMPR 時，相關的中斷信號產生。用戶可以立即改變 TCMPR 的值，而不需要禁用或重啟定時器計數。例如，TCMPR 的值先被設置為 80(TCMPR 的值應當小於 224-1 並且大於 1)，當 TDR 的值等於 80 時，如果 IE (中斷致能位)設置為 1，定時器產生中斷，TIF(定時器中斷旗標)將被置位，產生中斷信號並送到 NVIC 通知 CPU，且 CEN 保持為 1(持續致能計數)，但是 TDR 的值不會返回到零，而是繼續計數 81，82，83，……to 224-1， 0， 1， 2， 3， …… to

224-1。接下來，如果用戶設置 TCMPR 為 200，且 TIF 被清除。當 TDR 的值達到 200，定時器中斷發生，TIF 被置位，產生中斷信號並送到 NVIC 再次通知 CPU。最後，用戶設置 TCMPR 為 500，並再一次清除 TIF，當 TDR 的值達到 500，定時器中斷發生，TIF 被置位，產生中斷信號並送到 NVIC 通知 CPU。從應用的角度看，中斷的產生取決於 TCMPR。在該模式下，定時器計數是連續的，所以這種操作模式被稱為連續計數模式。

9.1.4　相關暫存器

1. 定時器控制暫存器**(TCSR)**

Bits		描述
[31]	-	-
[30]	CEN	計數器致能位 0 = 停止/暫停計數 1 = 開始計數 注 1：在停止狀態，設置 CEN 為 1
[29]	IE	中斷致能 0 = 禁用定時器中斷 1 = 致能定時器中斷
[28:27]	MODE	定時器工作模式 表格如下：

定時器工作模式

模式	定時器工作模式
00	當定時器配置為單脈衝模式(one-shot)時，定時器溢出僅觸發中斷一次(IE 致能)，進入中斷後 CEN 自動清除為 0。
01	當定時器配置為週期模式(period)時，定時器每次溢出都觸發中斷(IE 致能)。
02	定時器工作於開關 mode. IE 致能，產生週期性的中斷信號。開關信號 (tout) 前後改變 50%的工作週期。
03	-

Bits		描述
[26]	CRST	計數器重置 設置該位將重置定時器計數器，預分頻並使 CEN 為 0。 0 = 無動作 1 = 重置定時器的預分頻計數器、內部 24 位元向上計數器、CEN 位
[25]	CACT	定時器工作狀態(唯讀) 該位表示當前定時器計數器的狀態 0 = 定時器未工作 1 = 定時器工作中
[24:17]	-	-
[16]	TDR_EN	資料鎖存致能 當置位 TDR_EN，TDR(Timer 資料暫存器)將不斷更新為 24 位元向上計數器的值。 1 = 致能 Timer 資料暫存器更新 0 = 禁用 Timer 資料暫存器更新
[15:8]	-	-
[7:0]	PRESCALE	預分頻計數器 時脈輸入根據 Prescale 數值+1 進行預分頻。如果 PRESCALE = 0，不進行預分頻。

2. 定時器比較暫存器(TCMPR)

Bits		描述
[31:24]	-	-
[23:0]	TCMP	定時器比較值 TCMP 是 24 位元比較暫存器。當內部 24 位元向上計數器的值與 TCMP 的值匹配時，如果 TCSR.IE[29]=1，就產生定時器中斷請求。TCMP 的值為定時器計數週期。 定時溢出週期= (Period of timer clock input) * (8-bit Prescale + 1) * (24-bit TCMP) 注 1：不能在 TCMP 裡寫 0x0 或 0x1，否則核心將運行到未知狀態 注 2：無論 CEN 為 0 或 1，軟體向該暫存器寫入新的值，TIMER 將退出當前計數並使用新的值，開始重新計數。

3. 定時器中斷狀態暫存器(TISR)

Bits		描述
[31:1]	-	-
[0]	TIF	定時器中斷旗標 定時器中斷狀態位。 當內部 24 位元計數器與 TCMP 的值匹配時，TIF 由硬體置位，寫 1 清除該位。

4. 定時器資料暫存器(TDR)

Bits		描述
[31:24]	-	-
[23:0]	TDR	定時器資料暫存器 TCSR.TDR_EN 置 1 時，內部 24 位元定時器的值載入到 TDR 中，用戶可以讀取 該暫存器的值獲取 24 位元計時器的值。

9.1.5　實驗

【實驗 9.1-1】SmartM-M051 開發板：運用定時器實現跑馬燈，每隔 50ms 操作一次，
　　　　　　如此循環。

1. 硬體設計

　　點亮 Led 實驗當中採用流入電流的方式來實現，畢竟微控制器的流入電
流有限，一般就是採用該方式來實現，點亮其中某一盞 Led 即某一個 I/O 埠輸
出低電位來點亮。

　　GPIO 實驗用到的 I/O 埠是 P2 埠，採用流入電流的方式，如圖 9.1-2 所示。

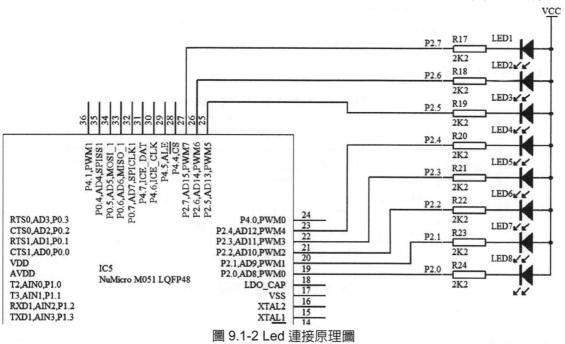

圖 9.1-2 Led 連接原理圖

2. 軟體設計

　　跑馬燈實驗過程中是只有一盞 Led 燈是滅的，即跑馬燈首先熄滅第一盞
Led 燈，其餘是亮的；第二次熄滅第二盞 Led 燈，其餘是亮的。總共有八盞
Led 燈，那麼所有 Led 燈重複循環該過程。

　　燈閃爍的程式設計可以通過變數位移的方式來賦值，如 P2_DOUT=1<<i，
例如：i=4，1<<i 的結果為 0001 0000b，可以知道第 5 盞的 Led 燈是滅的，其
餘是亮的。

3. 流程圖

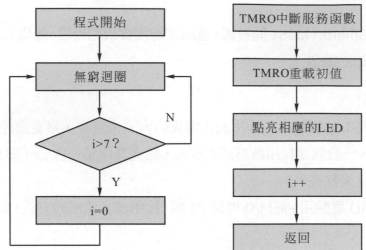

圖 9.1-3　跑馬燈實驗流程圖

4. 實驗程式碼

表 9.1-1　跑馬燈實驗函數列表

函數列表		
序號	函數名稱	說明
1	TMR0Init	定時器 0 初始化
2	main	函數主體

程式清單 9.1-1 跑馬燈實驗函數列表

程式碼位置：\基礎實驗-TIMER\main.c

```
#include "SmartM_M0.h"


UINT32 i =0;
/*****************************************
*函數名稱:TMR0Init
*輸    入:無
*輸    出:無
*功    能:定時器 0 初始化
*****************************************/
```

```c
VOID TMR0Init(VOID)
{
    PROTECT_REG
     (
         /* 致能 TMR1 時脈源 */
        APBCLK |= TMR0_CLKEN;
         /* 選擇 TMR1 時脈源為外部晶振 12MHz */
        CLKSEL1 = (CLKSEL1 & (~TM0_CLK)) | TM0_12M;


         /* 重置 TMR1 */
        IPRSTC2 |= TMR0_RST;
        IPRSTC2 &= ~TMR0_RST;


         /* 選擇 TMR1 的工作模式為週期模式*/
        TCSR0 &= ~TMR_MODE;
        TCSR0 |= MODE_PERIOD;

/* 溢出週期 = (Period of timer clock input) * (8-bit Prescale + 1) * (24-bit
TCMP)*/
        TCSR0  = TCSR0 & 0xFFFFFF00;     // 設置預分頻值 [0~255]
        TCMPR0 = 12000*50;               // 設置比較值 [0~16777215]


         /* 致能 TMR1 中斷 */
        TCSR0 |= TMR_IE;
        NVIC_ISER |= TMR0_INT;


         /* 重置 TMR0 計數器 */
        TCSR0 |= CRST;


         /* 致能 TMR0 */
        TCSR0 |= CEN;
     )
}
/*****************************************
```

```
*函數名稱:main
*輸    入:無
*輸    出:無
*功    能:函數主體
*******************************************/
INT32 main(VOID)
{

    PROTECT_REG                                 //ISP下載時保護FLASH
記憶體
    (
        PWRCON |= XTL12M_EN;                     //預設時脈源爲外部晶
振
        while((CLKSTATUS & XTL12M_STB) == 0);   //等待12MHz時脈穩定


        CLKSEL0 = (CLKSEL0 & (~HCLK)) | HCLK_12M; //設置外部晶振爲系統
時脈

        P2_PMD = 0x5555;
        P2_DOUT= 0x00;
    )

TMR0Init();

    while(1)
    {
        if(i > 7)
        {
            i = 0;
        }
    }
}
/*******************************************
```

```
*函數名稱:TMR0_IRQHandler
*輸    入:無
*輸    出:無
*功    能:定時器 0 中斷服務函數
*****************************************/
VOID TMR0_IRQHandler(VOID)
{
    /* 清除 TMR1 中斷旗標位 */
    TISR0 |= TMR_TIF;


    P2_DOUT = 1UL<<i;


    i++;


}
```

5. 程式碼分析

定時器 0 的初始化在 main 函數中進行，在 while(1)無窮迴圈當中，只有對 i 變數檢測，對 Led 燈進行操作，主要放置在定時器 0 的中斷服務函數 TMR0_IRQHandler，即 P2_DOUT=1<<i 就是對 Led 燈進行操作。

奇怪的是 main 函數裡面基本對微控制器的操作什麼都沒有，只有對變數 i 的檢測操作，幾乎是空載運作，但是為什麼跑馬燈還是能夠運行呢？那麼答案只能有一個，TMR0_IRQHandler 中斷服務函數能夠脫離主函數獨立執行。

對此很自然地想到為什麼 TMR0_IRQHandler 函數獨立於 main 函數還能夠執行，聯繫到在個人電腦的 C 語言程式設計是根本不可能的事，因為所有的運行都必需在 main 函數體中運行。

深入重點

☆ 不要拘泥於個人電腦的 C 程式設計，要為自己灌輸微控制器程式設計思想，"主程序+中斷服務函數"組合的架構或稱為前後臺系統。

☆ 主函數與中斷服務函數不但是互相獨立，而且是相互共享的。

9.2 系統定時器

9.2.1 概述

Cortex-M0 包含一個整合的系統定時器 SysTick。SysTick 提供一種簡單 24 位元寫清除、遞減計數、計數至 0 後自動重載入的計數器，且有一個靈活的控制機制。計數器可作為即時操作系統的滴答定時器或者一個簡單的計數器。

致能後，系統定時器從 SysTick 當前值暫存器(SYST_CVR)的值向下計數到 0，並在下一個時脈邊緣，重新載入 SysTick 暫存器(SYST_RVR)的值到 SysTick 當前值暫存器(SYST_CVR)，然後隨著接下來的時脈遞減。當計數器減到 0 時，旗標位 COUNTFLAG 置位，讀系統定時器的控制與狀態暫存器(SYST_CSR)將清除旗標位 COUNTFLAG。

重置後，SYST_CVR 的值未知。致能前，軟體應該向暫存器寫入 0。這樣確保定時器在致能後以 SYST_RVR 中的值計數，而非任意值。

若 SYST_RVR 是 0，在重新載入後，定時器將保持當前值 0，這種機制可以用來在不使用系統定時器的致能位情形下禁用系統定時器。

9.2.2 相關暫存器

1. SysTick 控制與狀態(SYST_CSR)

Bits		描述
[31:17]	-	-
[16]	COUNTFLAG	從上次該暫存器讀取,如果定時器計數到 0,則返回 1。計數由 1 到 0 時,COUNTFLAG 置位。在讀該位或向系統定時器當前值暫存器(SYST_CVR)寫時,COUNTFLAG 被清除。
[15:3]	-	-
[2]	CLKSRC	1 = 核心時脈用於 SysTick。 0 = 時脈源可選,參考 STCLK_S。
[1]	TICKINT	1:向下計數到 0 將引起 SysTick 異常而掛起。清除 SysTick 當前值暫存器的值將不會導致 SysTick 掛起。 0:向下計數到 0 不會引起 SysTick 異常而掛起。軟體通過設置 COUNTFLAG 來確定是否已經發生計數到 0。
[0]	ENABLE	1:計數器運行於多脈衝方式。 0:禁用計數器。

2. SysTick 重載入值暫存器(SYST_RVR)

Bits		描述
[31:24]	-	-
[23:0]	RELOAD	當計數器達到 0 時,值載入到當前值暫存器。

3. SysTick 重載入值暫存器(SYST_CVR)

Bits		描述
[31:24]	-	-
[23:0]	CURRENT	當前計數值,爲採樣時刻計數器的值,計數器不提供讀修改寫保護功能,該暫存器爲寫清除軟體寫入任何值將清除暫存器爲 0。這些位不支援讀爲零(read as zero),參見系統重載入值暫存器(SYST_RVR)。

9.2.3 示例程式碼

表 9.2-1 跑馬燈實驗函數列表

函數列表		
序號	函數名稱	說明
1	Delayus	微秒級延時
2	Delayms	毫秒級延時

程式清單 9.2-1 微秒級延時和毫秒級延時程式碼

程式碼位置：\Common\common.c

```c
void Delayus(uint32_t unCnt)
{
    SYST_RVR = unCnt*12;              //系統時脈頻率 12MHz
    SYST_CVR = 0;
    SYST_CSR |=1UL<<0;


    while((SYST_CSR & 1UL<<16)==0);
}


void Delayms(uint32_t unCnt)
{
    SYST_RVR = unCnt*12000;          //系統時脈頻率 12MHz
    SYST_CVR = 0;
    SYST_CSR |=1UL<<0;


    while((SYST_CSR & 1UL<<16)==0);
}
```

深入重點

☆ 系統定時器能夠精準的延時，並能夠靈活設置，比軟體延時方便多了。

10

CHAPTER

PWM 發生器和
取樣定時器

10.1 概述

　　PWM 是脈衝寬度調變的簡稱。實際上，PWM 波也是連續的方波，但在一個週期中，其高電位和低電位的工作週期是不同的，一個典型的 PWM 波如圖 10.1-1 所示。T 是 PWM 波的週期；t1 是高電位的寬度；t2 是低電位的寬度；因此工作週期為 t1/(t1+t2)= t1/T。假設當前高電位值為 5V，t1/T = 50%，那麼當該 PWM 波通過一個積分器(低通濾波器)後，可以得到其輸出的平均電壓為 5V*0.5 = 2.5V。在實際應用中，常利用 PWM 波的輸出實現 D/A 轉換，調節電壓或電流控制改變電機的轉速，實現變頻控制等功能。

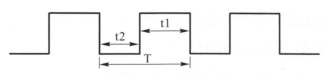

PWM週期：T=t1+t2
PWM頻率：F=1/T
PWM責任週期：D=t1/(t1+t2)=t1/T

圖 10.1-1 PWM 示意圖

NuMicro M051 系列有 2 個 PWM 組，支援 4 組 PWM 發生器，可配置成 8 個獨立的 PWM 輸出，PWM0~PWM7，或者 4 個互補的 PWM 對：(PWM0，PWM1)、(PWM2，PWM3)、(PWM4，PWM5)和(PWM6，PWM7)，帶 4 個可程式設計的死區發生器。

每組 PWM 發生器帶有 8 位元預分頻器，一個時脈分頻器提供 5 種分頻(1、1/2、1/4、1/8、1/16)，兩個 PWM 定時器包括 2 個時脈選擇器，兩個 16 位元 PWM 向下計數器用於 PWM 週期控制，兩個 16 位元比較器用於 PWM 工作週期控制以及一個死區發生器。4 組 PWM 發生器提供 8 個獨立的 PWM 中斷旗標，這些中斷旗標當相對應的 PWM 週期向下計數器達到零時則由硬體置位。每個 PWM 中斷源和它相對應的中斷致能位可以引起 CPU 請求 PWM 中斷。PWM 發生器可以配置為單觸發模式，產生僅僅一個 PWM 週期或自動重載模式連續輸出 PWM 波形。

當 PCR.DZEN01 置位，PWM0 與 PWM1 執行互補的 PWM 對功能，這一對 PWM 的時序、週期、工作週期和死區時間由 PWM0 定時器和死區發生器 0 決定。同樣，PWM 互補對(PWM2，PWM3)、(PWM4，PWM5)與(PWM6，PWM7)分別由 PWM2、PWM4 與 PWM6 定時器和死區發生器 2、4、6 控制。為防止 PWM 輸出不穩定波形，16 位元向下計數器和 16 位元比較器採用雙緩衝器。當用戶向計數器/比較器緩衝暫存器內寫入值，只有當向下計數器的值達到 0 時，被更新的值才會被載入到 16 位元計數器/比較器。該雙緩衝特性避免 PWM 輸出波形上產生突波。

當 16 位元向下計數器達到 0 時，中斷請求產生。如果 PWM 定時器被配置為自動重載入模式，當向下計數器達到 0 時，會自動重新載入 PWM 計數器暫存器(CNRx)的值，並開始遞減計數，如此連續重複。如果定時器設為單觸發模式，當向下計數器達到 0 時，向下計數器停止計數，並產生一個中斷請求。

PWM 計數器比較器的值用於高電位脈衝寬度調變，當向下計數器的值與比較暫存器的值相同時，計數器控制邏輯改變輸出為高電位。

PWM 定時器可複用為數位輸入取樣功能。如果取樣功能致能，PWM 的輸出接腳將被切換至取樣輸入模式。取樣器 0 和 PWM0 使用同一個定時器，取樣器 1 和 PWM1 使用另一組定時器，以此類推。因此在使用取樣功能之前，用戶必須預先配置 PWM 定時器。取樣功能致能後，取樣器在輸入通道的正緣將 PWM 計數器值鎖存至取樣正緣鎖存暫存器(CRLR)，在輸入通道的負緣將 PWM 計數器值鎖存至取樣下降沿鎖存暫存器(CFLR)。取樣通道 0 中斷是可程式設計的，通過設定 CCR0.CRL_IE0[1](正緣鎖存中斷致能)和 CCR0.CFL_IE0[2]](負緣鎖存中斷致能)來決定中斷發生的條件。通過設置 CCR0.CRL_IE1[17]和 CCR0.CRL_IE1[18]，取樣通道 1 有同樣的特性。通過設置相對應的控制位，每組的通道 0 到通道 3 有同樣的特性。

對於每一組，不管取樣何時產生中斷 0/1/2/3，PWM 計數器 0/1/2/3 都將在該時刻重載。最大的取樣頻率受取樣中斷延遲限制。取樣中斷發生時，軟體至少要執行三個步驟：讀 PIIRx 以得到中斷源，讀 PWM_CRLx/PWM_CFLx(x=0 到 3)以得到取樣值，寫 1 清除 PIIRx。如果中斷延遲要花時間 T0 完成，在這段時間內(T0)，取樣信號一定不能翻轉。在這種情況下，最大的取樣頻率將是 1/T0。

例如：HCLK = 50 MHz，PWM_CLK = 25 MHz，中斷延遲時間 900 ns，因此最大的取樣頻率將是 1/900ns ≈ 1000 kHz。

10.2 特徵

1. PWM 功能特性

PWM 組有兩個 PWM 發生器。每個 PWM 發生器支援一個 8 位元的預分頻器，一個時脈分頻器，兩個 PWM 定時器(向下計數)，一個死區發生器和兩路 PWM 輸出。

- 最高 16 位元解析度。
- PWM 中斷請求與 PWM 週期同步。
- 單觸發模式或自動重載模式。
- 2 個 PWM 組(PWMA/PWMB)支援 8 個 PWM 通道。

2. PWM 取樣功能模組特性

- 與 PWM 發生器共享時序控制邏輯。
- 8 路取樣輸入通道與 8 個 PWM 輸出通道複用。
- 每個通道支援一個正緣鎖存暫存器(CRLR)，一個負緣鎖存暫存器(CFLR)和取樣中斷旗標(CAPIFx)。

<table>
<tr><td>10.3</td><td>功能描述</td></tr>
</table>

1. PWM 定時器操作

PWM 週期和工作週期控制由 PWM 向下計數器暫存器(CNR)以及 PWM 比較暫存器(CMR)配置。PWM 定時器工作時序如圖 10.3-1 所示。脈寬調變的公式如下，PWM 定時器比較器的說明如圖 10.3-2 所示。注意：

相對應的 GPIO 接腳必須配置成 PWM 功能(致能 POE 和禁用 CAPENR)。

PWM 頻率 = PWMxy_CLK/(prescale+1)/(clock divider)/(CNR+1)；xy 代表 01、23、45 或 67，取決於所選擇的 PWM 通道。

● 工作週期 =(CMR+1)/(CNR+1)

● CMR >= CNR：PWM 輸出為高

● CMR < CNR：PWM 低脈寬=(CNR-CMR)unit ；PWM 高脈寬=(CMR+1)unit

● CMR = 0：PWM 低脈寬=(CNR)unit；PWM 高脈寬= 1 unit

註：1.unit = 一個 PWM 時脈週期

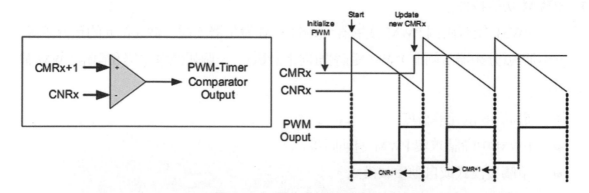

圖 10.3-1　PWM 定時器內部比較器輸出

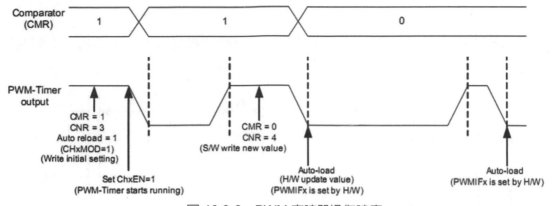

圖 10.3-2　PWM 定時器操作時序

2. PWM 雙緩衝、自動重載以及單觸發模式

NuMicro M051 系列 PWM 定時器具有雙緩衝功能。重載值將在下一個週期開始時更新，不會影響當前定時器工作。PWM 計數器值可寫入 CNRx，當前 PWM 計數器的值可以從 PDRx 讀取。

PWM 控制暫存器(PCR)的 CH0MOD 位定義 PWM0 是自動重載模式還是單觸發模式。如果 CH0MOD 被設置為 1，當 PWM 計數器達到 0，自動重載操作載入 CNR0 的值到 PWM 計數器。如果 CNR0 被設定為 0，當 PWM 計數器計數到 0，計數器將停止計數。如果 CH0MOD 被設定為 0，當 PWM 計數器計數到 0，計數器立即停止計數。PWM1~PWM7 運行狀態與 PWM0 相同。

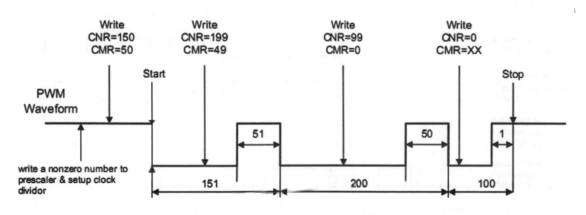

圖 10.3-3　PWM 雙緩衝圖解

3. 調至工作週期

雙緩衝功能允許 CMRx 在當前週期的任意時刻被寫入。寫入值將在下個週期內生效。

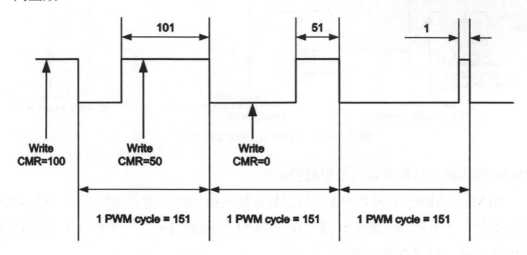

圖 10.3-4　PWM 控制器輸出工作週期

4. 死區發生器

NuMicro M051 系列提供 PWM 死區發生器，用於保護功率元件。該功能產生可程式設計的時隙來延遲 PWM 正緣輸出，用戶可通過程式設計 PPRx.DZI 確定死區間隔。

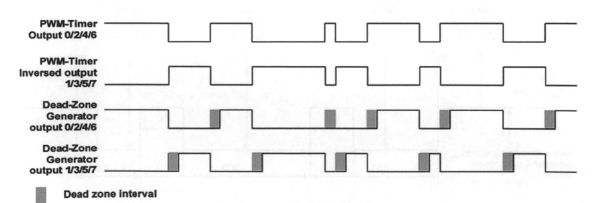

圖 10.3-5　死區發生器操作

5. 取樣操作

　　取樣器 0 和 PWM0 共用同一個定時器，取樣器 1 和 PWM1 共用另一個定時器，以此類推。取樣器總是在輸入通道產生一個上升調變時將 PWM 計數器的值鎖存至 CRLRx，在輸入通道產生一個下降調變時將 PWM 計數器的值鎖存至 CFLRx。取樣通道 0 中斷是可程式設計的，通過設定 CCR0.CRL_IE0[1](正緣鎖存中斷致能) 和 CCR0.CFL_IE0[2]](負緣鎖存中斷致能)來決定中斷發生的條件。

　　通過設置 CCR0.CRL_IE1[17]和 CCR0.CRL_IE1[18]，取樣通道 1 有同樣的特性。無論取樣模組何時觸發一個取樣中斷，相對應的 PWM 計數器都將在此刻重載 CNRx 的值。

註：相對應的 GPIO 接腳必須配置成取樣功能(禁用 POE 和致能 CAPENR)。

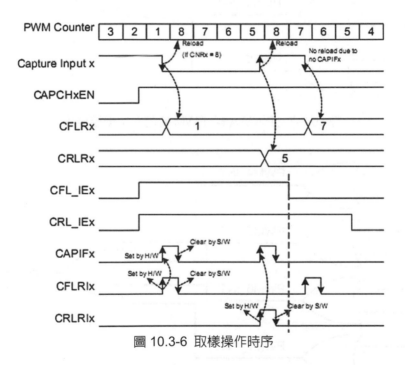

圖 10.3-6 取樣操作時序

　　在上述範例中，CNR 為 8：

(1) 取樣中斷旗標(CAPIFx)置位時，PWM 計數器將重載入 CNRx 的值。

(2) 通道低脈衝寬度為(CNR + 1 - CRLR)。

(3) 通道高脈衝寬度為(CNR + 1 - CFLR)。

6. PWM 定時器中斷結構

PWM 0 與取樣器 0 共用同一個中斷。PWM1 與取樣器 1 共用同一個中斷，以此類推。因此，同一通道的 PWM 功能和取樣功能不能同時使用。圖 10.3-8 說明 PWM 定時器中斷結構。提供 8 個 PWM 中斷，PWM0_INT~PWM7_INT，對於增強型中斷控制暫存器(AIC)可分為 PWMA_INT 與 PWMB_INT。

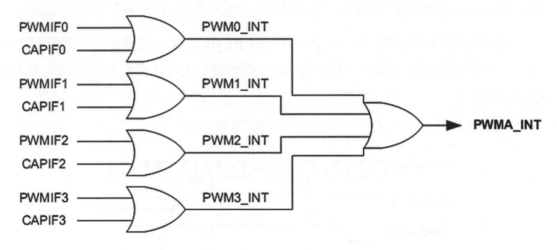

圖 10.3-7　PWM A 組 PWM-定時器中斷結構圖

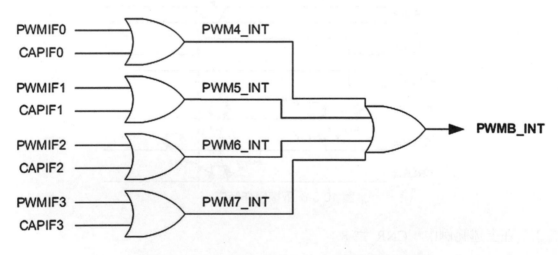

圖 10.3-8　PWM B 組 PWM-定時器中斷結構圖

7. **PWM-**定時器開啟步驟

   推薦使用如下步驟啟動 PWM 驅動器：

   (1) 配置時脈選擇器(CSR)

   (2) 配置預分頻器(PPR)

   (3) 配置反向打開/關閉，死區發生器打開/關閉，自動重載/單觸發模式，並停止 PWM 定時器(PCR)

   (4) 配置比較器暫存器(CMR)設定 PWM 工作週期

   (5) 配置 PWM 計數器暫存器(CNR)設定 PWM 週期

   (6) 配置中斷致能暫存器(PIER)

   (7) 配置相對應的 GPIO 接腳為 PWM 功能(致能 POE 和禁用 CAPENR)

   (8) 致能 PWM 定時器開始執行置 PCR 中的 CHxEN 為 1

8. **PWM-**定時器關閉步驟

   方式 1(推薦)：

   　　設定 16 位元向下計數器(CNR)為 0，並監視 PDR(16 位元向下計數器的當前值)。當 PDR 達到 0，禁用 PWM 定時器(PCR 的 CHxEN 位)。

   方式 2(推薦)：

   　　設定 16 位元向下計數器(CNR)為 0，當中斷請求發生，禁用 PWM 定時器(PCR 的 CHxEN 位)。

   方式 3(不推薦)：

   　　直接禁用 PWM 定時器(PCR 的 CHxEN 位)。不推薦方式 3 的原因是：禁用 CHxEN 將立即停止 PWM 輸出信號，引起 PWM 輸出工作週期的改變，這可能導致電機控制電路損壞。

9. 取樣開始步驟

   ● 配置時脈選擇器(CSR)

   ● 配置預分頻器(PPR)

   ● 配置通道致能，上升/負緣中斷致能以及輸入信號反向打開/關閉(CCR0、CCR1)

   ● 配置 PWM 計數器暫存器(CNR)

   ● 配置相對應 GPIO 接腳為取樣功能(禁用 POE 和致能 CAPENR)

   ● 致能 PWM 定時器開始執行(置 PCR 中的 CHxEN 為 1)

10.4　相關暫存器

1. PWM 預分頻暫存器(PPR)

Bits		描述
[31:24]	DZI23	PWM2 與 PWM3 的死區間隔暫存器(PWM2 與 PWM3 對應於 PWMA 組，PWM6 與 PWM7 對應於 PWMB 組)。 該 8 位元暫存器決定死區長度。 每單位死區時間長度由相對應的 CSR 位決定。
[23:16]	DZI01	PWM0 與 PWM1 的死區間隔暫存器(PWM0 與 PWM1 對應於 PWMA 組，PWM4 與 PWM5 對應於 PWMB 組)。 該 8 位元暫存器決定死區長度。 每單位死區時間長度由相對應的 CSR 位決定。
[15:8]	CP23	PWM 定時器 2 & 3 的時脈預分頻 2(PWM counter 2 & 3 對應於 A 組與 PWM counter 6 & 7 對應於 B 組)。 時脈輸入相對應 PWM 計數器之前，根據(CP23 + 1)分頻。 如果 CP23=0，預分頻器 2 輸出時脈停止。PWM 計數器 2 和 3 也停止。
[7:0]	CP01	PWM 定時器 0 & 1 的時脈預分頻 0(PWM counter 0 & 1 對應於 A 組與 PWM counter 4 & 5 對應於 B 組)。 如果 CP01=0，預分頻器 0 輸出時脈停止。PWM 計數器 0 和 1 也停止。

2. PWM 時脈選擇暫存器(CSR)

Bits		描述
[31:15]	-	-
[14:12]	CSR3	定時器 3 時脈源選擇(PWM 定時器 3 對應於 A 組 and PWM 定時器 7 對應於 B 組)為 PWM 定時器選擇時脈輸入。 | CSR3 [14:12]	輸入時脈分頻
---	---
100	1
011	16
010	8
001	4
000	2	
[11]	-	-
[10:8]	CSR2	定時器 2 時脈源選擇(PWM 定時器 2 對應於 A 組 and PWM 定時器 6 對應於 B 組)為 PWM 定時器選擇時脈輸入。 (表格同 CSR3)
[7]	-	-
[6:4]	CSR1	定時器 1 時脈源選擇(PWM 定時器 1 對應於 A 組 and PWM 定時器 5 對應於 B 組)為 PWM 定時器選擇時脈輸入。 (表格同 CSR3)
[3]	-	-
[2:0]	CSR0	定時器 0 時脈源選擇(PWM 定時器 0 對應於 A 組 and PWM 定時器 4 對應於 B 組)為 PWM 定時器選擇時脈輸入。 (表格同 CSR3)

3. PWM 控制暫存器(PCR)

Bits		描述
[31:28]	-	-
[27]	CH3MOD	PWM-定時器 3 自動重載/單觸發模式選擇(PWM 定時器 3 對應於 A 組 and PWM 定時器 7 對應於 B 組)。 1 = 自動重載模式 0 = 單觸發模式 註:如果該位由 0 置 1,會使 CNR3 和 CMR3 清除位
[26]	CH3INV	PWM 定時器 3 反向打開/關閉(PWM 定時器 3 對應於 A 組 and PWM 定時器 7 對應於 B 組)。 1 = 反向打開 0 = 反向關閉
[25]	-	-
[24]	CH3EN	PWM 定時器 3 致能/禁用(PWM 定時器 3 對應於 A 組 and PWM 定時器 7 對應於 B 組)。 1 = 致能相對應 PWM 定時器開始運行 0 = 停止相對應 PWM 定時器運行
[23:20]	-	-
[19]	CH2MOD	PWM-定時器 2 自動重載/單觸發模式選擇(PWM 定時器 2 對應於 A 組 and PWM 定時器 6 對應於 B 組)。 1 = 自動重載模式 0 = 單觸發模式 註:如果該位由 0 置 1,會使 CNR2 和 CMR2 清除位
[18]	CH2INV	PWM-定時器 2 反向打開/關閉(PWM 定時器 2 對應於 A 組 and PWM 定時器 6 對應於 B 組)。 1 = 反向打開 0 = 反向關閉
[17]	-	-
[16]	CH2EN	PWM 定時器 2 致能/禁用(PWM 定時器 2 對應於 A 組 and PWM 定時器 6 對應於 B 組)。 1 = 致能相對應 PWM 定時器開始運行 0 = 停止相對應 PWM 定時器運行

Bits		描述
[15:12]	-	-
[11]	CH1MOD	PWM 定時器 1 自動重載/單觸發模式選擇(PWM 定時器 1 對應於 A 組 and PWM 定時器 5 對應於 B 組)。 1 = 自動重載模式 0 = 單觸發模式 註：如果該位由 0 置 1，會使 CNR1 和 CMR1 清除位
[10]	CH1INV	PWM-定時器 1 反向打開/關閉(PWM 定時器 1 對應於 A 組 and PWM 定時器 5 對應於 B 組)。 1 = 反向打開 0 = 反向關閉
[9]	-	-
[8]	CH1EN	PWM 定時器 1 致能/禁用(PWM 定時器 1 對應於 A 組 and PWM 定時器 5 對應於 B 組)。 1 = 致能相對應 PWM 定時器開始運行 0 = 停止相對應 PWM 定時器運行
[7:6]	-	-
[5]	DZEN23	死區發生器 2 致能/禁用(PWM2 and PWM3 pair 對應於 PWMA 組，PWM6 and PWM7 pair 對應於 PWMB 組)。 1 = 致能 0 = 禁用 註:當死區發生器致能，PWM A 組的 PWM2 與 PWM3 將成為互補對，PWM B 組的 PWM6 與 PWM7 將成為互補對
[4]	DZEN01	死區發生器 0 致能/禁用(PWM0 and PWM1 pair 對應於 PWMA 組，PWM4 and PWM5 pair 對應於 PWMB 組)。 1 = 致能 0 = 禁用 註:當死區發生器致能，PWM A 組的 PWM0 與 PWM1 將成為互補對，PWM B 組的 PWM4 與 PWM5 將成為互補對

Bits		描述
[3]	CH0MOD	PWM-定時器 0 自動載入/單觸發模式選擇(PWM 定時器 0 對應於 A 組 and PWM 定時器 4 對應於 B 組)。 1 = 自動重載模式 0 = 單觸發模式 註:如果該位由 0 置 1,會使 CNR0 和 CMR0 清除位
[2]	CH0INV	PWM-定時器 0 反向打開/關閉(PWM 定時器 0 對應於 A 組 and PWM 定時器 4 對應於 B 組)。 1 = 反向打開 0 = 反向關閉
[1]	-	-
[0]	CH0EN	PWM-定時器 0 致能/禁用(PWM 定時器 0 對應於 A 組 and PWM 定時器 4 對應於 B 組)。 1 = 致能相對應 PWM 定時器開始運行 0 = 停止相對應 PWM 定時器運行

4. PWM 計數器暫存器 3~0(CNR3~0)

Bits		描述
[31:16]	-	-
[15:0]	CNRx	PWM 計數器/定時器載入值 CNR 決定 PWM 的週期: PWM 頻率 = PWMxy_CLK/(prescale+1)*(clock divider)/(CNR+1); 　　　xy 代表 01、23、45 或 67,取決於所選擇的 PWM 通道。 　　　工作週期= (CMR+1)/(CNR+1)。 CMR >= CNR:PWM 輸出為高 CMR < CNR:PWM 低脈寬= (CNR-CMR)unit[1];PWM 高脈寬= (CMR+1)unit CMR = 0:PWM 低脈寬=(CNR)unit;PWM 高脈寬= 1 unit 注:Unit = 一個 PWM 時脈週期,CNR 寫入資料後將在下一個 PWM 週期生效

5. PWM 比較器暫存器 3~0(CMR3~0)

Bits		描述
[31:16]	-	-
[15:0]	CMRx	PWM 計數器/定時器載入值 CMR 決定 PWM 的工作週期： PWM 頻率 = PWMxy_CLK/(prescale+1)*(clockdivider)/(CNR+1)； 　　　xy 代表 01，23，45 或 67，取決於所選擇的 PWM 通道。 　　　工作週期 =(CMR+1)/(CNR+1) CMR >= CNR：PWM 輸出為高 CMR < CNR：PWM 低脈寬=(CNR-CMR)unit[1]；PWM 高脈寬=(CMR+1)unit CMR = 0：PWM 低脈寬=(CNR)unit；PWM 高脈寬= 1 unit 註：Unit = 一個 PWM 時脈週期，CNR 寫入資料後將在下一個 PWM 週期生效

6. PWM 資料暫存器 3~0(PDR3~0)

Bits		描述
[31:16]	-	-
[15:0]	PDRx	PWM 資料暫存器 用戶查詢 PDR 可知 16 位元計數器當前值

7. PWM 中斷致能暫存器(PIER)

Bits		描述
[31:4]	-	-
[3]	PWMIE3	PWM 通道 3 中斷致能 1 = 致能 0 = 禁用
[2]	PWMIE2	PWM 通道 2 中斷致能 1 = 致能 0 = 禁用
[1]	PWMIE1	PWM 通道 1 中斷致能 1 = 致能 0 = 禁用
[0]	PWMIE0	PWM 通道 0 中斷致能

Bits		描述
		1 = 致能 0 = 禁用

8. PWM 中斷旗標暫存器(PIIR)

Bits		描述
[31:4]	-	-
[3]	PWMIF3	PWM 通道 3 中斷狀態 當 PWM3 向下計數至 0 時，硬體將該位置 1，軟體寫 1 清除該位。
[2]	PWMIF2	PWM 通道 2 中斷狀態 當 PWM2 向下計數至 0 時，硬體將該位置 1，軟體寫 1 清除該位。
[1]	PWMIF1	PWM 通道 1 中斷狀態 當 PWM1 向下計數至 0 時，硬體將該位置 1，軟體寫 1 清除該位。
[0]	PWMIF0	PWM 通道 0 中斷狀態 當 PWM0 向下計數至 0 時，硬體將該位置 1，軟體寫 1 清除該位。

9. 取樣控制暫存器(CCR0)

Bits		描述
[31:24]	-	-
[23]	CFLRI1	CFLR1 鎖定方向旗標位 在 PWM 輸入通道 1 的負緣，CFLR1 鎖存 PWM 向下計數器，並且該位由硬體置位，寫 1 清除該位。
[22]	CRLRI1	CRLR1 鎖定方向旗標位 在 PWM 輸入通道 1 的正緣，CFLR1 鎖存 PWM 向下計數器，並且該位由硬體置位，寫 1 清除該位。
[21]	-	-
[20]	CAPIF1	取樣器 1 中斷旗標 如果 PWM 組通道 1 正緣鎖定中斷致能(CRL_IE1=1)，PWM 組通道 1 的向上傳輸將使 CAPIF1 為高；同樣，如果負緣鎖定中斷致能(CFL_IE1=1)，向下傳輸將使 CAPIF1 為高。 該旗標由軟體寫 1 清除除。

Bits		描述
[19]	CAPCH1EN	取樣器通道 1 傳輸致能/禁用 1 = 致能 PWM 組通道 1 的取樣功能 0 = 禁用 PWM 組通道 1 的取樣功能 致能時,取樣鎖定 PWM 計數器並保存 CRLR(正緣鎖定)和 CFLR(正緣鎖定)禁用時,取樣器不更新 CRLR 和 CFLR,並禁用 PWM 組通道 1 中斷。
[18]	CFL_IE1	PWM 組通道 1 負緣鎖定中斷致能 1 = 致能向下鎖定中斷 0 = 禁用向下鎖定中斷 致能時,如果取樣器檢測到 PWM 組通道 1 有負緣,取樣器產生中斷。
[17]	CRL_IE1	PWM 組通道 1 正緣鎖定中斷致能 1 = 致能向上鎖定中斷 0 = 禁用向上鎖定中斷 致能時,如果取樣器檢測到 PWM 組通道 1 有正緣,取樣器產生中斷。
[16]	INV1	通道 1 反向打開/關閉 1 = 反向打開,輸入到暫存器的信號與通道上的實際信號電位反向 0 = 反向關閉
[15:8]	-	-
[7]	CFLRI0	CFLR0 鎖定方向旗標位 在 PWM 輸入通道 0 的負緣,CFLR0 鎖存 PWM 向下計數器,並且該位由硬體置位。 寫 1 清除該位。
[6]	CRLRI0	CRLR0 鎖定方向旗標位 在 PWM 輸入通道 0 的正緣,CRLR0 鎖存 PWM 向下計數器,並且該位由硬體置位。 寫 1 清除該位。
[5]	-	-
[4]	CAPIF0	取樣器 0 中斷旗標 如果 PWM 組通道 1 正緣鎖定中斷致能(CRL_IE0=1),PWM 組通道 1 的正緣將使 CAPIF0 為高;同樣,如果致能負緣鎖定中斷(CRL_IE0=1),負緣將使 CAPIF0 為高。

Bits		描述
		該旗標由軟體寫 1 清除。
[3]	CAPCH0EN	取樣器通道 0 傳輸致能/禁用 1 = 致能 PWM 組通道 0 的取樣功能 0 = 禁用 PWM 組通道 0 的取樣功能 致能時，取樣鎖定 PWM 計數器並保存 CRLR(向上鎖定)和 CFLR(向下鎖定)。禁用時，取樣器不更新 CRLR 和 CFLR，並禁用 PWM 組通道 0 中斷。
[2]	CFL_IE0	通道 0 負緣鎖定中斷致能 1 = 致能負緣鎖定中斷 0 = 禁用負緣鎖定中斷 致能時，取樣器檢測到 PWM 組通道 0 有向下傳輸，取樣器產生中斷。
[1]	CRL_IE0	PWM 組通道 0 正緣鎖定中斷致能 1 = 致能正緣鎖定中斷 0 = 禁用正緣鎖定中斷 致能時，如果取樣器檢測到 PWM 組通道 0 有向上傳輸，取樣器產生中斷。
[0]	INV0	通道 0 反向打開/關閉 1 = 反向打開，輸入到暫存器的信號與通道上的實際信號點平反向 0 = 反向關閉

10. 取樣控制暫存器(CCR2)

Bits		描述
[31:24]	-	-
[23]	CFLRI3	CFLR3 鎖定方向旗標位 在 PWM 輸入通道 3 的負緣，CFLR1 鎖存 PWM 向下計數器，並且該位由硬體置位。寫 1 清除該位。
[22]	CRLRI3	CRLR3 鎖定方向旗標位 在 PWM 輸入通道 3 的正緣，CFLR3 鎖存 PWM 向下計數器，並且該位由硬體置位。寫 1 清除該位。
[21]	-	-
[20]	CAPIF3	取樣器 3 中斷旗標

Bits		描述
		如果 PWM 組通道 3 正緣鎖定中斷致能(CRL_IE3=1)，PWM 組通道 3 的向上傳輸將使 CAPIF3 為高；同樣，如果負緣鎖定中斷致能(CFL_IE3=1)，向下傳輸將使 CAPIF3 為高。 該旗標由軟體寫 1 清除。
[19]	CAPCH3EN	取樣器通道 3 傳輸致能/禁用 1 = 致能 PWM 組通道 3 的取樣功能 0 = 禁用 PWM 組通道 3 的取樣功能 致能時，取樣鎖定 PWM 計數器並保存 CRLR(正緣鎖定)和 CFLR(正緣鎖定)禁用時，取樣器不更新 CRLR 和 CFLR，並禁用 PWM 組通道 3 中斷。
[18]	CFL_IE3	PWM 組通道 3 負緣鎖定中斷致能 1 = 致能向下鎖定中斷 0 = 禁用向下鎖定中斷 致能時，如果取樣器檢測到 PWM 組通道 1 有負緣，取樣器產生中斷。
[17]	CRL_IE3	PWM 組通道 3 正緣鎖定中斷致能 1 = 致能向上鎖定中斷 0 = 禁用向上鎖定中斷 致能時，如果取樣器檢測到 PWM 組通道 3 有正緣，取樣器產生中斷。
[16]	INV3	通道 3 反向打開/關閉 1 = 反向打開，輸入到暫存器的信號與通道上的實際信號電位反向 0 = 反向關閉
[15:8]	-	-
[7]	CFLRI2	CFLR2 鎖定方向旗標位 在 PWM 輸入通道 2 的負緣，CFLR2 鎖存 PWM 向下計數器，並且該位由硬體置位。 寫 1 清除該位。
[6]	CRLRI2	CRLR2 鎖定方向旗標位 在 PWM 輸入通道 2 的正緣，CRLR2 鎖存 PWM 向下計數器，並且該位由硬體置位。 寫 1 清除該位。

Bits		描述
[5]	-	-
[4]	CAPIF2	取樣器 2 中斷旗標 如果 PWM 組通道 2 正緣鎖定中斷致能(CRL_IE2=1)，PWM 組通道 2 的正緣將使 CAPIF0 為高；同樣，如果致能負緣鎖定中斷 (CRL_IE2=1)，負緣將使 CAPIF2 為高。 該旗標由軟體寫 1 清除。
[3]	CAPCH2EN	取樣器通道 2 傳輸致能/禁用 1 = 致能 PWM 組通道 2 的取樣功能 0 = 禁用 PWM 組通道 2 的取樣功能 致能時，取樣鎖定 PWM 計數器並保存 CRLR(向上鎖定)和 CFLR(向下鎖定)。禁用時，取樣器不更新 CRLR 和 CFLR，並禁用 PWM 組通道 2 中斷。
[2]	CFL_IE2	通道 2 負緣鎖定中斷致能 1 = 致能負緣鎖定中斷 0 = 禁用負緣鎖定中斷 致能時，取樣器檢測到 PWM 組通道 2 有向下傳輸，取樣器產生中斷。
[1]	CRL_IE2	PWM 組通道 2 正緣鎖定中斷致能 1 = 致能正緣鎖定中斷 0 = 禁用正緣鎖定中斷 致能時，如果取樣器檢測到 PWM 組通道 0 有向上傳輸，取樣器產生中斷。
[0]	INV2	通道 2 反向打開/關閉 1 = 反向打開，輸入到暫存器的信號與通道上的實際信號點平反向 0 = 反向關閉

11. 取樣正緣鎖存暫存器 3-0(CRLR3-0)

Bits		描述
[31:16]	-	-
[15:0]	CRLRx	取樣正緣鎖存暫存器 通道 0/1/2/3 正緣時，鎖存 PWM 計數器。

12. 取樣負緣鎖存暫存器 3-0(CFLR3-0)

Bits		描述
[31:16]	-	-
[15:0]	CFLRx	取樣負緣鎖存暫存器 通道 0/1/2/3 負緣時，鎖存 PWM 計數器。

13. 取樣輸入致能暫存器(CAPENR)

Bits		描述
[31:4]	-	-
[3:0]	CAPENR	取樣輸入致能暫存器 4 組取樣輸入。Bit0~Bit3 用於控制每個輸入的打開 / 關閉。 0 = 關閉(PWMx 複用腳輸入對取樣器不產生影響) 1 = 打開(PWMx 複用腳將影響取樣器功能)

14. PWM 輸出致能暫存器(POE)

Bits		描述
[31:4]	-	-
[3]	PWM3	PWM 通道 3 輸出致能暫存器 1 = 致能 PWM 通道 3 輸出 0 = 禁用 PWM 通道 3 輸出 註：GPIO 相對應接腳必須切換到 PWM 功能
[2]	PWM2	PWM 通道 2 輸出致能暫存器 1 = 致能 PWM 通道 2 輸出 0 = 禁用 PWM 通道 2 輸出 註：GPIO 相對應接腳必須切換到 PWM 功能
[1]	PWM1	PWM 通道 1 輸出致能暫存器 1 = 致能 PWM 通道 1 輸出 0 = 禁用 PWM 通道 1 輸出 註：GPIO 相對應接腳必須切換到 PWM 功能
[0]	PWM0	PWM 通道 0 輸出致能暫存器 1 = 致能 PWM 通道 0 輸出 0 = 禁用 PWM 通道 0 輸出 註：GPIO 相對應接腳必須切換到 PWM 功能

【實驗 10.5-1】SmartM-M051 開發板：通過 PWM 輸出控制 Led 燈的亮度，
　　　　　　　　實現"呼吸燈"功能。

1.　硬體設計

　　　參考 GPIO 實驗設計。

2.　軟體設計

　　　什麼是呼吸燈呢？顧名思義，燈光在微電腦控制之下完成由亮到暗的逐
漸變化，感覺像是在呼吸。廣泛被用於數碼產品、電腦、音響、汽車等各種
領域，有很好的視覺裝飾效果。

　　　所謂 PWM，通俗簡單的說就是控制交流矩形波的工作週期，同時 Led 燈
採用流入電流的設計，因此當工作週期越大，亮度越低。

　　　只要適當地對工作週期進行控制，Led 燈的亮度就可以得到適當的控制，
既可以漸亮，又可以漸暗，如此反復，就可形成簡單的"呼吸燈"。

3　流程圖

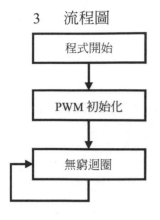

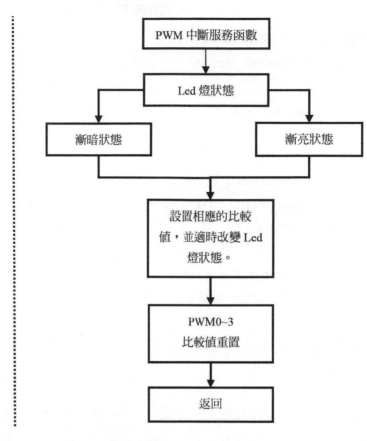

圖 10.5-1　PWM 實驗流程圖

4　實驗程式碼

表 10.5-1　PWM 實驗函數列表

函數列表		
序號	函數名稱	說明
1	PWMInit	PWM 初始化
2	main	函數主體
中斷服務函數		
3	PWMA_IRQHandler	中斷服務函數-PWMA

程式清單 10.5-1 PWM 實驗程式碼

程式碼位置：\基礎實驗-PWM\main.c

```c
#include "SmartM_M0.h"

#define EN_EXT_OSC                0

#define COMPLEMENT_MODE           0x00000020
#define DEAD_ZONE_INTERVAL        0xC8FF0000
#define PWM_ENABLE                0x01010101

#if     EN_EXT_OSC
#define PWM_CLOCK_SOURCE          0x00000000    //使用外部振盪12MHz
#else
#define PWM_CLOCK_SOURCE          0xF0000000    //使用內部RC振盪22.1184MHz
#endif

#define PWM_PRESCALAE             0x0000C731    //PWM01 預分頻 0x31(49)，
PWM23 預分頻 0xC7(199)
#define PWM_CLOCK_DIVIDER         0x00004444    //輸入時脈分頻1
#define PWM_OUTPUT_INVERT         0x00040000
#define PWM_OUTPUT_ENABLE         0x0000000F    //PWM0、1、2、3 輸出致能

#define PWM_CMR_VALUE              0x0
#define PWM_CNR_VALUE              0x1000        //4096

#define LED_DARKING               0
#define LED_BRIGHTING             1

STATIC UINT32 g_unPWMCMRValue=PWM_CNR_VALUE;
STATIC UINT32 g_unLedStat=LED_DARKING;
```

```
/*****************************************
*函數名稱:PWMInit
*輸    入:無
*輸    出:無
*功    能:PWM 初始化
*******************************************/
VOID PWMInit(VOID)
{
    P2_MFP |= ~(P20_AD8_PWM0 |
                P21_AD9_PWM1 |
                P22_AD10_PWM2|
                P23_AD11_PWM3);
    P2_MFP |=(PWM0 | PWM1 | PWM2 | PWM3);        //致能 P2.0~P2.3 為 PWM 輸出

    P2_PMD &= ~Px0_PMD;                          //配置 P2.0~P2.3 為推挽輸出
    P2_PMD |= Px0_OUT;


    P2_PMD &= ~Px1_PMD;
    P2_PMD |= Px1_OUT;


    P2_PMD &= ~Px2_PMD;
    P2_PMD |= Px2_OUT;


    P2_PMD &= ~Px3_PMD;
    P2_PMD |= Px3_OUT;


    APBCLK |= PWM01_CLKEN|
              PWM23_CLKEN;                       //致能 PWM0~3 時脈
    CLKSEL1 = PWM_CLOCK_SOURCE;                  //選擇 PWM0~3 時脈源


    PPRA = PWM_PRESCALAE | DEAD_ZONE_INTERVAL;//選擇 PWM0~3 時脈預分頻和死
區間隔
    CSRA = PWM_CLOCK_DIVIDER;                    //選擇 PWM0~3 時脈分頻
```

```
    PCRA = 0x08080808 | PWM_OUTPUT_INVERT | COMPLEMENT_MODE;//PWM0~3 自
動重載入


    CNR0A = CNR1A = CNR2A = CNR3A = PWM_CNR_VALUE;        //PWM0~3 計數值
    CMR0A = CMR1A = CMR2A = CMR3A = PWM_CMR_VALUE;        //PWM0~3 比較值


    PIERA  |= PWMIE3 |                                    //致能 PWM0~3 中
斷
            PWMIE2 |
            PWMIE1 |
            PWMIE0 ;
    NVIC_ISER |= PWMA_INT;                                //致能 PWM0~3
中斷


    POEA = PWM_OUTPUT_ENABLE;                             //PWM 輸出致能
    PCRA |= PWM_ENABLE;                                   //PWM 致能，啟動
}
/******************************************
*函數名稱:main
*輸    入:無
*輸    出:無
*功    能:函數主體
******************************************/
INT32 main(VOID)
{


    PROTECT_REG                                          //ISP 下載時保護 FLASH
記憶體
    (
        PWRCON |= XTL12M_EN;                             //預設時脈源為外
部晶振
        while((CLKSTATUS & XTL12M_STB)== 0);            //等待12MHz時脈
穩定
```

```
        CLKSEL0 =(CLKSEL0 &(~HCLK))| HCLK_12M;        //設置外部晶振爲系統
時脈

        PWMInit();                                          //PWM 初始化
    )


    while(1);
}


/*****************************************
*函數名稱:PWMA_IRQHandler
*輸    入:無
*輸    出:無
*功     能:中斷服務函數-PWMA
*****************************************/
VOID PWMA_IRQHandler(VOID)
{
    switch(g_unLedStat)                              //檢查 LED 狀態
    {
        case  LED_DARKING:                           //LED 狀態漸暗
        {
            if(g_unPWMCMRValue < PWM_CNR_VALUE)
            {
                g_unPWMCMRValue+=50;
            }
            else
            {
                g_unLedStat = LED_BRIGHTING;

                g_unPWMCMRValue=PWM_CNR_VALUE;
            }
        }break;
```

```
    case  LED_BRIGHTING:                              //LED 狀態漸亮
    {
        if(g_unPWMCMRValue>=50)
        {
            g_unPWMCMRValue-=50;
        }
        else
        {
            g_unLedStat = LED_DARKING;

            g_unPWMCMRValue=PWM_CMR_VALUE;
        }
    }break;


    default:break;

}


CMR0A = CMR1A = CMR2A = CMR3A = g_unPWMCMRValue;  //設置 PWM0~3 比較
值

PIIRA = PIIRA;
}
```

5. 程式碼分析

  實現 Led 燈的漸亮和漸暗的程式碼集中在 PWMA_IRQHandler 中斷服務
函數中。為了使產生漸暗、漸亮的效果更加明顯，PWM 比較值的自加和自減
必需設置適當的閥值，否則 Led 燈的漸暗與漸亮過程會不明顯，當前自加減
閥值設置為 50。

深入重點

☆ PWM 是脈衝寬度調變的簡稱。實際上，PWM 波也是連續的方波，但在一個週期中，其高電位和低電位的工做週期是不同的。

☆ 什麼是呼吸燈呢？顧名思義，燈光在微電腦控制之下完成由亮到暗的逐漸變化，感覺像是在呼吸。廣泛被用於數碼產品、電腦、音響、汽車等各種領域，有很好的視覺裝飾效果。

序列埠控制器

　　RS232 是目前最常用的一種串列通信介面。在 1970 年由美國電子工業協會(EIA)聯合貝爾系統、調變解調器廠商及電腦終端生產廠商共同制定用於串列通信的標準。它的全名是"資料終端設備(DTE)"和"資料通信設備(DCE)之間串列二進制資料交換介面技術標準"。傳統的 RS232 介面標準有 22 根線,採用標準 25 芯 D 型插頭座。後來 PC 上使用簡化了的 9 芯 D 型插座,25 芯插頭座已很少採用。現在的桌上型電腦一般有一個串列埠:COM1,從設備管理器的埠列表中就可以看到。硬體表現爲電腦後面的 9 腳 D 型介面,由於其形狀和接腳數量的原因,其接頭又被稱爲 DB9 接頭。現在有很多手機資料線或者物流接收器都採用 COM 埠與電腦相連,很多投影機、液晶電視等設備都具有此介面,廠商也常常會提供控制協議,以便於在控制方面實現程式設計受控,現在越來越多的智慧會議室和家居建設都採用了中央控制設備對多種受控設備的序列埠控制方式。

　　目前較爲常用的序列埠有 9 腳序列埠(DB9)和 25 腳序列埠(DB25),通信距離較近時(<12m),可以用電纜線直接連接標準RS232 埠(RS422,RS485 較遠),若距離較遠,需附加調變解調器(MODEM)。最爲簡單且常用的是三線制接法,即地、接收資料和發送資料(2、3、5)腳相連,如圖 11.1-2所示。

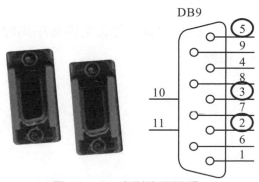

圖 11.1-2　串列埠原理圖

1. 常用信號腳說明

表 11.1-1　常用信號接腳

RS232 9 腳序列埠(DB9)		
腳位	功能性說明	縮寫
1	資料載波檢測	DCD
2	接收資料	RXD
3	發送資料	TXD
4	資料終端準備	DTR
5	信號地	GND
6	資料設備準備好	DSR
7	請求發送	RTS
8	清除發送	CTS
9	振鈴指示	DELL

2. 序列埠除錯要點

線路焊接要牢固，不然程式沒問題，卻因為接線問題誤事，特別是序列埠線有交叉序列埠線、直連序列埠線這兩種類型。

序列埠除錯時，準備一個好用的除錯工具，如：序列埠調試助手，有事半功倍的效果。

強烈建議不要帶電插接序列埠，插接時至少有一端是斷電的，否則序列埠易損壞。

11.1 概述

通用非同步收/發器(UART)對從周邊設備收到的資料執行串到並的轉換，對從 CPU 發送的資料執行並到串的轉換。該序列埠同時支援 IrDA SIR 功能和 RS-485 模式。每個 UART 通道有 5 種類型的中斷，它們是發送 FIFO 空中斷(Int_THRE)，接收閥值到達中斷(Int_RDA)，線狀態中斷(奇偶校驗錯誤、框架錯誤或者打斷中斷)(Int_RLS)，接收緩衝器溢出中斷(Int_Tout)，調變解調器/喚醒狀態中斷(Int_Modem)。中斷號 12(中斷向量為 28)支援 UART0 的中斷，中斷號 13(中斷向量 29)支援 UART1 的中斷，參考嵌套向量中斷控制器。

UART0～1 內嵌一個 15 位元組發送 FIFO (TX_FIFO)和一個 15 位元組接收 FIFO (RX_FIFO)。CPU 可以隨時讀 UART 的狀態。返回的狀態資料包括正在被 UART 執行的傳輸操作類型和條件，在接收資料時還可能發生 3 個錯誤(奇偶校驗錯誤、框架錯誤、打斷中斷)狀況。UART 包括一個可程式設計的鮑率發生器，它可以將輸入時脈分頻來得到收發器需要的時脈。鮑率公式是 Baud Rate = UART_CLK / M * [BRD + 2]。其中 M 和 BRD 在鮑率分頻暫存器 UA_BAUD 中配置。表 11.1-2 和 11.1-3 分別列出了不同條件下鮑率方程和 UART 鮑率設置表。

表 11.1-2　序列埠鮑率方程

Mode	DIV_X_EN	DIV_X_ONE	Divider X	BRD	鮑率公式
0	0	0	B	A	UART_CLK / [16 * (A+2)]
1	1	0	B	A	UART_CLK / [(B+1)*(A+2)] 註 1：B 不小於 8
2	1	1	-	A	UART_CLK / (A+2) 註 1：A 不小於 3

表 11.1-3 序列埠鮑率設置表

系統時脈 = 22.1184MHz			
鮑率	模式 0	模式 1	模式 2
921600	x	A=0，B=11	A=22
460800	A=1	A=1,B=15 A=2,B=11	A=46
230400	A=4	A=4,B=15 A=6,B=11	A=94
115200	A=10	A=10,B=15 A=14,B=11	A=190
57600	A=22	A=22,B=15 A=30,B=11	A=382
38400	A=34	A=62,B=8 A=46,B=11 A=34,B=15	A=574
19200	A=70	A=126,B=8 A=94,B=11 A=70,B=15	A=1150
9600	A =142	A=254,B=8 A=190,B=11 A=142,B=15	A=2302
4800	A=286	A=510,B=8 A=382,B=11 A=286,B=15	A=4606

　　UART0 與 UART1 控制器支援自動流控制功能，它使用 2 種低電位信號，/CTS (clear-to-send，允許發送)和 /RTS (request-to-send，請求發送)，來控制 UART 和外部驅動器(ex：Modem)之間的資料流傳遞，當自動流控功能致能時，UART 被禁止接收資料直到 UART 向外發出/RTS 信號。當 Rx FIFO 中位元組數量和 RTS_TRI_LEV (UA_FCR [19:16])的值相等時，/RTS 信號不再發出。當 UART 控制器從外部驅動器偵測到/CTS，UART 向外發送資料。如果 /CTS 未被偵測，UART 將不向外發送資料。

UART 控制器提供串列 IrDA (SIR，串列紅外線)功能(用戶需置位 IrDA_EN
(UA_FUN_SEL[1:0])致能 IrDA 功能)。SIR 規範定義短程紅外非同步串列傳輸模式為
1 開始位，8 資料位，和 1 停止位。最大資料速率為 115.2 kbps (半雙工)。**IrDA SIR
模組包括一個 IrDA SIR 協議編碼/解碼器。IrDA SIR 只是半雙工協議，因此不能同
時發送和接收資料。IrDA SIR 物理層規定在發送和接收之間至少要有 10ms 傳輸延
時。該特性必須由軟體執行。**

UART 控制的另一功能是支援 RS-485 的 9 位模式，由 RTS 控制方向或通過軟體
程式設計 GPIO (P0.3 對應於 RTS0 and P0.1 對應於 RTS1) 執行該功能。RS-485 模式
通過設置 UA_FUN_SEL 暫存器選定。使用來自非同步序列埠的 RTS 控制信號來致能
RS-485 驅動器，執行 RS-485 驅動器控制。在 RS-485 模式下，RX 與 TX 的許多特性
與 UART 相同。

11.2 特性

- 全雙工，非同步通信
- 獨立的接收/發送 15 位元組(UART0/UART1) FIFO 資料載入區
- 支援硬體自動流控制/流控制功能(CTS，RTS)和可程式設計的 RTS 流控制觸
  發電位(UART0 與 UART1 支援)
- 可程式設計的接收緩衝觸發電位
- 每個通道都支援獨立的可程式設計的鮑率發生器
- 支援 CTS 喚醒功能(UART0 與 UART1 支援)
- 支援 7 位元接收緩衝計時溢出檢測功能
- 通過設置 UA_TOR [DLY]可以程式設計在上一個停止與下一個開始位之間資
  料發送的延遲時間

- 支援打斷錯誤，框架錯誤，奇偶校驗錯誤檢測功能
- 完全可程式設計的串列介面特性
- 可程式設計的資料位，5、6、7、8 位
- 可程式設計的奇偶校驗位、偶校驗、奇校驗、無校驗位或 stick 校驗位的發生和檢測
- 可程式設計停止位，1、1.5 或 2 停止位的產生
- 支援 IrDA SIR 功能
- 普通模式下支援 3/16 位元持續時間
- 支援 RS-485 模式
- 支援 RS-485 9 位模式
- 支援由 RTS 提供的硬體或軟體直接致能控制

11.3　相關暫存器

1. 接收緩衝暫存器(UA_RBR)

Bits		描述
[31:8]	-	-
[7:0]	RBR	接收緩衝暫存器(唯讀)通過讀此暫存器，UART 將返回一組從 Rx 接腳接收到的 8-位元資料(LSB 優先)。

2. 發送保持暫存器(UA_THR)

Bits		描述
[31:8]	-	-
[7:0]	THR	發送保持暫存器通過寫該暫存器，UART 將通過 Tx 接腳(LSB 優先)發送 8-位元資料。

3. 中斷致能暫存器(UA_IER)

Bits		描述
[31:14]	-	-
[13]	AUTO_CTS_EN	**CTS 自動流控制致能** 1 = 致能 CTS 自動流控制 0 = 禁用 CTS 自動流控制 當 CTS 自動流控制致能，當 CTS 輸入有效時 UART 將向外部驅動器發送資料(UART 將不發送資料直到 CTS 被證實)。
[12]	AUTO_RTS_EN	**RTS 自動流控制致能** 1 = 致能 RTS 自動流控制 0 = 禁用 RTS 自動流控制 當 RTS 自動流使，Rx FIFO 中接收的位元組數和 UA_FCR[RTS_Tri_Lev]相等，UART 將使 RTS 信號失效。
[11]	TIME_OUT_EN	**計時溢出計數器致能** 1 = 致能計時溢出計數器 0 = 禁用計時溢出計數器
[10:7]	-	-
[6]	WAKE_EN	**喚醒 CPU 功能致能** 0 = 禁用 UART 喚醒 CPU 功能 1 = 致能喚醒功能，當系統在深度睡眠模式下，外部/CTS 的改變將 CPU 從深度睡眠模式下喚醒。
[5]	-	-
[4]	RTO_IEN	**Rx 計時溢出中斷致能** 0 = 禁用 INT_tout 中斷 1 = 致能 INT_tout 中斷
[3]	MODEM_IEN	**調變解調器中斷狀態致能** 0 = 禁用 off INT_MOS 中斷 1 = 致能 INT_MOS 中斷
[2]	RLS_IEN	**接收線上中斷狀態致能** 0 = 禁用 off INT_RLS 中斷 1 = 致能 INT_RLS 中斷

Bits		描述
[1]	THRE_IEN	**發送保持暫存器空中斷致能** 0 = 禁用 INT_THRE 中斷 1 = 致能 INT_THRE 中斷
[0]	RDA_IEN	**可接收資料中斷致能** 0 = 禁用 INT_RDA 中斷 1 = 致能 INT_RDA 中斷

4. FIFO 控制暫存器(UA_FCR)

Bits		描述
[31:20]	-	-
[19:16]	RTS_TRI_LEV	**RTS 觸發自動流程控制使用** RTS_TRI_LEV / Trigger Level (Bytes) 見下表
[15:9]	-	-
[8]	RX_DIS	**接收器禁用暫存器** 接收器禁用或致能(置 1 禁用接收器) 1:禁用接收器 0:致能接收器 註:該位用於 RS-485 普通模式,必須在設置 UA_ALT_CSR [RS-485_NMM]之前被設置好。

[19:16] RTS_TRI_LEV 內表格:

RTS_TRI_LEV	Trigger Level (Bytes)
0000	01
0001	04
0010	08
0011	14

註:該暫存器用於自動 RTS 流控制

<table>
<tr><th>Bits</th><th colspan="2">描述</th></tr>
<tr><td>[7:4]</td><td>RFITL</td><td>RX FIFO 中斷 (INT_RDA)觸發級別
FIFO 接收位元組數與 RFITL 匹配時，RDA_IF 將被置位(如果 UA_IER [RDA_IEN]致能，將產生中斷)。
<table><tr><th>RFITL</th><th>INTR_RDA Trigger Level (Bytes)</th></tr><tr><td>0000</td><td>01</td></tr><tr><td>0001</td><td>04</td></tr><tr><td>0010</td><td>08</td></tr><tr><td>其他</td><td>14</td></tr></table></td></tr>
<tr><td>[3]</td><td>-</td><td>-</td></tr>
<tr><td>[2]</td><td>TFR</td><td>TX 軟體重置
當 Tx_RST 置位，發送 FIFO 中的所有位元組和 Tx 內部狀態將被清除
0 = 該位寫 0 將無效
1 = 該位置位將重置 Tx 內部機器和指令狀態
註：該位自動清除需要至少 3 個 UART 時脈週期</td></tr>
<tr><td>[1]</td><td>RFR</td><td>Rx 軟體重置
當 Rx_RST 置位，接收 FIFO 中所有位元組和 Rx 內部狀態機都將被清除
0 = 該位寫 0 將無效
1 = 該位置位將重置 Rx 內部狀態機和指令狀態
註：該位自動清除需要至少 3 個 UART 時脈週期</td></tr>
<tr><td>[0]</td><td>-</td><td>-</td></tr>
</table>

5. 線控制暫存器(UA_LCR)

Bits		描述
[31:7]	-	-
[6]	BCB	**鉗制控制位** 該位置位，串列資料輸出(Tx)將被迫間隔發送資料(邏輯 0)。該位僅作用於 Tx 對傳輸邏輯不起作用。
[5]	SPE	**Stick 校驗致能** 0 = 禁用 stick 奇偶致能 1 = 當 PBE , EPE 和 SPE 置位，校驗位傳輸，檢測被清除。當 PBE 和 SPE 置位並且 EPE 清除，校驗位傳輸，檢測有效。
[4]	EPE	**偶校驗致能** 0：資料位和校驗位中共有奇數個邏輯 1 被傳輸和檢測 1：資料位和校驗位中共有偶數個邏輯 1 被傳輸和檢測 該位僅當第三位(校驗位致能)，置位有效。
[3]	PBE	**校驗致能位** 0 = 當傳輸時校驗位沒有產生(只發送了資料)產生或檢測 (只接收了資料) 1 = 串列資料的最後一位和停止位之間的，就是生成的校驗位，校驗時檢測此位。
[2]	NSB	**"STOP bit" 數目** 0= 傳遞資料時 1 個停止位產生 1= 傳遞資料時 1.5 個停止位產生(5 位元資料傳輸長度被選擇); 2 個停止位產生 6、7、8 位元資料傳輸長度被選擇。
[1:0]	WLS	**字長度選擇** <table><tr><td>WLS[1:0]</td><td>字長度</td></tr><tr><td>00</td><td>5 bits</td></tr><tr><td>01</td><td>6 bits</td></tr><tr><td>10</td><td>7 bits</td></tr><tr><td>11</td><td>8 bits</td></tr></table>

6. MODEM 控制暫存器(UA_MCR)

Bits		描述
[31:14]	-	-
[13]	RTS_ST	**RTS Pin 狀態(唯讀)** 該位表示 RTS 接腳狀態。
[12:10]	-	-
[9]	LEV_RTS	**RTS 觸發電位** 該位改變 RTS 觸發電位 0 = 低電位觸發 1 = 高電位觸發 | Input1	Input0	Output
LEV_RTS (MCR.BIT9)	RTS (MCR.BIT1)	RTS_ST (MCR.BIT13, RTS Pin)
0	0	1
0	1	0
1	0	0
1	1	1	
[8:2]	-	-
[1]	RTS	**RTS (Request-To-Send) 信號** 0：使 RTS 接腳為 1 (如果 Lev_RTS 設定低電位觸發) 1：使 RTS 接腳為 0 (如果 Lev_RTS 設定低電位觸發) 0：使 RTS 接腳為 0 (如果 Lev_RTS 設定高電位觸發) 1：使 RTS 接腳為 1 (如果 Lev_RTS 設定高電位觸發)
[0]	-	-

7. Modem 狀態暫存器 (UA_MSR)

Bits		描述
[31:9]	-	-
[8]	LEV_CTS	**CTS 觸發電位** 該位可改變 CTS 觸發電位控制 TX_FIFO 發送資料 0 = 低電位觸發 1 = 高電位觸發
[7:5]	-	-
[4]	CTS_ST	**CTS 接腳狀況(唯讀)** 該位表示 CTS 接腳狀態
[3:1]	-	
[0]	DCTSF	**檢測偵測 CTS 狀態改變旗標位(唯讀)** 只要 CTS 輸入狀態改變，該位置位並且在 UA_IER[MODEM_IEN]置位時還會向 CPU 產生調變解調器中斷。 註：該位唯讀，可寫 '1' 清除。

8. FIFO 狀態暫存器(UA_FSR)

Bits		描述
[31:29]	-	-
[28]	TE_FLAG	**發送器空閒旗標位(唯讀)** 當 Tx FIFO(UA_THR)為空或最後一個位元組的停止位被傳送到之後，該位由硬體自動置位。 當 Tx FIFO(UA_THR)不為空或最後一個位元組未傳輸完時，該位由硬體保持為 0。 註：該位唯讀。
[27:24]	-	-
[23]	TX_OVER	**發送 FIFO 溢出(唯讀)** 該位表示 TX FIFO 是否溢出，如果發送資料的位元組數大於 TX_FIFO (UA_RBR)的大小，UART0/UART1 為 15 個位元組，該位將置位，否則由硬體清除。

Bits		描述
[22]	TX_EMPTY	**發送 FIFO 為空(唯讀)** 該位表示 Tx FIFO 是否為空,當 Tx FIFO 的最後一個位元組傳輸到發送移位暫存器時,硬體置位該位。當寫資料到 THR (Tx FIFO 非空)清除。
[21:16]	TX_POINTER	**TX FIFO 指標(唯讀)** 該位表示 Tx FIFO 緩衝指示器,當 CPU 寫 1 位元組到 UA_THR,Tx_Pointer 增 1。當 Tx FIFO 傳輸 1 位元組到發送移位暫存器,Tx_Pointer 減 1。
[15]	RX_OVER	**接收器 FIFO 溢出(唯讀)** 該位表示 RX FIFO 是否溢出如果接收資料的位元組數大於 RX_FIFO (UA_RBR)的大小,UART0/UART1 為 15 個位元組,該位置位,否則由硬體清除。
[14]	RX_EMPTY	**接收 FIFO 為空(唯讀)** 該位表示 Rx FIFO 是否為空,當 Rx FIFO 最後位元組從 CPU 中讀取,硬體置位該位。當 UART 接收到新資料該位清除。
[13:8]	RX_POINTER	**Rx FIFO 指標(唯讀)** 該位表示 Rx FIFO 緩衝指示器。 當 UART 從外部設備接收到 1 位元組資料,Rx_Pointer 增 1。 當 Rx FIFO 通過 CPU 讀 1 位元組資料,Rx_Pointer 減 1。
[7]	-	-
[6]	BIF	**鉗制中斷旗標位(唯讀)** 當接收資料的輸入時,保持在空狀態(邏輯 0)狀態的時間大於輸入全字傳輸(即即起始位 + 資料位 + 校驗位 + 停止位的所有時間)的時間,該位置 1。無論 CPU 何時向該位寫 1 都會使該位重置。 註:該位唯讀,但可以寫 1 清除。
[5]	FEF	**框架錯誤旗標位(唯讀)** 當接收的字符串沒有正確的停止位(即檢測到跟在最後一個資料位或校驗位後面的停止位為邏輯 0)時,該位置位。該位在 CPU 向其寫 1 時清除。 註:該位唯讀,但可以寫 1 清除。

Bits		描述
[4]	PEF	**奇偶校驗錯誤旗標位(唯讀)** 當接收到的字符串的校驗位無效時，該位將置位，CPU 寫 1 到該位重置。 註：該位唯讀，但可以寫 1 清除。
[3]	RS-485_ADD_DE TF	**RS-485 位址位元組檢測旗標(唯讀)** RS-485 模式，只要接收器檢測到位址位元組接收到了位址位元組字符(第 9 位為 1)，該位與 UA_ALT_CSR 均將置位。只要 CPU 寫 1 到該位就重置。 註：該位用於 RS-485 模式，該位唯讀，但可寫 1 清除。
[2:0]	-	-

9. 中斷狀態控制暫存器(UA_ISR)

Bits		描述
[31:13]	-	-
[12]	TOUT_INT	**計時溢出狀態指示中斷控制器(唯讀)** 將 RTO_IEN 和 Tout_IF 進行"與"(AND)，然後在該位輸出。
[11]	MODEM_INT	**調變解調器 狀態指示中斷控制器(唯讀)** 將 Modem_IEN 和 Modem_IF 進行"與"(AND)，然後在該位輸出。
[10]	RLS_INT	**接收 Line 中斷狀態指示中斷控制器(唯讀)** 將 RLS_IEN 和 RLS_IF 進行"與"(AND)，然後在該位輸出。
[9]	THRE_INT	**發送保持暫存器為空中斷指示中斷控制器(唯讀)** THRE_IEN 和 THRE_IF 進行"與"(AND)，然後在該位輸出。
[8]	RDA_INT	**接收資料中斷指示中斷控制器(唯讀)** RDA_IEN 和 RDA_IF 輸入進行"與"(AND)，然後在該位輸出。
[7:5]	-	-
[4]	TOUT_IF	**計時溢出中斷旗標(唯讀)** 當 Rx FIFO 非空且無動作，同時時間溢出計數器和 TOIC 相等該位置位。若 UA_IER [TOUT_IEN]致能，計時溢出中斷產生。 註：該位唯讀，用戶可讀 UA_RBR (Rx is in active)清空。
[3]	MODEM_IF	**調變解調器中斷旗標(唯讀)** 當 CTS 接腳狀態(DCTSF=1)改變該位置位。若 UA_IER [MODEM_IEN]致能，調變解調器中斷產生。

Bits		描述
[2]	RLS_IF	**接收線狀態旗標位(唯讀)** 當 Rx 接收資料有奇偶校驗錯誤、槓錯誤、打斷錯誤時，該位置位，framing error 或 break error (至少 3 位，BIF、FEF 和 PEF 置位)。若 UA_IER [RLS_IEN]致能，RLS 中斷產生。 註：在 RS-485 模式，該位包括"接收器檢測任何位址位元組接收到的位址位元組符號(第 9 位為 1)。寫 1 清該位 0。
[1]	THRE_IF	**發送保持暫存器空中斷旗標 (唯讀)** 當 TX FIFO 的最後一個資料發送到發送器移位暫存器，該位置位。如果 UA_IER[THRE_IEN]致能，THRE 中斷產生。 註：該位唯讀，寫資料到 THR 清除該位(TX FIFO not empty)。
[0]	RDA_IF	**接收資料中斷旗標(唯讀)** 當 RX FIFO 中的位元組數等於 RFITL，RDA_IF 置位。如果致能 UA_IER [RDA_IEN]，RDA 中斷產生。 註：該位唯讀，當 RX FIFO 的的未讀取位元組數少於閥值(RFITL)時該位清除。

10. Time out 暫存器 (UA_TOR)

Bits		描述
[31:16]	-	-
[15:8]	DLY	TX 延遲時間值 該位用於程式設計上一停止位與下一開始位之間的延遲時間
[7]	-	-
[6:0]	TOIC	定時溢出中斷比較器 當 RX FIFO 接收到新資料後定時計數器重置和開始計數(定時器時脈頻率=鮑率)。一旦定時溢出計數器(TOUT_CNT)和定時溢出中斷比較器(TOIC)相等，且 UA_IER [RTO_IEN]致能，接收器定時溢出中斷產生(INTR_TOUT)。一個新的輸入資料字或 RX FIFO 為空將清 INT_TOUT。

11. 鮑率分頻暫存器(UA_BAUD)

Bits		描述
[31:30]	-	-
[29]	DIV_X_EN	分頻 X 致能器 BRD = 鮑率分頻值，鮑率方程如下： 鮑率 = Clock / [M * (BRD + 2)]；預設 M 為 16。 0 = 禁用分頻器 X (the equation of M = 16) 1 = 致能分頻器 X (the equation of M = X+1，but DIVIDER_X [27:24] must >= 8) 註：在 IrDA 模式下該位禁用。
[28]	DIV_X_ONE	分頻係數 X 等於 1 0 = 分頻係數 M = X (M = X+1，但 DIVIDER_X[27:24]必須大於或等於 8)。 1 = 分頻係數 M = 1 (M = 1，但 BRD [15:0]必須大於或等於 3)
[27:24]	DIVIDER_X	分頻 X 鮑率分頻：M = X+1
[23:16]	-	-
[15:0]	BRD	鮑率分頻器 這些位表示鮑率分頻器

模式	DIV_X_EN	DIV_X_ONE	DIVIDER X	BRD	鮑率公式
0	Disable	0	B	A	UART_CLK / [16 * (A+2)]
1	Enable	0	B	A	UART_CLK / [(B+1) * (A+2)]，B must >= 8
2	Enable	1	Don't care	A	UART_CLK / (A+2)，A must >=3

12. IrDA 控制器暫存器 (IRCR)

Bits		描述
[31:7]	-	-
[6]	INV_RX	1 = Rx 輸入信號反轉 0 = 無反轉
[5]	INV_TX	1 = Tx 輸出信號反轉 0 = 無反轉
[4:2]	-	分頻 X 鮑率分頻：M = X+1
[1]	TX_SELECT	1：致能 IrDA 發送器 0：致能 IrDA 接收器
[0]	-	-

13. UART 控制/狀態暫存器 (UA_ALT_CSR)

Bits		描述
[31:24]	ADDR_MATCH	位址匹配值暫存器 該位包含 RS-485 位址匹配值 註：該位用於 RS-485 自動位址識別模式。
[23:16]	-	-
[15]	RS-485_ADD_EN	RS-485 位址識別致能 該位用於致能 RS-485 位址識別模式 1：致能位址識別模式 0：禁用位址識別模式 註：該位用於 RS-485 的所有模式。
[14:11]	-	-
[10]	RS-485_AUD	RS-485 自動方向模式(AUD) 1：致能 RS-485 自動方向操作模式(AUD) 0：禁用 RS-485 自動方向操作模式(AUD) 註：RS-485_AAD 或 RS-485_NMM 操作模式下有效。
[9]	RS-485_AAD	RS-485 自動位址識別操作模式(AAD) 1：致能 RS-485 自動位址識別操作(AAD) 0：禁用 RS-485 自動位址識別操作模式(AAD)

Bits		描述
		註：RS-485_NMM 操作模式下無效。
[8]	RS-485_NMM	RS-485 普通操作模式(NMM) 1：致能 RS-485 普通操作模式(NMM) 0：禁用 RS-485 普通操作模式(NMM) 註：RS-485_AAD 操作模式下無效。
[7:0]	-	-

14. UART 功能選擇暫存器 (UA_FUN_SEL)

Bits		描述
[31:2]	-	-
[1:0]	FUN_SEL	功能選擇致能 00 = UART 01 = - 10 = IrDA 11 = RS-485

11.4　序列埠發送實驗

在介紹序列埠實驗中，將從序列埠應用的兩大方面著手，即從資料發送和資料接收。前提要準備好序列埠調試助手工具，讀者可以使用單晶片多功能調試助手的 COM 除錯功能。

【實驗 11.4-1】Smart-M051 開發板：微控制器通過序列埠發送資料，每隔 500ms 發送 1 位元組，並要求循環發送 0x00~0xFF 範圍內的數值，如圖 11.4-1 所示。

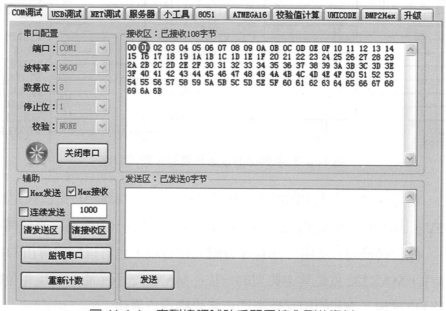

圖 11.4-1　序列埠調試助手顯示接收到的資料

1. 示意圖：

圖 11.4-2　實驗示意圖

(1)　硬體設計

　　一般微控制器的序列埠通信都需要通過 MAX232 進行電位轉換然後進行資料通信的，當然 M051 微控制器也不例外。圖 11.4-2 中的連接方式是常用的的一種零 Modem 方式的最簡單連接即 3 線連接方式：只使用 RXD、TXD 和 GND 這三根連線，如圖 11.4-3 所示。

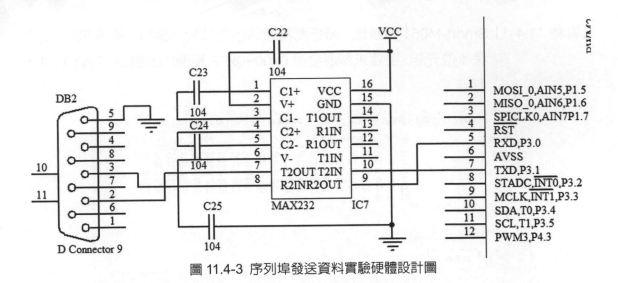

圖 11.4-3 序列埠發送資料實驗硬體設計圖

由於 RS232 的邏輯"0"電位規定為+5~+15V，邏輯"1"電位規定為–15～–5V，因此不能直接連接與 TTL/CMOS 電路連接，必須進行電位轉換。

電位轉換可以使用三極管等分離元件實現，也可以採用專用的電位轉換晶片，MAX232 就是其中典型的一種。MAX232 不僅能夠實現電位的轉換，同時也實現了邏輯的相互轉換即正邏輯轉為負邏輯。

(2) 軟體設計

該實驗實現過程比較簡單，只要初始化好序列埠相關暫存器，就可以向序列埠發送資料了，發送資料從"0x00~0xFF"，只需要使用 for 迴圈+序列埠發送資料函數組合。

(3) 流程圖

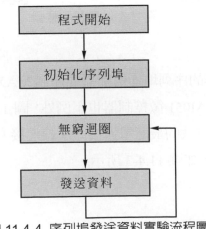

圖 11.4-4 序列埠發送資料實驗流程圖

(4) 實驗程式碼

表 11.4-1　序列埠發送資料實驗函數列表

函數列表		
序號	函數名稱	說明
1	UartInit	序列埠初始化
2	UartSend	序列埠發送資料
3	main	函數主體

程式清單 11.4-1　序列埠收發資料實驗程式碼

程式碼位置：\基礎實驗-序列埠發送\main.c

```c
#include "SmartM_M0.h"

/*********************************************
*函數名稱:UartInit
*輸    入:unFosc
        unBaud    發送位元組總數
*輸    出:無
*功    能:序列埠初始化
*********************************************/
VOID UartInit(UINT32 unFosc,UINT32 unBaud)
{
    P3_MFP &= ~(P31_TXD0 | P30_RXD0);
    P3_MFP |= (TXD0 | RXD0);              //P3.0 致能爲序列埠 0 接收接腳
                                          //P3.1 致能爲序列埠 0 發送接腳

    UART0_Clock_EN;            //序列埠 0 時脈致能
    UARTClkSource_ex12MHZ;     //序列埠時脈選擇爲外部品振
    CLKDIV &= ~(15<<8);        //序列埠時脈分頻爲 0

    IPRSTC2 |= UART0_RST;      //重置序列埠 0
    IPRSTC2 &= ~UART0_RST;     //重置結束
    UA0_FCR |= TX_RST;         //發送 FIFO 重置
```

```
    UA0_FCR |= RX_RST;          //接收 FIFO 重置


    UA0_LCR &= ~PBE;           //校驗位功能取消
     UA0_LCR &= ~WLS;
    UA0_LCR |= WL_8BIT;        //8 位資料位
    UA0_LCR &= NSB_ONE;        //1 位停止位


    UA0_BAUD |= DIV_X_EN|DIV_X_ONE;    //設置鮑率分頻


    UA0_BAUD|=((unFosc/unBaud)-2);              // 鮑 率 設 置  UART_CLK/(A+2)  =
115200bps


}
/******************************************
*函數名稱:UartSend
*輸     入:pBuf              發送資料緩衝區
         unNumOfBytes      發送位元組總數
*輸     出:無
*功     能:序列埠發送資料
*******************************************/
VOID UartSend(UINT8 *pBuf,UINT32 unNumOfBytes)
{
    UINT32 i;

    for(i=0; i<unNumOfBytes; i++)
    {
      UA0_THR = *(pBuf+i);


      while ((UA0_FSR&TX_EMPTY) != 0x00); //檢查發送 FIFO 是否為空
    }



}

/******************************************
```

```
*函數名稱:main
*輸    入:無
*輸    出:無
*功    能:函數主體
*******************************************/
INT32 main(VOID)
{
    UINT32 i;
    UINT8  j;

    PROTECT_REG                                    //ISP 下載時保護 FLASH 記
憶體
    (

        PWRCON |= XTL12M_EN;                         //預設時脈源為外部晶
振
        while((CLKSTATUS & XTL12M_STB) == 0);       //等待12MHz時脈穩定


        CLKSEL0 = (CLKSEL0 & (~HCLK)) | HCLK_12M;  //設置外部晶振為系統
時脈

    )

    UartInit(12000000,9600);                        // 鮑 率 設 置 為
9600bps

    while(1)
    {
        j=0;
                                                    //發送資料 0~255
        for(i=0; i<256; i++)
        {
            UartSend(&j,1);
            j++;
```

```
        Delayms(500);
    }


    }
}
```

11.5 序列埠收發實驗

【實驗 11.5-1】SmartM-M051 開發板：使用序列埠調試助手發送資料，然後微控制
器採用"中斷法"將接收到的資料返發到 PC。

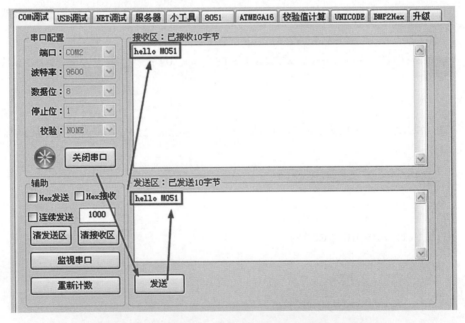

圖 11.5-1　微控制器序列埠接收資料實驗操作圖

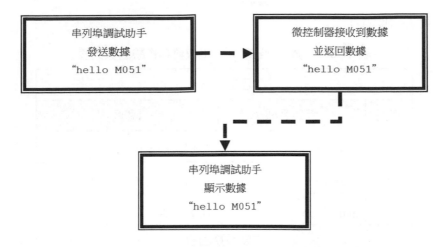

圖 11.5-2　微控制器序列埠接收資料實驗示意圖

1. 硬體設計

　　參考實驗 11.4-1。

2. 軟體設計

　　中斷法，顧名思義就是序列埠事件觸發中斷，請求微控制器務必第一時間去處理該事件。通過在序列埠 0 中斷服務函數中將接收到的資料立刻返發到 PC。

3. 流程圖

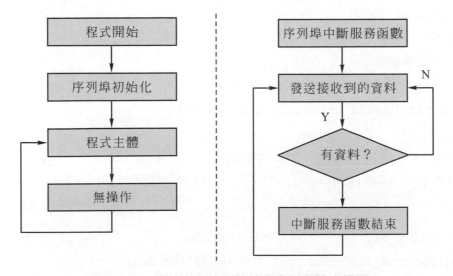

圖 11.5-3　微控制器序列埠接收資料實驗流程圖

4. 實驗程式碼

表 11.5-1 微控制器序列埠接收資料實驗函數列表

函數列表		
序號	函數名稱	說明
1	UartInit	序列埠初始化
2	UartSend	序列埠發送單位元組
3	main	函數主體
中斷服務函數		
4	UART0_IRQHandler	序列埠 0 中斷服務函數

程式清單 11.5-1 微控制器序列埠接收資料實驗程式碼

程式碼位置：\基礎實驗-序列埠接收\main.c

```
#include "SmartM_M0.h"

/*******************************************
*函數名稱:UartInit
*輸    入:unFosc    晶振頻率
         unBaud    鮑率
*輸    出:無
*功    能:序列埠初始化
*******************************************/
VOID UartInit(UINT32 unFosc,UINT32 unBaud)
{
   P3_MFP &= ~(P31_TXD0 | P30_RXD0);
   P3_MFP |= (TXD0 | RXD0);              //P6.0 致能爲序列埠 0 接收
                                         //P6.1 致能爲序列埠 0 發送

   UART0_Clock_EN;          //序列埠 0 時脈致能
   UARTClkSource_ex12MHZ;   //序列埠時脈選擇爲外部晶振
   CLKDIV &= ~(15<<8);   //序列埠時脈分頻爲 0
```

```
    IPRSTC2 |= UART0_RST;     //重置序列埠 0
    IPRSTC2 &= ~UART0_RST;    //重置結束
    UA0_FCR |= TX_RST;        //發送 FIFO 重置
    UA0_FCR |= RX_RST;        //接收 FIFO 重置


    UA0_LCR &= ~PBE;       //校驗位功能取消
    UA0_LCR &= ~WLS;
    UA0_LCR |= WL_8BIT;      //8 位資料位
    UA0_LCR &= NSB_ONE;      //1 位停止位


    UA0_BAUD |= DIV_X_EN|DIV_X_ONE;   //設置鮑率分頻


    UA0_BAUD |= ((unFosc / unBaud) -2); //鮑率設置  UART_CLK/(A+2) =
115200, UART_CLK=12MHz


    UA0_IER |= RDA_IEN;                          //接收資料中斷致能

    NVIC_ISER |= UART0_INT;                      //致能序列埠 0 中斷
}


/*****************************************
*函數名稱:UartSend
*輸    入:pBuf              發送資料緩衝區
         unNumOfBytes      發送位元組總數
*輸    出:無
*功    能:序列埠發送資料
*****************************************/
VOID UartSend(UINT8 *pBuf,UINT32 unNumOfBytes)
{
    UINT32 i;

    for(i=0; i<unNumOfBytes; i++)
    {
      UA0_THR = *(pBuf+i);
```

```
        while ((UA0_FSR&TX_EMPTY) != 0x00); //檢查發送FIFO是否爲空
    }
}

/*****************************************
*函數名稱:main
*輸    入:無
*輸    出:無
*功    能:函數主體
*********************************************/
INT32 main(VOID)
{
    PROTECT_REG
    (                                          //ISP 下 載 時 保 護
FLASH 記憶體
        PWRCON |= XTL12M_EN;                    //預設時脈源爲外部晶
振
        while((CLKSTATUS & XTL12M_STB) == 0);   //等待12MHz時脈穩定


        CLKSEL0 = (CLKSEL0 & (~HCLK)) | HCLK_12M; //設置外部晶振爲系統
時脈
    )

    UartInit(12000000,9600);                    // 鮑 率 設 置 爲
9600bps

    while(1);
}

/*****************************************
*函數名稱:UART0_IRQHandler
*輸    入:無
*輸    出:無
*功    能:序列埠 0 中斷服務函數
```

```
*********************************************/
VOID UART0_IRQHandler(VOID)
{
    UINT8 ucData;

    if(UA0_ISR & RDA_INT)                      //檢查是否接收資料中斷
    {
        while(UA0_ISR & RDA_IF)        //獲取所有接收到的資料
        {
            while (UA0_FSR & RX_EMPTY);    //檢查接收 FIFO 是否為空

            ucData = UA0_RBR;              //讀取資料

            UartSend(&ucData,1);          //發送資料
        }
    }
}
```

5. 程式碼分析

　　main 函數只實現了序列埠 0 的初始化，主程式的執行一直阻塞在 while(1) 處，實現空操作。唯一的操作放在 UART0_IRQHandler 序列埠 0 中斷服務函 數，還有要注意的是在該函數中沒有發現對旗標位寫 1 清除的，較於其他中 斷服務函數有所不同。

　　11.6 　模擬序列埠實驗

　　很多時候，大部分微控制器提供 1 至 2 個序列埠可供使用，這樣就出問題了，假 如當前微控制器系統要求三個序列埠以上進行同時通信，微控制器只有 1 至 2 個序列 埠可供通信就顯得十分尷尬，但是在實際的應用中，有兩種方法可以選擇。

方法 1： 使用能夠支援多序列埠通信的微控制器，不過通過更換其他微控制器來代替的話就會直接導致成本的增加，優點就是程式設計簡單，而且通信穩定可靠。

方法 2： 在 **IO** 資源比較充足的情況下，可以通過 **I/O** 來模擬序列埠的通信，雖然這樣會增加程式設計的難度，模擬序列埠的鮑率會比真正的序列埠通信低一個層次，但是唯一優點就是成本上得到控制，而且通過不同的 **I/O** 組合可以實現更多的模擬序列埠，在實際應用中往往會採用模擬序列埠的方法來實現多序列埠通信。

普遍使用序列埠通信的資料流都是 1 位起始位、8 位資料位、1 位停止位的格式。

起始位	8 位資料位								停止位
0	Bit0	Bit1	Bit2	Bit3	Bit4	Bit5	Bit6	Bit7	1

要注意的是，起始位作為識別是否有資料到來，停止位旗標資料已經發送完畢。起始位固定值為 0，停止位固定值為 1，那麼為什麼起始位要是 0，停止位要是 1 呢？這個很好理解，假設停止位固定值為 1，為了更易於識別資料的到來，電位的調變最為簡單也最容易識別，那麼當有資料來的時候，只要在規定的時間內檢測到發送過來的第一位電位是否為 0 值，就可以確定是否有資料到來；另外停止位為 1 的作用就是當沒有收發資料之後接腳置為高電位有抗干擾的作用。

在平時使用紅外無線收發資料時，一般都採用模擬序列埠來實現，但須注意，鮑率越高，傳輸距離越近；鮑率越低，傳輸距離越遠。對於這些通過模擬序列埠進行資料傳輸，鮑率適宜為 1200b/s 來進行資料傳輸。

【實驗 11.6-1】SmartM-M051 開發板：在使用微控制器的序列埠接收資料實驗當中，使用序列埠調試助手發送 16 位元組資料，微控制器採用模擬序列埠的方法將接收到的資料返發到 PC 機，如圖 11.6-1 所示。

圖 11.6-1　序列埠調試助手顯示接收到的資料

1. 硬體設計

　　　參考實驗 11.4-1。

2. 軟體設計

　　　由於序列埠通信固定通信速度的，為了在彼此之間能夠通信，兩者都必須置為相同的鮑率才能夠正常

　　　通信的鮑率一般可以允許誤差為 3%，這就為模擬序列埠成功實現提供了可能性。為了減少誤差，最好使用系統定時器獲取精確的時間定時。

　　　模擬序列埠的接腳只是具有輸入輸出功能的接腳就可以勝任了，以 NuMiCor M051 系列微控制器來說，選擇範圍可以是 P0~P4 任意兩個接腳，一個接腳作為移位發送，另外一個接腳作為移位接收使用。為了方便模擬序列埠的實現，自定義移位發送的接腳為 P3.1、移位接收的接腳為 P3.0，剛剛好與硬體上的序列埠相連接。

　　　無論是發送或者接收資料，都必須遵循 1 位起始位、8 位資料位、1 位停止位的格式來進行，否則收發資料很容易出現問題。

3. 流程圖

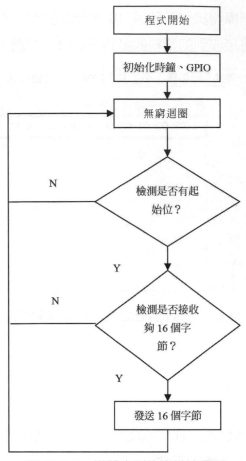

圖 11.6-2　模擬序列埠實驗流程圖

4. 實驗程式碼

表 11.6-1　模擬序列埠實驗函數列表

函數列表		
序號	函數名稱	說明
1	SoftUartSend	序列埠發送單個位元組
2	SoftUartRecv	序列埠接收單個位元組
3	StartBitCome	是否有起始位到達
4	main	函數主體

程式清單 11.6-1 模擬序列埠實驗程式碼

程式碼位置：\基礎實驗-模擬序列埠\main.c

```c
#include "SmartM_M0.h"

#define TXD(x)  if((x)){P3_DOUT |= 1<<1 ;}\
                else    {P3_DOUT&=~(1<<1);}   //巨集定義發送接腳

#define RXD()   (P3_PIN & 0x01)                //巨集定義接收接腳

#define UARTDLY() Delayus(91)                  //時間需要微調

/*****************************************
*函數名稱:SoftUartSend
*輸    入:d 發送的位元組
*輸    出:無
*功    能:模擬序列埠發送
*****************************************/
VOID SoftUartSend(UINT8 d)
{
    UINT8 i=8;

    TXD(0);

    UARTDLY();

    while(i--)
    {
      TXD(d & 0x01);

        UARTDLY();

        d>>=1;
    }

    TXD(1);

    UARTDLY();
}
```

```
/*****************************************
*函數名稱:SoftUartRecv
*輸    入:無
*輸    出:接收的位元組
*功    能:模擬序列埠接收
******************************************/
UINT8 SoftUartRecv(VOID)
{
    UINT8 i,d=0;

    UARTDLY();

    for(i=0; i<8; i++)
    {
        if(RXD())
        {
            d|=1<<i;
        }

        UARTDLY();
    }

    UARTDLY();//等待結束位

    return d;
}

/*****************************************
*函數名稱:StartBitCome
*輸    入:無
*輸    出:0/1
*功    能:是否有起始位到達
******************************************/
UINT8 StartBitCome(void)
{
    return (RXD()==0);
```

```
}
/******************************************
*函數名稱:main
*輸    入:無
*輸    出:無
*功    能:函數主體
******************************************/
INT32 main(VOID)
{
    UINT32  i,cnt=0;
    UINT8   buf[16];

    PROTECT_REG                                    //ISP 下載時保護 FLASH 記
憶體
    (

        PWRCON |= XTL12M_EN;                        //預設時脈源為外部晶
振
        while((CLKSTATUS & XTL12M_STB) == 0);      //等待 12MHz 時脈穩定


        CLKSEL0 = (CLKSEL0 & (~HCLK)) | HCLK_12M;  //設置外部晶振為系統
時脈

        P3_PMD=0xFFFF;

    )


    while(1)
    {
      if(StartBitCome())                           //等待起始位
      {
        buf[cnt++]=SoftUartRecv();                 //接收資料

        if(cnt >= sizeof buf)
```

```
        {
            cnt=0;

            for(i=0; i<sizeof buf; i++)
            {
                SoftUartSend(buf[i]);                    //列印資料
            }
        }
    }
}
```

　　模擬序列埠接收接腳為 P3.0，發送接腳為 P3.1。為了達到精確的定時，減少模擬序列埠時收發資料的累積誤差，有必要使用系統定時器進行延時。

　　模擬序列埠的工作鮑率為 9600b/s，在序列埠收發的資料流當中，每一位的時間為 1/9600≈104us，這時很多人就會認為，每次接收和發送的位間隔使用 Delayus(104)就可以了嗎？但是在實際的模擬序列埠中，往往出現收發資料不正確的現象。按道理來說，進行 104 微秒延時是沒有錯的。理論上是沒有錯，但是在 SoftUartSend 和 SoftUartRecv 的函數當中，執行每一行程式碼都要消耗一定的時間，這就是所謂的"累積誤差"導致收發資料出現問題，因此必須通過實際測試得到準確的延時，實際需要延時的值小於理論值，可以通過實際測試得到。

　　模擬序列埠實現資料發送與資料接收的函數分別是 SoftUartSend 和 SoftUartRecv 函數，這兩個函數必須要遵循"1 位起始位、8 位資料位、1 位停止位"的資料流格式。

　　SoftUartSend 函數用於模擬序列埠發送資料，以起始位"0"作為移位傳輸的起始旗標，然後將要發送的位元組從低位到高位移位傳輸，最後以停止位"1"作為移位傳輸的結束旗標。

　　SoftUartRecv 函數用於模擬序列埠接收資料，一旦檢測到起始位"0"，就立刻將接收到的每一位移位儲存，最後以判斷停止位"1"結束當前資料的接收。

　　main 函數完成 T/C 的初始化，在 while(1)無窮迴圈以檢測起始位"0"為目的，當接收到的資料達到巨集額定個數時，將接收到的資料返發到周邊設備。

深 入 重 點

☆ 模擬串列埠實驗可以令讀者更加深刻瞭解串列埠通信的實現過程。

☆ 模擬串列埠優點就是在實現串列埠功能的前提下節省了成本,缺點就是增大了程式設計的複雜度,倘若程式碼設計不良,模擬串列埠通信的穩定性或效率就有可能大打折扣。

☆ 該模擬串列埠實驗只是演示了常用的串列埠通信格式,更多的通信格式需要讀者們去探究了。

☆ 通過模擬串列埠進行無線數據傳輸時,有必要將鮑率有所降低,鮑率適宜為1200b/s。

☆ 提醒:該模擬串列埠實驗程式碼沒有做抗干擾的處理,學有餘力的讀者可作深入的研究。

CHAPTER

12

外部中斷

12.1　外部中斷簡介

中斷是處理器處理外部突發事件的一個重要技術。它能使處理器在執行過程中對外部事件發出的中斷請求並及時地進行處理，處理完成後又立即返回斷點，繼續進行處理器原來的工作。引起中斷的原因或者說發出中斷請求的來源叫做中斷源。根據中斷源的不同，可以把中斷分為硬體中斷和軟體中斷兩大類，而硬體中斷又可以分為外部中斷和內部中斷兩類。

外部中斷一般是指由電腦周邊設備發出的中斷請求，如：鍵盤中斷、印表機中斷、定時器中斷等。外部中斷是可以屏蔽的中斷，也就是說，利用中斷控制器可以屏蔽這些外部設備的中斷請求。

8051 系列微控制器的外部中斷從功能上來說比較簡單，只能由低電位觸發和負緣觸發，而更加高級的微控制器觸發類型有很多，如 M051 系列控制器，不僅包含低電位觸發和負緣觸發，而且包含高電位觸發和正緣觸發，只要設置相關的暫存器就可以實現想要的觸發類型。

當微控制器設置為電位觸發時，微控制器在每個機器週期檢查中斷源接腳，檢測到低電位，即置位中斷請求旗標，向 CPU 請求中斷；當微控制器設置為邊緣觸發時，微控制器在上一個機器週期檢測到中斷源接腳為高電位，下一個機器週期檢測到低電位，即置位中斷旗標，向 CPU 請求中斷。

外部中斷可以實現的功能同樣很多，例如：平時經常用到的有按鍵中斷，按鍵中斷的作用主要來喚醒在待機模式或者是省電模式狀態下的 MCU，還有使用中的手機，必須通過按下某一個特定的按鍵來啟動手機，即可以說平時的"關閉手機"並不是斷掉手機電源，而是將手機的正常運作狀態轉變為省電模式狀態，可以通過外部中斷來喚醒，重新恢復為開機狀態。外部中斷同樣可以對脈衝進行計數，通過規定時間內對脈衝計數就可以成為一個簡易的頻率計。

12.2 相關暫存器

1. Port 0-4 去彈跳致能(Px _DBEN)

Bits	描述
[31:8]	-
[n] DBEN[n]	**Px 輸入信號去彈跳致能** DBEN[n]用於致能相對應位的去彈跳功能。如果輸入信號脈衝寬度不能被兩個連續的去彈跳採樣週期所採樣，則輸入信號被視為信號反彈，從而不觸發中斷。 DBEN[n]僅用於邊緣觸發中斷，不用於電位觸發中斷。 0 = 禁用 bit[n]去彈跳功能 1 = 致能 bit[n]去彈跳功能 去彈跳功能對於邊緣觸發中斷有效，對於電位觸發中斷模式，去彈跳功能致能位不起作用。 x = 0~4, n = 0~7

2. Port 0-4 中斷模式控制(Px _IMD)

Bits		描述
[31:8]	-	-
[n]	IMD[n]	**Port 0-4 中斷模式控制** IMD[n]用於控制電位觸發或邊緣觸發的中斷。若中斷由邊緣觸發，觸發源是控制去彈跳，如果是中斷由電位觸發，觸發源由一個時脈採樣並產生中斷。 0 = 邊緣觸發中斷 1 = 電位觸發中斷 設置接腳為電位觸發中斷，僅需要在暫存器 Px_IEN 設置一個電位，若設置為既有電位觸發，又有邊緣觸發，設置將被忽略，不會產生中斷。 去彈跳功能對於邊緣觸發中斷有效，對於電位觸發中斷無效。 x = 0~4, n = 0~7

3 Port 0-4 中斷致能控制(Px_IEN)

Bits		描述
[31:24]	-	-
[n+16]	IR_EN[n]	**Port 0-4 輸入正緣或輸入高電位的中斷致能** IR_EN[n]用於致能相對應 Px[n]輸入的中斷。置 "1" 也可以致能接腳喚醒功能 設置 IR_EN[n]位為 "1"： 如果中斷是電位觸發模式，輸入 Px[n]的狀態為高電位時，產生中斷。 如果中斷是邊緣觸發模式，輸入 Px[n]的狀態由低電位到高電位變化時，產生中斷。 1 = 致能 Px[n] l 高電位或由低電位到高電位變化的中斷 0 = 禁用 Px[n] l 高電位或由低電位到高電位變化的中斷 x = 0~4, n = 0~7
[15:8]	-	-
[n]	IF_EN[n]	**Port 0-4 輸入負緣或輸入低電位的中斷致能** IF_EN[n]用於致能相對應 Px[n]輸入的中斷。置 "1" 也可以致能接腳喚醒功能，設置 IF_EB[n]位為 "1"： 如果中斷是電位觸發模式，輸入 Px[n]的狀態為低電位時，產生中斷。

Bits	描述
	如果中斷是邊緣觸發模式，輸入 Px[n]的狀態由高電位到低電位變化時，產生中斷。 1 = 致能 Px[n]低電位或由高電位到低電位變化的中斷 0 = 禁用 Px[n]低電位或由高電位到低電位變化的中斷 x = 0~4, n = 0~7

12.3 實驗

【例 12.3-1】SmartM-M051 開發板：在開發板按下中斷按鍵，只要中斷按鍵一旦被按下，就要往序列埠發送"KEY INT"資料，並通過序列埠調試助手進行觀察列印資料，如圖 12.3-1 所示。

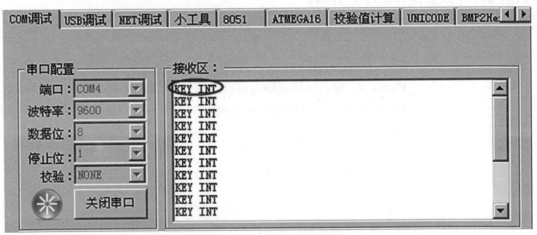

圖 12.3-1 顯示列印資料

1. 硬體設計

一般來說，檢測按鍵是否有按下主要檢測連接按鍵接腳的電位有沒有被拉低。從圖 12.3-2 可以看出，當按鍵(S6)沒有被按下時，P3.3 接腳總保持高電位狀態，一直被拉高。只要按鍵(S6)一旦被按下，P3.3 接腳的電位將會從高電位轉變爲低電位。

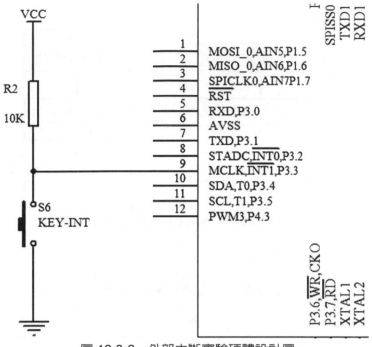

圖 12.3-2　外部中斷實驗硬體設計圖

2.　軟體設計

　　　外部中斷的觸發方式既可以是低電位觸發，又可以是負緣觸發。按鍵被按下的過程中，中斷接腳的電位的變化過程是從高電位轉變為低電位，因此無論是低電位觸發或者是負緣觸發都是可以實現的，在這裡程式碼的編寫以負緣觸發為外部中斷的觸發方式，最後通過序列埠來顯示是否按鍵按下了，實現流程如圖 12.3-3 所示。

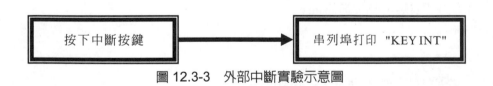

圖 12.3-3　外部中斷實驗示意圖

　　M051 系列微控制器能夠支援邊緣觸發和電位觸發，同時邊緣觸發支援正緣觸發和負緣觸發，電位觸發支援高電位觸發和低電位觸發，因此可以輕易應對各種特殊場合。

3. 流程圖

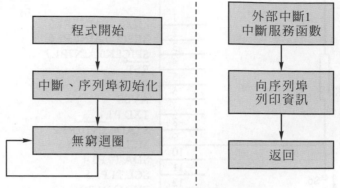

圖 12.3-4　外部中斷實驗流程圖

4　實驗程式碼

表 12.3-2　外部中斷實驗函數列表

函數列表		
序號	函數名稱	說明
1	KeyIntInit	按鍵中斷初始化
2	main	函數主體
中斷服務函數		
3	__KEYISR	按鍵中斷服務函數

程式清單 12.3-1　外部中斷實驗程式碼

程式碼位置：\基礎實驗-中斷按鍵\main.c

```
#include "SmartM_M0.h"


#define __KEYISR        EINT1_IRQHandler
#define DEBUGMSG        printf




/*******************************************
*函數名稱:KeyIntInit
*輸　　入:無
*輸　　出:無
```

```
*功    能:按鍵中斷初始化
*********************************************/
VOID KeyIntInit(VOID)
{
    P3_PMD=0xFFFF;
    P3_DOUT=0xFF;
    P3_MFP = (P3_MFP & (~P33_EINT1_MCLK)) | EINT1;  //P3.3 接腳設置為外部
中斷

    DBNCECON &= ~ICLK_ON;
    DBNCECON &= DBCLK_HCLK;
    DBNCECON |= SMP_256CK;                          //設置去彈跳採樣週期選擇

    P3_DBEN |= DBEN3;                               //致能 P3.3 去彈跳功能

    P3_IMD &= IMD3_EDG;
    P3_IEN |= IF_EN3;                               //設置外部中斷 1 為負緣觸發
    NVIC_ISER |= EXT_INT1;

}
/*********************************************
*函數名稱:main
*輸    入:無
*輸    出:無
*功    能:函數主體
*********************************************/
INT32 main(VOID)
{
    PROTECT_REG                                     //ISP 下載時保護 FLASH 記憶
體
    (
        PWRCON |= XTL12M_EN;                        //預設時脈源為外部晶振
        while((CLKSTATUS & XTL12M_STB) == 0);       //等待 12MHz 時脈穩定
```

```
        CLKSEL0 = (CLKSEL0 & (~HCLK)) | HCLK_12M;//設置外部晶振為系統時脈

    )

    UartInit(12000000,9600);                              //鮑率設置為 9600bps

    KeyIntInit();                                         //按鍵中斷初始化

    DEBUGMSG("Init ok\r\n");

    while(1);
}
/*****************************************
*函數名稱:__KEYISR
*輸    入:無
*輸    出:無
*功    能:按鍵中斷服務函數
*****************************************/
VOID __KEYISR(VOID)
{
    DEBUGMSG("KEY INT\r\n");                              //列印按鍵中斷資料
    P3_ISRC = P3_ISRC;                                   //寫1清空

}
```

5. 程式碼分析

在 main 函數中，主要表現為初始化序列埠配置、初始化並致能外部中斷 1，最後通過 while(1)進行空操作。

當按鍵被按下時，外部中斷 1 的觸發事件響應會自動進入外部中斷 1 中斷服務函數__KEYISR 進行處理，並通過序列埠列印"KEY INT"資料。

13

CHAPTER

看門狗

13.1 概述

在微控制器構成的微型電腦系統中，由於微控制器的工作常常會受到來自外界電磁場的干擾，造成程式的發散，而陷入無窮迴圈，程式的正常執行被打斷，由微控制器控制的系統無法繼續工作，會造成整個系統陷入停滯狀態，發生不可預料的後果，所以出於對微控制器運行狀態進行即時監測的考慮，便產生了一種專門用於監測  微控制器程式運行狀態的晶片，俗稱"看門狗"(watch dog)。

看門狗電路的應用，使微控制器可以在無人狀態下實現連續工作，其工作原理是：看門狗晶片和微控制器的一個 I/O 接腳相連，該 I/O 接腳通過程式控制它定時地往看門狗的這個接腳上送入高電位(或低電位)，這一程式語句被分散地放在微控制器其他控制語句中間，一旦微控制器受干擾造成程式發散後而陷入某一程式段進入無窮迴圈狀態時，導致寫看門狗接腳的程式不能被執行，這個時候，看門狗電路就會得不到微控制器送來的信號，於是在它和微控制器重置接腳相連的接腳上送出一個重置信號，使微控制器發生重置，即程式從程式記憶體的起始位置開始執行，達到微控制器自動重置。

在以前傳統的 8051 往往沒有內置看門狗，都是需要外置看門狗，例如：常用的看門狗晶片有 Max813、5045、IMP706、DS1232。例如：晶片 DS1232 在系統工作時，如圖 13.1-2 所示，必須不間斷的給接腳 ST 輸入一個脈衝系列，這個脈衝的時間間隔由接腳 TD 設定，如果脈衝間隔大於接腳 TD 的設定值，晶片將輸出一個重置脈衝使微控制器重置。一般將這個功能稱爲看門狗，將輸入給看門狗的一系列脈衝稱爲"餵狗"。這個功能可以防止微控制器系統死機。

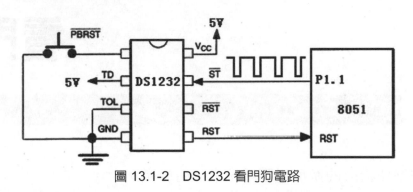

圖 13.1-2　DS1232 看門狗電路

雖然看門狗的好處是很多，但是其成本制約著是否使用外置看門狗抉擇。不過幸運的是，現在很多微控制器都內置看門狗，例如：AVR、PIC、ARM，當然現在的 M051 系列微控制器也不例外，其已經內置了看門狗，而且基本上滿足了項目的需要。

看門狗定時器用在軟體執行至未知狀態時執行系統重置功能，可以防止系統無限制地掛機，除此之外，看門狗定時器還可將 CPU 由省電模式喚醒。看門狗定時器包含一個 18 位元的自由執行計數器，可程式設計其定時溢出間隔。

設置 WTE(WDTCR[7])致能看門狗定時器，WDT 計數器開始向上計數。當計數器達到選擇的定時溢出間隔，如果看門狗定時器中斷致能位 WTIE 置位，看門狗定時器中斷旗標 WTIF 被立即置位，並請求 WDT 中斷，同時，跟隨在時間溢出事件之後有一個指定延時($1024 * T_{WDT}$)，用戶必須在該延時時間結束前設置 WTR(WDTCR[0]) (看門狗定時器重置)爲高，重置 18 位元 WDT 計數器，防止 CPU 重置。WTR 在 WDT 計數重置後自動由硬體清除。通過設置 WTIS(WDTCR[10:8])可選擇 8 個帶有指定延時的定時溢出間隔。如果在特定延遲時間終止後，WDT 計數沒有被清除，看門狗定時將置位看門狗定時器重置旗標(WTRF)並使 CPU 重置。這個重置將持續 63 個 WDT 時脈，然後 CPU 重啓，並從重置向量(0x0000_0000)開始執行程式，看門狗重置後 WTRF 位不會被清除。用戶可用軟體查詢 WTFR 來識別重置源。WDT 還提供喚醒功能，當晶片省電，且看門狗喚醒致能位(WDTR[4])置位時，如果 WDT 計數器達到由 WTIS (WDTCR [10:8])定義的時間間隔時，晶片就會由省電狀態喚醒。第一個例子，如果 WTIS 被設置為 000，CPU 從省電狀態被喚醒的時間間隔是 2^4* T_{WDT}。當省電命令被軟體設置，CPU 進入省電狀態，在 2^4* T_{WDT} 時間過後，CPU 由省電狀態喚醒。第二個例子，如果 WTIS 被設置為 111，CPU 從省電狀態被喚醒的時間間隔是 $2^{18}*$ T_{WDT}。當省電命令被軟體設置，CPU 進入省電狀態，在 $2^{18}*$ T_{WDT} 時間過後，CPU 由省電狀態喚醒。注意，如果 WTRE (WDTCR [1])被置位，再 CPU 被喚醒之後，軟體應當盡可能的通過置位 WTR(WDTCR [0])來清除看門狗定時器計數器，否則，如果在從 CPU 喚醒到軟體清除看門狗定時器計數器的時間超過 1024 * T_{WDT} 之前看門狗定時器計數器沒有通過置位 WTR(WDTCR [0])被清除，CPU 將通過看門狗定時器重置。

13.2　特徵

18 位元自由執行的計數器以防止 CPU 在延遲時間結束之前發生看門狗定時器重置。

溢出時間間隔可選(2^4~ 2^{18})，溢出時間範圍在 104 ms ~ 26.3168 s(如果 WDT_CLK = 10 KHz)。

重置週期 = (1 / 10 kHz) * 63，如果 WDT_CLK = 10 KHz。

13.3　相關暫存器

看門狗定時器控制暫存器 **WTCR**

Bits		描述
[31:11]	-	-
[10:8]	WTIS	**看門狗定時器間隔選擇**

Bits		描述
		選擇看門狗定時器的定時溢出間隔

WTIS	溢出間隔選擇	中斷週期	WTR 溢出間隔 (WDT_CLK=12MHz)
000	$2^4 * T_{WDT}$	$1024 * T_{WDT}$	1.33 us ~ 86.67 us
001	$2^6 * T_{WDT}$	$1024 * T_{WDT}$	5.33 us ~ 90.67 us
010	$2^8 * T_{WDT}$	$1024 * T_{WDT}$	21.33 us ~ 106.67 us
011	$2^{10} * T_{WDT}$	$1024 * T_{WDT}$	85.33 us ~ 170.67 us
100	$2^{12} * T_{WDT}$	$1024 * T_{WDT}$	341.33 us ~ 426.67 us
101	$2^{14} * T_{WDT}$	$1024 * T_{WDT}$	1.36 ms ~ 1.45 ms
110	$2^{16} * T_{WDT}$	$1024 * T_{WDT}$	5.46 ms ~ 5.55 ms
111	$2^{18} * T_{WDT}$	$1024 * T_{WDT}$	21.84 ms ~ 21.93 ms

Bits		描述
[7]	WTE	**看門狗定時器致能** 0 = 禁用看門狗定時器功能(該動作重置內部計數器) 1 = 致能看門狗定時器
[6]	WTIE	**看門狗定時器中斷致能** 0 = 禁用看門狗定時器中斷 1 = 致能看門狗定時器中斷
[5]	WTWKF	**看門狗定時器喚醒旗標** 如果看門狗定時器引起 CPU 從省電模式下喚醒，該位將被置高。 0 = 看門狗定時器不能引起 CPU 喚醒 1 = CPU 由休眠或省電模式被看門狗定時溢出喚醒 註：寫 1 清除。
[4]	WTWKE	**看門狗定時器喚醒功能致能位** 0 = 禁用看門狗喚醒 CPU 功能 1 = 致能看門狗喚醒 CPU 功能
[3]	WTIF	**看門狗定時器中斷旗標** 如果看門狗定時器中斷致能，該位由硬體置位表示看門狗定時器中斷已發生。

Bits		描述
		0 = 不發生看門狗定時器中斷
		1 = 發生看門狗定時器中斷
		註：寫 1 清除。
[2]	WTRF	**看門狗定時器重置旗標** 當看門狗定時器引發重置，該位被置位，通過讀取該位可以確認重置是否由看門狗引起。該位軟體寫 1 清除。如果 WTRE 禁用，看門狗定時器溢出對該位無影響。 0 = 重置不是由看門狗定時器產生 1 = 看門狗定時器引發重置 註：寫 1 清除。
[1]	WTRE	**看門狗定時器重置致能** 設定該位致能看門狗定時器重置功能 0 = 禁用看門狗定時器重置功能 1 = 致能看門狗定時器重置功能
[0]	WTR	**清看門狗定時器** 設置該位清看門狗定時器。 0 = 寫 0 無效 1 = 重置看門狗定時器的內容 註：寫 1 清除。

註：該暫存器所有位都寫保護。要程式設計時，需要開鎖時序，依次向暫存器 REGWRPROT 寫"59h"、"16h"與"88h"，RegLockAddr 的位址為 GCR_BA + 0x100。

13.4 實驗

【實驗 13.4-1】SmartM-M051 開發板：致能 M051 微控制器內部的看門狗，在不喂狗的情況下讓看門狗定時器計數溢出，使其重置，並通過序列埠列印資料以表示當前微控制器準備重置，如圖 13.4-1 所示。

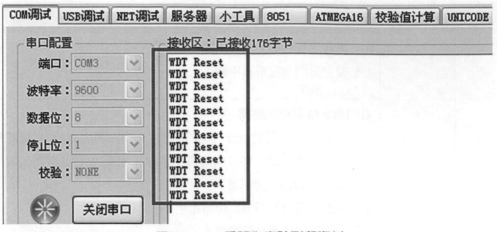

圖 13.4-1　看門狗實驗列印資料

1. 硬體設計

　　參考序列埠實驗硬體設計。

2. 軟體設計

　　使用看門狗的目的就是當微控制器程式發散時，通過看門狗重置微控制器使其重新正常工作。根據實驗要求，只需要初始化看門狗相關暫存器，然後讓看門狗定時器計數溢出就得以實現重置的過程。

3. 流程圖

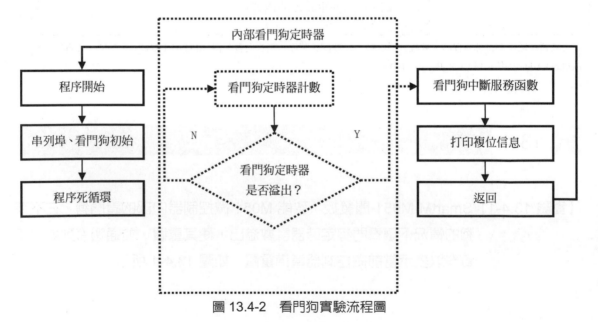

圖 13.4-2　看門狗實驗流程圖

4. 實驗程式碼

表 13.4-1 看門狗實驗函數列表

函數列表		
序號	函數名稱	說明
1	WatchDogInit	看門狗初始化
2	main	函數主體
中斷服務函數		
3	WDT_IRQHandler	看門狗中斷服務函數

程式清單 13.4-1 看門狗實驗程式碼

程式碼位置：\基礎實驗-看門狗\main.c

```
#include "SmartM_M0.h"


#define DEBUGMSG          printf


/*********************************************
*函數名稱:WatchDogInit
*輸    入:無
*輸    出:無
*功    能:看門狗初始化
*********************************************/
VOID WatchDogInit(VOID)
{
    PROTECT_REG
    (
        /* 致能看門狗時脈 */
        APBCLK |= WDT_CLKEN;


        /* 設置看門狗時脈源為 10K */
        CLKSEL1 = (CLKSEL1 & (~WDT_CLK)) | WDT_10K;
```

Start

```
        /* 致能看門狗定時器重置功能 */
        WTCR |= WTRE;

        /* 設置看門狗超時間隔為1740.8ms */
        WTCR &= ~WTIS;
        /*(2^14+1024)*(1000000/10000)=17408*100=1740800us=1.7408s*/
        WTCR |= TO_2T14_CK;

        /* 致能看門狗中斷 */
        WTCR |= WTIE;
        NVIC_ISER |= WDT_INT;

        /* 致能看門狗 */
        WTCR |= WTE;

        /* 重置看門狗計數值 */
        WTCR |= CLRWTR;
    )
}


/*******************************************
*函數名稱:main
*輸    入:無
*輸    出:無
*功    能:函數主體
*******************************************/
INT32 main(VOID)
{

    PROTECT_REG
    (
        PWRCON |= XTL12M_EN;                    //預設時脈源為外部晶
振
```

```
                while((CLKSTATUS & XTL12M_STB) == 0);            //等待12MHz時脈穩定


        CLKSEL0 = (CLKSEL0 & (~HCLK)) | HCLK_12M;    //設置外部晶振爲系統
時脈

        /* 致能內部10K時脈 */
        PWRCON |= OSC10K_EN;
        /* 等待10K時脈穩定 */
        while((CLKSTATUS & OSC10K_STB) == 0);

        /* HCLK時脈選擇爲外部晶振 */
        CLKSEL0 = (CLKSEL0 & (~HCLK)) | HCLK_12M;

    )

    UartInit(12000000,9600);                            //鮑率設置爲9600bps

    WatchDogInit();                                     //看門狗初始化

    while(1);

}
/*******************************************
*函數名稱:WDT_IRQHandler
*輸    入:無
*輸    出:無
*功    能:看門狗中斷服務函數
********************************************/
VOID WDT_IRQHandler(VOID)
{
        DEBUGMSG("WDT Reset \r\n");                     //列印重置資料
```

```
    PROTECT_REG
    (
        WTCR |= WTWKF;
        WTCR |= WTIF;
    )
}
```

5. 程式碼分析

看門狗是向上計數的，PWM 是向下計數的。

看門狗特徵：

(1) 18 位元自由執行的計數器以防止 CPU 在延遲時間結束之前發生看門狗定時器重置。

(2) 溢出時間間隔可選(2^4 ~ 2^18)，溢出時間範圍在 104ms~26.3168s(如果 WDT_CLK 為 10KHz)。

(3) 重置週期=(1/10KHz)*63，如果 WDT_CLK=10KHz。

 深入重點

☆ 看門狗的使用，只是提供一種輔助，以防止微控制器系統當機。編寫程式碼時在沒有加進看門狗的前提下，確保程式穩定地執行。

☆ 看門狗的喂狗操作要及時，否則會造成微控制器複位，由於看門狗相關暫存器都是受保護的，因而對其暫存器操作必須進行解鎖，否則當前操作會無效。譬如喂狗操作時必須使用 PROTECT_REG()巨集函數進行讀寫保護，示例程式碼如下：

```
    PROTECT_REG
    (
            /* 複位看門狗計數值 */
            WTCR |= CLRWTR;
    )
```

☆　造成微控制器工作不穩定的原因有很多，例如：工作環境溫度過冷、過熱、電磁輻射干擾嚴重，程序不穩定等等，因此遇上惡劣的環境還得用上工業級的晶片，當然看門狗的也得用上。

CHAPTER 14

Flash 記憶體控制器 (FMC)

14.1 概述

　　NuMicro M051 系列具有全 64K/32K/16K/8K 位元組的晶片上 FLASH EEPROM，用於儲存應用程式(APROM),用戶可以通過 ISP/IAP 更新 FLASH 中的程式。在系統程式設計 (ISP) 允許用戶更新焊接在 PCB 板上的晶片中程式。通電後,通過設置 Config0 的啟動選擇(CBS)確定 Cortex-M0 CPU 從 APROM 或 LDROM 讀取程式碼。此外，NuMicro M051 系列為用戶提供額外的 4K 位元組的資料 FLASH，以供用戶在晶片於 64/32/16/8K 位元組 APROM 模式下系統斷電之前儲存一些應用的資料。

圖 14.1-1　Flash 實物圖

14.2　特性

- 高達 50MHz 的零等待連續位址存取
- 64/32/16/8KB 應用程式記憶體(APROM)
- 4KB 在線系統程式設計(ISP)載入程式記憶體(LDROM)
- 固定的 4KB 資料 FLASH，帶有 512 位元組頁抹除單元
- 在系統程式設計(ISP)/在應用程式設計(IAP)更新晶片上 Flash EPROM
- 在電路程式設計(ICP)採用串列除錯介面(SWD)

14.3　FMC 組織結構

　　NuMicro M051 的 flash 記憶體由程式記憶體(64/32/16/8KB)、資料 FLASH、ISP 載入程式記憶體、用戶配置塊組成。用戶配置塊提供幾個位元組來控制系統邏輯，如：flash 安全加密、啓動選擇、欠壓電位等。用戶配置塊的作用類似通電時的保險絲。在通電期間，從 FLASH 記憶體被載入到相對應的控制暫存器中，用戶可根據應用要求在晶片貼到 PCB 板上之前通過燒寫器設置這些位，資料 FLASH 的開始位址和大小可由用戶根據應用配置，但是對於 64/32/16/8KB 的 FLASH 記憶體設備，其大小爲 4KB，開始位址爲 0x0001_F000。

表 14.3-1　Flash 記憶體位址對應

區塊名稱	大小	開始位址	結束位址
AP-ROM	8/16/32/64KB	0x0000_0000	0x0000_1FFF (8KB) 0x0000_3FFF (16KB) 0x0000_7FFF (32KB) 0x0000_FFFF (64KB)
Data Flash	4KB	0x0001_F000	0x0001_FFFF
LD-ROM	4KB	0x0010_0000	0x0010_0FFF
User Configuration	1 Words	0x0030_0000	0x0030_0000

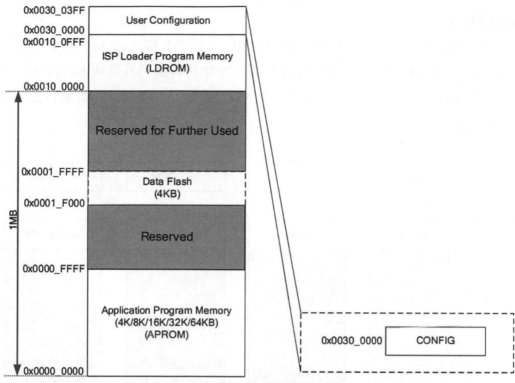

圖 14.3-1　Flash 記憶體組織結構

1. 啓動選擇

　　NuMicro M051 提供在系統程式設計(ISP)特徵，允許用戶直接更新 PCB 板上晶片中的程式。提供 4KB 程式記憶體專門用於儲存 ISP 韌體。用戶設置 Config0 的(CBS)以選擇從 APROM 或 LDROM 啓動。

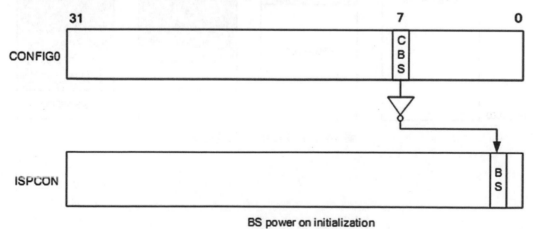

BS power on initialization

圖 14.3-2　通電時啓動選擇(BS)

2. Data Flash

NuMicro M051 為用戶提供資料 FLASH，支援 ISP 程式讀/寫，抹除單位為 512 位元組。若要改變一個字，需要先把所有 128 字拷貝到另外頁或 SRAM 中。對於 8/16/32/64KB 的 flash 設備，資料 FLASH 的大小為 4KB，開始位址固定在 0x0001_F000。

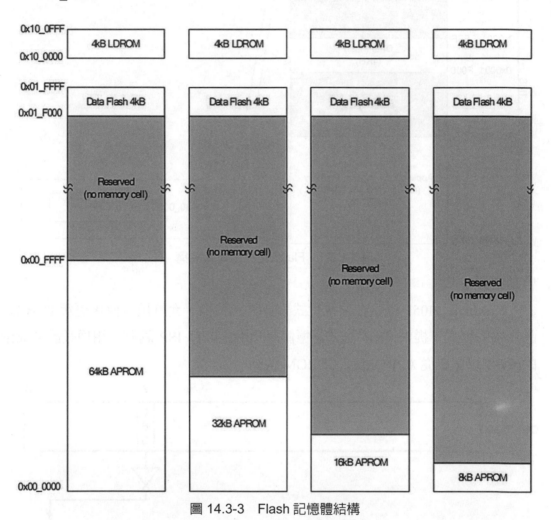

圖 14.3-3　Flash 記憶體結構

14.4 　在系統程式設計(ISP)

註：使用 ISP 功能之前，先設置 ISP_EN(AHBCLK[2])打開 ISP 時脈。圖 14.4-1 ISP 時脈源控制示出 ISP 時脈源框圖。

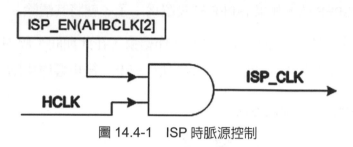

圖 14.4-1 　ISP 時脈源控制

程式記憶體和資料 FLASH 支援硬體程式設計和在系統程式設計(ISP)。硬體程式設計模式在該產品進入批次生產狀態時採用批次寫，以減小程式設計開銷和上市時間。若產品還在開發階段或終端用戶需要升級韌體時，硬體程式設計模式不是很方便，ISP 模式則更適用於這種情況。NuMicro M051 支援 ISP 模式，即通過軟體控制來對設備程式重新設計。透過這種更新應用程式韌體的能力有效地促進應用的普及。

ISP 可以在沒有將微控器從系統中取下來的情況下執行程式設計。各種介面使得 LDROM 更容易更新程式碼。最常用的方法是通過 UART 連接到 LDROM 中的韌體來執行 ISP，PC 一般都是通過序列埠傳輸新的 APROM 程式碼，LDROM 接收後，通過 ISP 命令，重新對 APROM 程式設計。Nuvoton 提供用於 NuMicro M051 的 ISP 韌體和 PC 應用程式。用戶採用 Nuvoton ISP 工具可以非常方便地執行 ISP。

一、ISP 程式

NuMicro M051 支援從 APROM 還是 LDROM 啓動由用戶配置位(CBS)定義。用戶想更新 APROM 中的應用程式時，可以寫 BS=1，並開始軟體重置使晶片由 LDROM 啓動。向 ISPEN 寫入 1 開始 ISP 功能。

在向 ISPCON 暫存器寫資料之前，S/W 需要向全域控制暫存器(GCR, 0x5000_0100)的 REGWRPROT 暫存器寫入 0x59、0x16 和 0x88，這個過程用於保護 FLASH 記憶體免受意外更改。

向 ISPGO 寫入資料後，要檢查幾個錯誤條件。如果錯誤條件產生時，ISP 操作失敗，其失敗旗標置位，ISPFF 旗標由軟體清除，而不會在下次 ISP 操作時被覆蓋，即使 ISPFF 保持爲"1"，下一次 ISP 也可以開始。建議在每次 ISP 操作後，通過軟體檢查 ISPFF 位，如果 ISPFF 被設置爲 1 了，就將其清除。

當 ISPGO 置位，CPU 將等待 ISP 操作結束，在此期間，周邊設備仍然正常工作，如果有中斷請求時，CPU 仍然會先執行完 ISP 後再響應中斷。

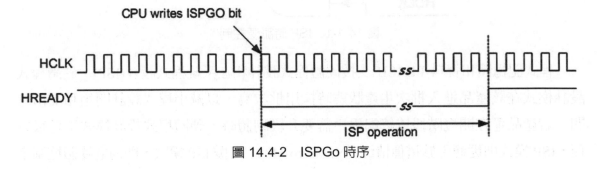

圖 14.4-2　ISPGo 時序

註：NuMicro M051 允許用戶通過 ISP 更新 CONFIG 的值，基於對應用程式安全考慮，軟體在抹除 CONFIG 時，要先抹除 APROM，否則 CONFIG 不能被抹除。

14.5 相關暫存器

1. ISP 控制暫存器(ISPCON)

Bits		描述
[31:15]	-	-
[14:12]	ET	**Flash** 抹除時間 表格如下
[11]	-	-
[10:8]	PT[2:0]	**Flash** 程式設計時間 表格如下

Flash 抹除時間

ET[2]	ET[1]	ET[0]	抹除時間 (ms)
0	0	0	20(預設)
0	0	1	25
0	1	0	30
0	1	1	35
1	0	0	3
1	0	1	5
1	1	0	10
1	1	1	15

Flash 程式設計時間

PT[2]	PT[1]	PT[0]	抹除時間 (us)
0	0	0	40
0	0	1	45
0	1	0	50
0	1	1	55
1	0	0	20
1	0	1	25
1	1	0	30
1	1	1	35

[7]	SWRST	**軟體重置** 寫 1 執行軟體重置。 重置完成後由硬體清除。
[6]	ISPFF	**ISP 失敗旗標** 當 ISP 滿足下列條件時，該位由硬體置位： (1) APROM 對自身寫入。 (2) LDROM 對自身寫入。 (3)目標位址無效，如超過正常範圍。 註：寫 1 清除。
[5]	LDUEN	**LDROM 更新致能** LDROM 更新致能位 1 = MCU 在 APROM 中執行時，LDROM 可以被更新 0 = 禁用 LDROM 更新
[4]	CFGUEN	**配置更新致能** 寫 1 致能 S/W 通過 ISP 更新配置位，不管此時程式是執行在 APROM 還是 LDROM。 1 = 致能配置更新 0 = 禁用配置更新
[3:2]	-	-
[1]	BS	**啓動選擇** 該位爲保護位，置位/清除該位選擇下次是由LDROM啓動還是由APROM啓動，該位可作爲 MCU 啓動狀態旗標，用於檢查 MCU 是由 LDROM 還是 APROM 啓動的。通電重置後，該位初始值爲 config0 的 CBS 的取反值；其他重置時保持不變。 1 = 由 LDROM 啓動 0 = 由 APROM 啓動
[0]	ISPEN	**ISP 致能** 該位是保護位，ISP 致能位，設置該位可以致能 ISP 功能。 1 = 致能 ISP 功能 0 = 禁用 ISP 功能

2. ISP 位址(ISPADR)

Bits		描述
[31:0]	ISPADR	**ISP 位址** NuMicro M051 系列內置 32kx32 的 flash，僅支援字程式設計。執行 ISP 功能時，ISPADR[1:0]必須為 00b。

3. ISP 資料暫存器(ISPDAT)

Bits		描述
[31:0]	ISPADR	**ISP 資料** ISP 操作之前，寫資料到該暫存器。 ISP 讀操作後，可從該暫存器讀資料。

4. ISP 命令(ISPCMD)

Bits		描述
[31:6]	-	-
[5:0]	FOEN, FCEN, FCTRL	**ISP 命令** <table><tr><td>操作模式</td><td>FOEN</td><td>FCEN</td><td colspan=4>FCTRL[3:0]</td></tr><tr><td>待機</td><td>1</td><td>1</td><td>0</td><td>0</td><td>0</td><td>0</td></tr><tr><td>讀</td><td>0</td><td>0</td><td>0</td><td>0</td><td>0</td><td>0</td></tr><tr><td>燒錄</td><td>1</td><td>0</td><td>0</td><td>0</td><td>0</td><td>1</td></tr><tr><td>頁抹除</td><td>1</td><td>0</td><td>0</td><td>0</td><td>1</td><td>0</td></tr></table>

5. ISP 觸發控制暫存器(ISPTRG)

Bits		描述
[31:1]	-	-
[0]	ISPGO	**ISP 開始觸發** 寫 1 開始 ISP 操作，當 ISP 操作結束後，該位由硬體自動清除。 1 = ISP 即將執行 0 = ISP 操作結束

6. DataFlash 基位址暫存器(DFBADR)

Bits		描述
[31:0]	DFBADR	**資料 FLASH 基位址** 該暫存器為資料 FLASH 開始位址暫存器，唯讀對於 8/16/32/64KB flash 元件，資料 flash 的大小為 4KB，由硬體決定啟始位址為 0x0001_F000。

7. Flash 存取時間控制暫存器(FATCON)

Bits		描述
[31:5]	-	-
[4]	LFOM	**低頻最佳化模式(寫保護位)** 當晶片操作頻率低於 25MHz 時，通過設置該位，系統可以更高效的工作。 1 = 致能 flash 低頻最佳化模式 0 = 禁用 flash 低頻最佳化模式
[3:1]	FATS	**Flash 存取時間窗口選擇** | FATS	存取時間窗口 (ns)
------	------
000	40 (預設)
001	50
010	60
011	70
100	80
101	90
110	100
111	-	
[0]	FPSEN	**Flash 省電致能** 晶片上 flash 記憶體存取時間約為 40ns，如果 CPU 時脈低於 50 MHz，S/W 致能 flash 省電功能。 1 = 致能 flash 省電功能 0 = 禁用 flash 省電功能

14.6 ISP 實驗

【實驗 14.6-1】SmartM-M051 開發板：對資料區第 0 頁進行資料讀寫，並通過序列
埠列印讀寫資料，如圖 14.6-1 所示。

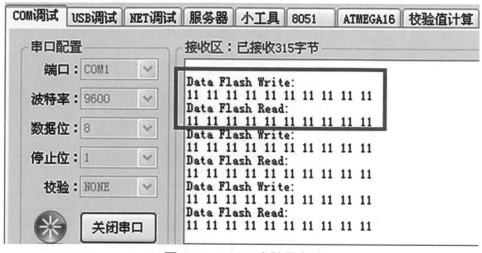

圖 14.6-1　ISP 實驗示意圖

1. 硬體設計

參考序列埠實驗硬體設計。

2. 軟體設計

實驗要求十分簡單，只需要包含資料區的寫入操作和讀取操作，不過要
注意的是資料區讀寫操作之前，首先要初始化好資料區的相關暫存器才允許
讀寫操作，而在寫操作之前必須扇區抹除。

寫入資料軟體設計：扇區抹除→寫入資料。

讀取資料軟體設計：直接讀取。

顯示資料軟體設計：顯示寫入的資料和讀取的資料。

3. 流程圖

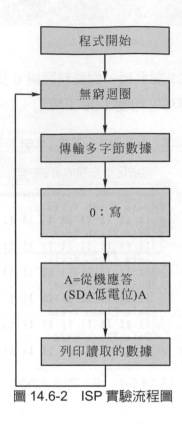

圖 14.6-2　ISP 實驗流程圖

4. 實驗程式碼

表 14.6-1　ISP 實驗函數列表

函數列表		
序號	函數名稱	說明
1	ISPTriger	ISP 執行
2	ISPEnable	ISP 致能
3	ISPDisable	ISP 禁用
4	DataFlashRWEnable	資料區讀寫致能
5	DataFlashErase	資料區抹除
6	DataFlashWrite	資料區寫
7	DataFlashRead	資料區讀
8	main	函數主體

程式清單 14.6-1 ISP 實驗程式碼

程式碼位置：\基礎實驗-ISP\main.c

```c
#include "SmartM_M0.h"



#define DEBUGMSG printf


#define PAGE_SIZE                       512
#define DATAFLASH_START_ADDRESS     0x0001F000
#define DATAFLASH_SIZE              0x00001000
#define RW_SIZE                     0x20


STATIC UINT8 g_unDataFlashWRBuf[10];          //全域讀寫緩衝區


/******************************************
*函數名稱:ISPTriger
*輸    入:無
*輸    出:無
*功    能:ISP 執行
******************************************/
VOID ISPTriger(VOID)
{
    ISPTRG |= ISPGO;
    while((ISPTRG&ISPGO) == ISPGO);
}
/******************************************
*函數名稱:ISPEnable
*輸    入:無
*輸    出:無
*功    能:ISP 致能
******************************************/
VOID ISPEnable(VOID)
```

```
{
    Un_Lock_Reg();
    ISPCON |= ISPEN;
}
/*******************************************
*函數名稱:ISPDisable
*輸    入:無
*輸    出:無
*功    能:ISP 禁用
********************************************/
VOID ISPDisable(VOID)
{
    Un_Lock_Reg();
    ISPCON &= ~ISPEN;
}
/*******************************************
*函數名稱:DataFlashRWEnable
*輸    入:無
*輸    出:無
*功    能:資料區讀寫致能
********************************************/
VOID DataFlashRWEnable(VOID)
{
    Un_Lock_Reg();
    ISPCON |= LDUEN;
}
/*******************************************
*函數名稱:DataFlashErase
*輸    入:unPage 頁位址
*輸    出:無
*功    能:資料區抹除
********************************************/
VOID DataFlashErase(UINT32 unPage)
{
```

```
    ISPEnable();

    DataFlashRWEnable();

    ISPCMD = PAGE_ERASE;


    ISPADR = (unPage*PAGE_SIZE+DATAFLASH_START_ADDRESS);

    ISPTriger();


    ISPDisable();

}
/******************************************
*函數名稱:DataFlashWrite
*輸    入:pucBuf 寫資料緩衝區
unSize 寫資料大小
*輸    出:無
*功    能:資料區寫
******************************************/
VOID DataFlashWrite(UINT8 *pucBuf,UINT32 unSize)//unSize 要為 4 的倍數
{
    UINT32 i;

    ISPEnable();
    DataFlashRWEnable();
    ISPCMD = PROGRAM;

    for(i=0; i<unSize; i+=4)
    {
        ISPADR = (i*4+DATAFLASH_START_ADDRESS);
        ISPDAT = *(UINT32 *)(pucBuf+i);
        ISPTriger();


    }

    ISPDisable();
}
```

```
/*******************************************
*函數名稱:DataFlashRead
*輸    入:pucBuf 讀資料緩衝區
unSize 讀資料大小
*輸    出:無
*功    能:資料區讀
********************************************/
VOID DataFlashRead(UINT8 *pucBuf,UINT32 unSize)
{
    UINT32 i;

    ISPEnable();
    DataFlashRWEnable();
    ISPCMD = READ;

    for(i=0; i<unSize; i+=4)
    {
        ISPADR = (i*4+DATAFLASH_START_ADDRESS);
        ISPTriger();
        *(UINT32 *)(pucBuf+i)=ISPDAT;
    }

    ISPDisable();
}


/*******************************************
*函數名稱:main
*輸    入:無
*輸    出:無
*功    能:函數主體
********************************************/
INT32 main(VOID)
{
        UINT32 i;
```

```
    PROTECT_REG                                    //ISP 下載時保護 FLASH 記
憶體
    (

      PWRCON |= XTL12M_EN;                          //預設時脈源爲外部晶振
      while((CLKSTATUS & XTL12M_STB) == 0);    //等待 12MHz 時脈穩定


       CLKSEL0 = (CLKSEL0 & (~HCLK)) | HCLK_12M;  //設置外部晶振爲系統
時脈
    )

     UartInit(12000000,9600);                      //序列埠 0 鮑率爲
9600bps


    while(1)
    {
                        //抹除第 0 頁
    DataFlashErase(0);

    DEBUGMSG("\r\nData Flash Write:\r\n");

    //初始化緩衝區，所有數值全爲 0x11
    memset(g_unDataFlashWRBuf,0x11,sizeof(g_unDataFlashWRBuf));

    for(i=0; i<sizeof(g_unDataFlashWRBuf); i++)
    {
        DEBUGMSG("%02X ",g_unDataFlashWRBuf[i]);
    }
    //資料區寫
    DataFlashWrite(g_unDataFlashWRBuf,sizeof(g_unDataFlashWRBuf));

    DEBUGMSG("\r\nData Flash Read:\r\n");
    //清除緩衝區
    memset(g_unDataFlashWRBuf,0,sizeof(g_unDataFlashWRBuf));
    //資料區讀
```

```
        DataFlashRead(g_unDataFlashWRBuf,sizeof(g_unDataFlashWRBuf));

        for(i=0; i<sizeof(g_unDataFlashWRBuf); i++)
        {
                DEBUGMSG("%02X ",g_unDataFlashWRBuf[i]);
        }


        Delayms(500);
    }
}
```

5. 程式碼分析

    從 main()函數可以清晰地瞭解到程式的流程：

(1) 扇區抹除

(2) 寫入資料

(3) 讀取資料

(4) 顯示資料

資料區要寫入資料，首先要對當前位址的扇區進行抹除，然後才能對當前位址寫入資料。

資料區扇區抹除的原因：M051 微控制器內的資料區，具有 Flash 的特性，只能在抹除了扇區後進行位元組寫，寫過的位元組不能重複寫，只有待扇區抹除後才能重新寫，而且沒有位元組抹除功能，只能扇區抹除。

但有一點要注意的是，在臨界電壓附近，晶片工作已經不穩定了，硬體的特性也是非常不穩定，所以在這個時候，一定要禁止寫 Flash，同時一旦程式發散，就可能破壞 Flash 中的資料，進而使系統受到破壞。

深入重點

☆ 扇區抹除的作用要瞭解清楚，因為寫過的位元組不能重複寫，只有待扇區抹除後才能重新寫。

☆ 同一次修改的數據放在同一扇區中，單獨修改的數據放在另外的扇區，就不需讀出保護。

☆ 如果同一個扇區中存放一個以上的位元組，若只需要修改其中的一個位元組或一部分位元組時，則不需要另外修改的數據須先讀出放在 M051 微控制器的 RAM 當中，然後抹除整個扇區，再將需要的數據一併寫回該扇區中。這時每個扇區使用的位元組數據越少越方便。

☆ 有一點要注意的是，在臨界電壓附近，晶片工作已經不穩定了，硬體的特性也是非常不穩定，所以在這個時候，一定要禁止寫 Flash，一旦程序發散，就可能破壞 Flash 中的數據，進而使系統受到破壞。

CHAPTER 15

I2C 匯流排控制器

15.1 概述

　　I2C 為雙線，雙向串列匯流排，為設備之間的資料通信提供了簡單有效的方法。標準 I2C 是多主機匯流排，包括衝突檢測和仲裁機制以防止在兩個或多個主機試圖同時控制匯流排時發生的資料衝突。

　　資料在主機與從機間同步於 SCL 時脈線在 SDA 資料線上一位元組一位元組的傳輸，每個位元組為 8 位元長度，一個 SCL 時脈脈衝傳輸一個資料位，資料由最高位 MSB 首先傳輸，每個傳輸位元組後跟隨一個應答位，每個位在 SCL 為高時採樣；因此，SDA 線只有在 SCL 為低時才可以改變，在 SCL 為高時 SDA 必須保持穩定。當 SCL 為高時，SDA 線上的調變視為一個命令(START 或 STOP)，更多詳細的 I2C 匯流排時序請參考圖 15.1-1。

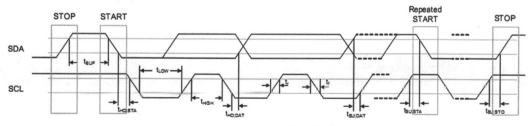

圖 15.1-1　I2C　匯流排時序

　　該設備的晶片上 I2C 提供符合 I2C 匯流排標準模式規範的串列介面，I2C 埠自動處理位元組傳輸，將 I2CON 的 ENS1 位設置為 1，可以致能該埠。I2C H/W 介面通過兩個接腳連接到 I2C 匯流排：SDA (Px.y，串列資料線) 與 SCL (Px.y，串列時脈線)。接腳 Px.y 與 Px.y 用於 I2C 操作需要上拉電阻，因爲這兩個接腳爲開汲極腳。在作爲 I2C 埠使用時，用戶必須先將這兩個接腳設置爲 I2C 功能。

15.2　特徵

　　I2C 匯流排通過 SDA 及 SCL 在連接匯流排上的設備間傳輸資料，匯流排的主要特徵：

- 支援主機和從機模式
- 主從機之間雙向資料傳輸
- 多主機匯流排支援 (無中心主機)
- 多主機間同時發送資料仲裁，匯流排上串列資料不會被損壞
- 串列時脈同步使得不同位元率的元件可以通過一條串列匯流排傳輸資料
- 串列時脈同步可用作握手方式來暫停和恢復串列傳輸
- 內建一個 14 位元超時計數器，當 I2C 匯流排掛起並且計數器溢出時，該計數器將請求 I2C 中斷
- 需要外部上拉用於高電位輸出
- 可程式設計的時脈適用於不同速率控制
- 支援 7 位元定址模式
- I2C 匯流排控制器支援多位址識別 (4 組從機位址帶屏蔽選項)

15.3　功能描述

一、I2C 協議

　　通常標準 I2C 傳輸協議包含四個部分：

1. 起始信號或重複起始信號的產生
2. 從機位址和 **R/W** 位傳輸
3. 資料傳輸
4. 停止信號的產生

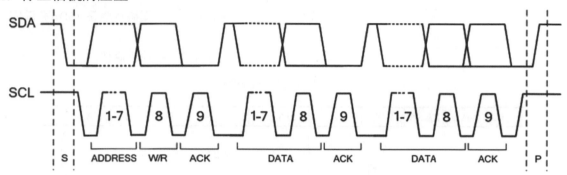

注：
S 　　　起始信號
W/R 　　讀/寫控制位
ACK 　　應答
DATA 　資料
P 　　　停止信號

圖 15.3-1　I2C 協議

二、I2C 匯流排上的資料傳輸

　　I2C 匯流排上的通信過程都是由主機發起的，以主機控制匯流排，發出起始信號作為開始。在發送起始信號後，主機將發送一個用於選擇從機設備的位址位元組，以定址匯流排中的某一個從機設備，通知其參與同主機之間的資料通信，位址格式如圖 15.3-2 所示。

MSB   LSB

A6	A5	A4	A3	A2	A1	A0	R/W
7 位元從機位址							讀/寫

圖 15.3-2　位址格式

　　位址位元組的高 7 位元資料是主機呼叫的從機位址，第 8 位用於標示緊接下來的資料傳輸方向："0"表示主機將要向從機發送資料(主機發送/從機接收)；而"1"則表示主機將要向從機讀取資料(主機接收/從機發送)。

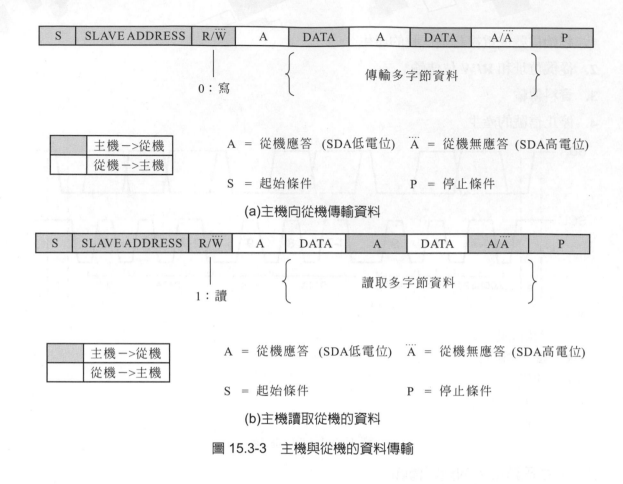

圖 15.3-3　主機與從機的資料傳輸

第一個位元組(位址)傳輸後立即讀取從機資料，傳輸方向改變(參考圖 15.3-3(b))。

三、起始或重複起始信號

當匯流排處於空閒狀態下，即沒有任何主機設備佔有匯流排(SCL 和 SDA 線同時為高)，主機可以通過發送起始信號發起一次資料傳輸。起始信號，通常表示為 S-bit，定義為當 SCL 線為高電位時，SDA 線上產生一個高電位到低電位的調變。起始信號表示新的資料傳輸的開始。

重複起始信號是指在兩個 START 信號間不存在 STOP 信號。主機用這種方式來和另外一個或同一個從機在不同的傳輸方向並且不釋放匯流排的情形下通信(例如：從寫向一個設備到從該設備讀取)。

停止信號主機可以通過產生一個停止信號來結束通信。停止信號，通常用 P-bit 表示，定義為當 SCL 線為高電位時，SDA 線上產生一個低電位到高電位的調變。

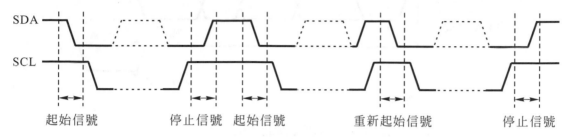

圖 15.3-4　啟動和停止條件

四、從機位址傳輸

起始信號後傳輸的第一個位元組是從機位址，從機位址的頭 7 位是呼叫位址，緊跟 7 位位址後的是 RW 位。RW 位通知從機資料傳輸方向。系統當中不會有兩台從機有相同的位址。只有位址匹配的從機才會在 SCL 的第 9 個時脈週期拉低 SDA 作為應答信號來響應主機。

五、資料傳輸

當從機定址成功完成，就可以根據主機發送的 **R/W** 位所決定的方向，開始一位元組一位元組的資料傳輸，每一個傳輸的位元組會在第九個 SCL 時脈週期跟隨一個應答位，如果從機上產生無應答信號(NACK)，主機可以產生一個停止信號來中止本次資料傳輸，或者產生重複起始信號開始新一輪的資料傳輸。

如果主機作為接收設備，沒有應答(NACK)從機，則從機釋放 SDA 線，以便於主機產生一個停止或重複起始信號。

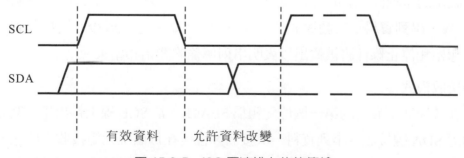

圖 15.3-5　I2C 匯流排上的位傳輸

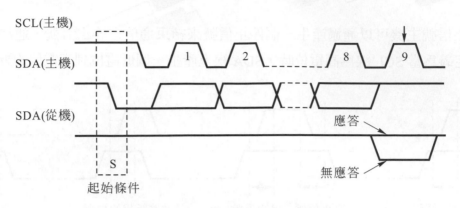

SCL(主機)

SDA(主機)

SDA(從機)

應答

無應答

S

起始條件

圖 15.3-6　I2C 匯流排上的應答信號

15.4　操作模式

　　晶片上 I2C 埠支援 5 種操作模式：主機發送、主機接收、從機發送、從機接收和廣播呼叫模式。在實際應用中，I2C 埠可以作為主機或從機。在從機模式，I2C 埠尋找自身從機位址和廣播呼叫位址，如果這兩個位址的任一個被檢測到，並且從機打算從主機接收或向主機發送資料(通過設置 AA 位)，應答脈衝將會在第 9 個時脈被發出，此時，如果中斷被致能，則在主機和從機設備上都會發生一次中斷請求。在主控晶片要成為匯流排主機時，在進入主機模式之前，硬體等待匯流排空閒以使可能的從機動作不會被打斷，在主機模式，如果匯流排仲裁丟失，I2C 立即切換到從機模式，並可以在同一次串列傳輸過程中檢測自身從機位址。

主機發送模式

　　當 SCL 線上輸出串列時脈時，資料通過 SDA 線輸出。第一個發送的位元組包含從設備的位址(7 位)和資料傳輸方向位(1 位)。在該模式下發送的第一個位元組為 SLA+W。串列資料一次發送 8 位，在每個位元組發送完成後，將接收到一個應答位。起始和停止條件將被輸出以表明串列傳輸的開始和結束。

1. 主機接收模式

　　在該模式下發送的第一個位元組為 SLA+R。當 SCL 線上輸出串列時脈時，資料通過 SDA 線接收。串列資料一次接收 8 位。在每個位元組接收完成後，一個應答位將被發送。起始和停止條件將被輸出以表明串列傳輸的開始和結束。

2. 從機接收模式

　　在該模式下,串列資料和串列時脈通過 SDA 和 SCL 接收。在接收到一個位元組後,一個應答位將被發送。起始和停止條件將被認爲是串列傳輸的開始和結束。位址識別將在從位址和資料傳輸方向位接收到時由硬體執行。

3. 從機發送模式

　　對第一個位元組的接收和處理跟在從機接收模式一樣。然而,在該模式下,資料傳輸方是顛倒的。當串列時脈通過 SCL 輸入時,串列資料通過 SDA 被發出。起始和停止條件將被認爲是串列傳輸的開始和結束。

● I2C 匯流排協議定義如下:

(1) 只有在匯流排空閒時才允許啓動資料傳送。

(2) 在資料傳送過程中,當時脈線爲高電位時,資料線必須保持穩定狀態,不允許有調變時脈線爲高電位時,資料線的任何電位變化將被看作匯流排的起始或停止信號。

● 起始信號

　　時脈線保持高電位期間,資料線電位從高到低的調變作爲 I2C 匯流排的起始信號。

● 停止信號

　　時脈線保持高電位期間,資料線電位從低到高的調變作爲 I2C 匯流排的停止信號。

15.5 相關暫存器

---

1. I2C 控制暫存器(I2CON)

Bits		描述
[31:8]	-	-
[7]	EI	**致能中斷** 1 = 致能 CPU 中斷功能 0 = 禁用 CPU 中斷功能

Bits		描述
[6]	ENSI	**I2C 控制致能位** 1 = 致能 0 = 禁用 當 ENS=1 I2C 串列功能致能，SDA 和 SCL 接腳必須設置為 I2C 功能
[5]	STA	**I2C 起始控制位** STA 置 1，進入主機模式，如果匯流排處於空閒狀態，I2C 硬體會送出起始信號或重複起始信號。
[4]	STO	**I2C 停止控制位** 　在主機模式下，置位 STO 將向匯流排傳輸停止條件，進而 I2C 硬體會檢查匯流排狀態。 　一旦檢測到停止條件，該位將被硬體自動清除。在從機模式下，置位 STO 會將 I2C 硬體重置至不可定址從機模式。這意味著該設備不再處於從機接收模式，不能從主發送設備接收資料。
[3]	SI	**I2C 中斷旗標位** 　I2CSTATUS 暫存器有新的 SIO 狀態時，硬體置位 SI 旗標。如果 EI (I2CON [7])已經置位，就產生 I2C 中斷請求。SI 必須由軟體清除。向該位寫 1 清除。
[2]	AA	**接收應答控制位** 若在位址或資料接收之前，AA=1，則在下列情況下： (1) 從機應答主機發送主機的位址資料。 (2) 接收設備應答發送設備發送的資料時，將在 SCL 時脈的應答時脈脈衝間返回應答信號(SDA 為低)；若在位址或資料接收之前，AA=0，則在 SCL 的應答時脈脈衝間不會返回應答信號(SDA 為高)。
[1:0]	-	-

2. I2C 資料暫存器(I2CDAT)

Bits		描述
[31:8]	-	-
[7:0]	I2CDAT	Bit[7:0]為 8 位元 I2C 串列埠的傳輸資料。

3. I2C 狀態暫存器(I2CSTATUS)

Bits		描述
[31:8]	-	-
[7:0]	I2CSTATUS	低三位始終是 0，高 5 位包含狀態碼，狀態碼有 26 可能。 當 I2CSTATUS 的值是 F8H，表示沒有串列中斷請求；其他所有的 I2CSTATUS 值可以反映 I2C 的狀態。 當進入這些狀態時會產生一個狀態中斷請求(SI=1)。一個有效的狀態碼在 SI 被硬體設為"1"後一個週期內反映到 I2CSTATUS 中，並保持穩定至 SI 被軟體清除的下一個週期。 另外，狀態碼是 00H 時表示匯流排錯誤；當"起始"或"結束"時出現幀結構的非法位置時會產生匯流排錯誤。比如在串列傳輸位址位元組中出現的資料位元組或應答位就是非法的。

4. I2C 鮑率控制暫存器(I2CLK)

Bits		描述
[31:8]	-	-
[7:0]	I2CLK	I2C 鮑率 = PCLK /(4x(I2CLK+1))

5. I2C 超時計數暫存器(I2CTOC)

Bits		描述
[31:3]	-	-
[2]	ENTI	**超時計數致能/禁用** 1 = 致能 0 = 禁用 當計數器被致能，SI 被清除為 0 後，14 位元超時計數暫存器開始計數。對 SI 置 1 會使計數器重置，在 SI 清除後計數器重新開始計數。
[1]	DIV4	**超時計數輸入時脈除 4** 1 = 致能 0 = 禁用 致能後，溢出時間延長 4 倍。

Bits		描述
[0]	TIF	**超時旗標** 1 = 超時由硬體置位，可引發 CPU 的中斷 0 = 軟體清除

6. I2C 從機位址暫存器(I2CADDR0~I2CADDR3)

Bits		描述
[31:8]	-	-
[7:1]	I2ADDR	**I2C 位址暫存器：** 主機模式下，該暫存器的值無效，從機模式下，高七位為 MCU 自身位址，I2C 硬體會匹配是否與該值相符。
[0]	GC	**廣播呼叫功能：** 0：禁用廣播呼叫功能 1：允許廣播呼叫功能

7. I2C 從機隱藏位址暫存器(I2CADM0~I2CADM3)

Bits		描述
[31:8]	-	-
[7:1]	I2CADMx	**I2C 隱藏位址暫存器：** 1 = 允許隱藏(接收到任何位址不予辨識) 0 = 禁用隱藏(接收到的位址必須完全符合正確的位址內容) I2C 匯流排支援多隱藏位址辨識。當設置允許隱藏時，接收到的從機位址是否正確不予處理，當選擇為禁用隱藏是，從機位址必須完全符合其真實的位址才給與響應。
[0]	-	-

15.6　AT24C02

1. 概述

　　AT24C02 是一個 2K 位串列 CMOS E2PROM，內部含有 256 個 8 位位元組，CATALYST 公司的先進 CMOS 技術實質上減少了元件的功耗。AT24C02 有一個 16 位元組頁寫緩衝器，該元件通過 I2C 匯流排介面進行操作，有一個專門的寫保護功能。I2C 匯流排協議規定任何將資料傳送到匯流排的元件作為發送器，任何從匯流排接收資料的元件為接收器。資料傳送是由產生串列時脈和所有起始停止信號的主元件控制的。主元件和從元件都可以作為發送器或接收器，但由主元件控制傳送資料(發送或接收)的模式，通過元件位址輸入端 A0、A1 和 A2 可以實現將最多 8 個 AT24C02 元件連接到匯流排上。

2. 接腳配置

接腳名稱	功能
A0、A1、A2	元件位址選擇
SDA	串列資料、位址
SCL	串列時脈
WP	寫保護
VCC	+1.8V~6.0V 工作電壓
VSS	地

- SCL 串列時脈

  AT24C02 串列時脈輸入接腳用於產生元件所有資料發送或接收的時脈，這是一個輸入接腳。

- SDA 串列資料/位址

  AT24C02 雙向串列資料/位址接腳用於元件所有資料的發送或接收，SDA 是一個開汲極輸出接腳，可與其他開汲極輸出或集電極開路輸出進行線或(wire-OR)。

- A0、A1、A2 元件位址輸入端

  這些輸入腳用於多個元件級聯時設置元件位址，當這些腳懸空時預設值為 0。當使用 AT24C02 時最大可級聯 8 個元件。如果只有一個 AT24C02 被匯流排定址，這三個位址輸入腳(A0、A1、A2)可懸空或連接到 Vss，如果只有一個 AT24C02 被匯流排定址這三個位址輸入腳(A0、A1、A2)必須連接到 Vss。

- WP 寫保護

  如果 WP 接腳連接到 Vcc，所有的內容都被寫保護只能讀。當 WP 接腳連接到 Vss 或懸空允許元件進行正常的讀/寫操作。

3. 極限參數

- 工作溫度工業級–55℃～+125℃
- 商業級–0℃～+75℃
- 貯存溫度–65℃～+150℃
- 各接腳承受電壓–2.0～Vcc+2.0V
- Vcc 接腳承受電壓–2.0～+7.0V
- 封裝功率損耗(Ta = 25℃) 1.0W
- 焊接溫度(10 秒) 300℃
- 輸出短路電流 100mA

4. 特性

- 資料線上的看門狗定時器
- 可程式設計重置門檻電位
- 高資料傳送速率為 400kHz 和 I2C 匯流排兼容
- 2.7V 至 7V 的工作電壓
- 低功耗 CMOS 工藝
- 16 位元組頁寫緩衝區
- 片內防誤抹除寫保護
- 高低電位重置信號輸出
- 100 萬次擦寫週期
- 資料保存可達 100 年
- 商業級、工業級和汽車溫度範圍

15.7 實驗

【實驗 15.7-1】SmartM-M051 開發板：基於 SmartM-M051 開發板實現 AT24C02 的
　　　　　　　讀寫操作，並將讀到的資料通過序列埠列印出來，如圖 15.7-1 所示。

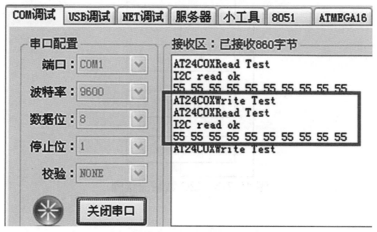

圖 15.7-1　I2C 實驗示意圖

1. 硬體設計

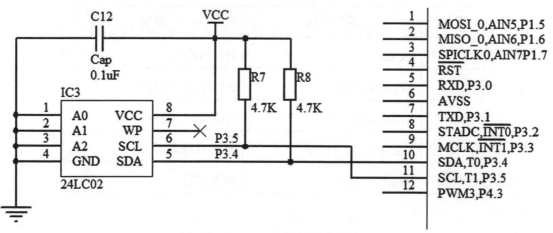

圖 15.7-2　I2C 實驗硬體設計圖

2. 流程圖

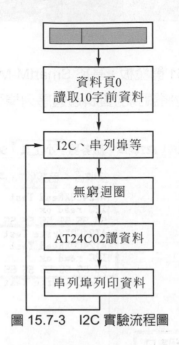

資料頁0
讀取10字前資料

I2C、串列埠等

無窮迴圈

AT24C02讀資料

串列埠列印資料

圖 15.7-3　I2C 實驗流程圖

3. 實驗程式碼

表 15.7-1　AT24C02 讀寫資料實驗函數列表

函數列表		
序號	函數名稱	說明
1	I2CInit	I2C 初始化
2	AT24C0XWrite	AT24C02 寫資料
3	AT24C0XRead	AT24C02 讀資料
4	Timed_Write_Cycle	同步寫週期
5	main	函數主體

程式清單 15.7-1 AT24C02 讀寫資料實驗程式碼

程式碼位置：\基礎實驗-I2C\main.c

```c
#include "SmartM_M0.h"


#define DEBUGMSG printf


#define EEPROM_SLA              0xA0
#define EEPROM_WR               0x00
#define EEPROM_RD               0x01


#define I2C_CLOCK               13


/*******************************************
*函數名稱:Timed_Write_Cycle
*輸     入:無
*輸     出:無
*功     能:同步週期
*******************************************/
void Timed_Write_Cycle(void)
{
    while (I2STATUS != 0x18)
    {
        //啓動
        I2CON |= STA;
        I2CON |= SI;
        while ((I2CON & SI) != SI);
        I2CON &= ((~STA) & (~SI));


        //設備位址
        I2DAT = EEPROM_SLA | EEPROM_WR;
        I2CON |= SI;
        while ((I2CON & SI) != SI);
    }
```

```
    if (I2STATUS != 0x18)                          //檢查應答
    {
        DEBUGMSG("Not ACK returned!");
     }


    //停止
    I2CON |= STO;
    I2CON |= SI;
    while (I2CON & STO);
}
/*******************************************
*函數名稱:I2CInit
*輸    入:無
*輸    出:無
*功    能:I2C 初始化
*******************************************/
VOID I2CInit(VOID)
{
    P3_PMD &= ~(Px4_PMD | Px5_PMD);
    P3_PMD |= (Px4_OD | Px5_OD);                    //致能 I2C0 接腳

    P3_MFP &= ~(P34_T0_I2CSDA | P35_T1_I2CSCL);
    P3_MFP |= (I2CSDA | I2CSCL);                   //選擇 P3.4,P3.5 作為 I2C0 功能
接腳

    APBCLK |= I2C0_CLKEN;                           //致能 I2C0 時脈
    I2CLK = I2C_CLOCK;

    I2CON |= ENSI;                                  //致能 I2C

}
```

```
/*********************************************
*函數名稱:AT24C0XWrite
*輸    入:unAddr    寫位址
        pucData    寫資料
         unLength  寫長度
*輸    出:TRUE/FALSE
*功    能:AT24C0X 寫
*********************************************/
BOOL AT24C0XWrite(UINT32 unAddr,UINT8 *pucData,UINT32 unLength)
{
    UINT32 i;

    I2CON |= STA;                            //啟動
    I2CON |= SI;

    while ((I2CON & SI) != SI);

    I2CON &= ((~STA)&(~SI));

    if (I2STATUS != 0x08)
    {
        DEBUGMSG("I2CStart fail,I2STATUS %02X\r\n",I2STATUS);

        return FALSE;
    }

    //進入讀寫控制操作
    I2DAT = EEPROM_SLA | EEPROM_WR;
    I2CON |= SI;
    while ((I2CON & SI) != SI);

    if (I2STATUS != 0x18)
    {
```

```
        DEBUGMSG("I2C write control fail\r\n");


        return FALSE;
    }


    //寫位址
    I2DAT = unAddr;
    I2CON |= SI;
    while ((I2CON & SI) != SI);
    if (I2STATUS != 0x28)
    {
        DEBUGMSG("I2C write addr fail\r\n");
         return FALSE;
    }


    //寫資料
    for(i=0; i<unLength; i++)
    {
        I2DAT = *(pucData+i);
        I2CON |= SI;
        while ((I2CON & SI) != SI);
        if (I2STATUS != 0x28)
        {
            DEBUGMSG("I2C write data fail\r\n");
             return FALSE;
        }
    }


    //停止
    I2CON |= STO;
    I2CON |= SI;
    while (I2CON & STO);
```

```
        DEBUGMSG("I2C stop ok\r\n");


    Timed_Write_Cycle();


    return TRUE;
}


/*******************************************
*函數名稱:AT24C0XRead
*輸    入:unAddr    讀位址
        pucData   讀資料
          unLength 讀長度
*輸    出:TRUE/FALSE
*功    能:AT24C0X 讀
*******************************************/
BOOL AT24C0XRead(UINT32 unAddr,UINT8 *pucData,UINT32 unLength)
{
    UINT32 i;


    I2CON |= STA;                            //啓動
    I2CON |= SI;


    while ((I2CON & SI) != SI);


    I2CON &= ((~STA)&(~SI));


    if (I2STATUS != 0x08)
    {
        DEBUGMSG("I2CStart fail,I2STATUS %02X\r\n",I2STATUS);


        return FALSE;
    }
```

```
//進入讀寫控制操作
I2DAT = EEPROM_SLA | EEPROM_WR;
I2CON |= SI;
while ((I2CON & SI) != SI);

if (I2STATUS != 0x18)
{
    DEBUGMSG("I2C write control fail\r\n");

    return FALSE;
}

//寫入讀位址
I2DAT = unAddr;
I2CON |= SI;
while ((I2CON & SI) != SI);
if (I2STATUS != 0x28)
{
    DEBUGMSG("I2C write addr fail\r\n");
    return FALSE;
}

// 重新啟動
I2CON |= STA;
I2CON |= SI;
while ((I2CON & SI) != SI);
I2CON &= ((~STA)&(~SI));

if (I2STATUS != 0x10)
{
    DEBUGMSG("I2C repeated start fail\r\n");

    return FALSE;
}
```

```
//進入讀操作
I2DAT = EEPROM_SLA | EEPROM_RD;
I2CON |= SI;
while ((I2CON & SI) != SI);

if (I2STATUS != 0x40)
{
    DEBUGMSG("I2C write control fail\r\n");
    while (1);
}

//讀取資料
I2CON |= AA;

for(i=0; i<unLength; i++)
{

    I2CON |= SI;
    while ((I2CON & SI) != SI);

    if (I2STATUS != 0x50)
    {
        DEBUGMSG("I2C read fail\r\n");
        return FALSE;
    }

    *(pucData+i) = I2DAT;
}

//發送 NACK 到 AT24C02，執行斷開連接操作
I2CON &= (~AA);
I2CON |= SI;
while ((I2CON & SI) != SI);
```

```
    //停止
    I2CON |= STO;
    I2CON |= SI;
    while (I2CON & STO);


    DEBUGMSG("I2C read ok\r\n");


    return TRUE;

}
/*******************************************
*函數名稱:main
*輸    入:無
*輸    出:無
*功    能:函數主體
*******************************************/
INT32 main(VOID)
{
    UINT8 i,buf[32];

    PROTECT_REG                                    //ISP下載時保護FLASH記憶
體
    (

        PWRCON |= XTL12M_EN;                        //預設時脈源爲外部晶振
        while((CLKSTATUS & XTL12M_STB) == 0);      //等待12MHz時脈穩定
        CLKSEL0 = (CLKSEL0 & (~HCLK)) | HCLK_12M;//設置外部晶振爲系統時脈

    )

    UartInit(12000000,9600);                       //鮑率設置爲9600bps
    I2CInit();
```

```
DEBUGMSG("I2C Test\r\n");


while(1)
{
    for(i=0; i<sizeof(buf); i++)              //初始化寫緩衝區
    {
        buf[i]=0x55;
    }


    DEBUGMSG("\r\nAT24C0XWrite Test\r\n");



    AT24C0XWrite(0,buf,sizeof(buf));          //執行寫操作

    Delayms(500);

    //=====================================================


    DEBUGMSG("AT24C0XRead Test\r\n");

    for(i=0; i<sizeof(buf); i++)              //初始化讀緩衝區
    {
        buf[i]=0x00;
    }


    AT24C0XRead(0,buf,sizeof(buf));           //執行讀操作

    for(i=0; i<10; i++)
    {
        DEBUGMSG("%02X ",buf[i]);             //列印讀取的數值


    }
```

```
        Delayms(500);


    }
}
```

4. 程式碼分析

　　AT24C02 讀寫函數的傳入參數保持一致，分別是位址、讀寫資料緩衝區、讀寫資料長度。然而它們內部的不同之處在於讀函數操作需要再次重新重置 I2C 匯流排，寫函數需要同步寫週期。

 深入重點

☆ I2C 為雙向串列匯流排，為設備之間的數據通信提供了簡單有效的方法。標準 I2C 是多主機匯流排，包括衝突檢測和仲裁機制以防止在兩個或多個主機試圖同時控制匯流排時發生的數據衝突。

☆ 通常標準 I2C 傳輸協議包含四個部分：
(1) 起始信號或重複起始信號的產生。
(2) 從機地址和 R/W 位傳輸。
(3) 數據傳輸。
(4) 停止信號的產生。

16

CHAPTER

串列外圍設備介面(SPI)
控制器

16.1 概述

SPI 是英文"Serial Peripheral Interface"的縮寫，中文意思是串列外圍設備介面，SPI 是 Motorola 公司推出的一種同步串列通信方式，是一種三線同步匯流排，因其硬體功能很強，與 SPI 有關的軟體就相當簡單，使 CPU 有更多的時間處理其他事務。

SPI 介面是 Motorola 首先提出的全雙工三線同步串列外圍介面，採用主從模式(Master Slave)架構；支援多 slave 模式應用，一般僅支援單 Master。時脈由 Master 控制，在時脈移位脈衝下，資料按位傳輸，高位在前，低位在後(MSB first)；SPI 介面有 2 根單向資料線，為全雙工通信，目前應用中的資料速率可達幾 Mbps 的水平。

SPI 介面主要應用在 EEPROM、FLASH、即時時脈、AD 轉換器，還有數位信號微控制器和數位信號解碼器之間。SPI 是一種高速的、全雙工、同步的通信匯流排，並且在晶片的接腳上只佔用四根線，節約了晶片的接腳，同時為 PCB 的佈局上節省空間，提供方便，正是出於這種簡單易用的特性，現在越來越多的晶片整合了這種通信協議，比如 ATMEGA16、LPC2142、S3C2440。

SPI 的通信原理很簡單，它以主從方式工作，這種模式通常有一個主設備和一個或多個從設備,需要至少 4 根線,事實上 3 根也可以(單向傳輸時)也是所有基於 SPI 的設備共有的,它們是 MISO(資料輸入)、MOSI(資料輸出)、SCK(時脈)、CS(片選)。

串列外圍設備介面(SPI)是一個工作於全雙工模式下的同步串列資料通信協議。設備通過 4 線雙端介面工作於主機/從機模式進行通信。NuMicro M051 系列包括最多 2 組 SPI 控制器,將從周邊設備接收到的資料進行串並轉換,或將要發送到周邊設備的資料進行並串轉換。每組 SPI 控制器都可被設置成主機;也可設置為被片外主機設備控制的從機。

16.2 特性

- 最多兩組 SPI 控制器
- 支援主/從機模式
- 可配置位元長度,一個傳輸字最多可達 32 位元;可配置的傳輸字數,一次最多可傳輸 2 個字,所以一次資料傳輸的最大位元長度是 64 位元
- 支援 burst 操作模式,在一次傳輸過程中,發送/接收可執行兩次字傳輸
- 支援 MSB 或 LSB 優先傳輸
- 位元組或字休眠模式
- 主機模式下可輸出多種串列時脈頻率
- 主機模式下支援兩個可程式設計的串列時脈頻率

一、SPI 通信有以下特點:

1. 主機控制具有完全的主導位址。它決定著通信的速度,也決定著何時可以開始和結束一次通信,從機只能被動響應主機發起的傳輸。
2. SPI 通信是一種全雙工高速的通信方式。從通信的任意一方來看,讀操作和寫操作都是同步完成的。
3. SPI 的傳輸始終是在主機控制下,進行雙向同步的資料交換。

主機/從機模式　SPI 控制器可通過設置 SLAVE 位(SPI_CNTRL[18])被配置爲主機或從機模式，來與片外 SPI 從機或主機設備通信。在主機模式與從機模式下的應用框圖，如圖 16.3-1 和圖 16.3-2 所示。

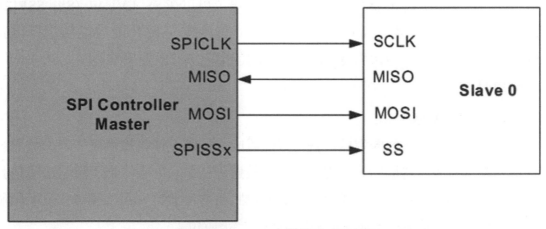

圖 16.3-1　SPI 主機模式應用框圖

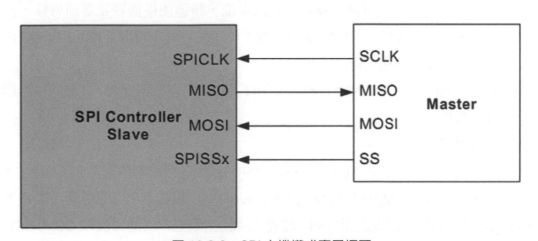

圖 16.3-2　SPI 主機模式應用框圖

1. 從機選擇

在主機模式下，SPI 控制器能通過從機選擇輸出腳 SPISS 驅動一個片外從機設備。從機模式下，片外的主機設備驅動從機選擇信號通過 SPISS 輸入到 SPI 控制器。在主機/從機模式下，從機選擇信號的有效電位可以在 SS_LVL 位 (SPI_SSR[2]) 被程式設計爲低有效或高有效，SS_LTRIG 位(SPI_SSR[4])配置從機選擇信號

SPISS 為電位觸發或邊緣觸發。觸發條件的選擇取決於所連接的外圍從機/主機的設備類型。

2. 從機選擇

在主機模式下，SPI 控制器能通過從機選擇輸出腳 SPISS 驅動一個片外從機設備。從機模式下，片外的主機設備驅動從機選擇信號通過 SPISS 輸入到 SPI 控制器。在主機/從機模式下，從機選擇信號的有效電位可以在 SS_LVL 位 (SPI_SSR[2]) 被程式設計為低有效或高有效，SS_LTRIG 位(SPI_SSR[4])配置從機選擇信號 SPISS 為電位觸發或邊緣觸發。觸發條件的選擇取決於所連接的外圍從機/主機的設備類型。

3. 電位觸發/邊緣觸發

在從機模式下，從機選擇信號可以配置成電位觸發或邊緣觸發。邊緣觸發，資料傳輸從有效邊緣開始，到出現一個無效邊緣結束。如果主機不發送邊緣信號給從機，傳輸將不能完成，從機的中斷旗標將不會被置位。電位觸發，下面兩個情況可以終止傳輸過程，並使從機的中斷旗標被置位：

(1) 如果主機設置從機選擇接腳為非有效電位，將迫使從機終止當前傳輸，而不管已經傳輸多少位，且中斷旗標將被置位。用戶可以讀取 LTRIG_FLAG 位的狀態來判斷資料是否傳輸完畢。

(2) 如果傳輸位數與 TX_NUM 和 TX_BIT_LEN 的設置匹配時，從機的中斷旗標將被置位。

4. 自動從機選擇

在主機模式下，如果 AUTOSS (SPI_SSR[3])置位，從機選擇信號自動產生，並根據 SSR[0] (SPI_SSR[0])是否致能，輸出到 SPISS 接腳上，這意味著，從機選擇信號(由 SSR[0]暫存器致能)由 SPI 控制器在發送/接收開始(通過置位 GO_BUSY 位 (SPI_CNTRL[0])實現)時置位有效，在傳輸結束時置位無效。當 AUTOSS 位清除時，可以手動置位與清除暫存器 SPI_SSR[0]的相關位，來宣告或取消從機選擇輸出信號。從機選擇輸出信號的有效電位在 SS_LVL 位 (SPI_SSR[2])指定。

5. 串列時脈

在主機模式下，配置 DIVIDER 暫存器(SPI_DIVIDER [15:0])來程式設計，由 SPICLK 接腳輸出的串列時脈頻率。如果 VARCLK_EN bit (SPI_CNTRL[23])致能，串列時脈也支援可變頻率功能，在這種情況下，串列時脈每一位的輸出頻率可被程式設計為一種頻率或兩種不同的頻率，這取決於 DIVIDER 和 DIVIDER2(SPI_DIVIDER[31:16]) 的設置。每一位的可變頻率是由 VARCLK(SPI_VARCLK[3:0])暫存器定義的。在從機模式下，片外主機設備通過此 SPI 控制器的 SPICLK 輸入埠驅動串列時脈。

6. 時脈極性

在主機模式下，CLKP 位 (SPI_CNTRL[11])定義串列時脈的空閒狀態。如果 CLKP = 1，輸出 SPICLK 在高電位下為空閒狀態。CLKP = 0 時，輸出 SPICLK 在低電位下為空閒狀態。對於可變串列時脈，僅 CLKP = 0 時有效。

7. 發送/接收位長度

傳輸字的長度在 Tx_BIT_LEN 位(SPI_CNTRL[7:3])中配置。對於發送和接收，一個傳輸字的位元長度可被配置為最多 32 位元。

8. Burst 模式/脈衝模式

SPI 可通過設置 TX_NUM (SPI_CNTRL [9:8])為 0X01，切換到 burst 模式。burst 模式下，SPI 可以在一次傳輸中進行兩次發送/接收處理。SPI burst 模式波形圖如圖 16.3-3 所示：

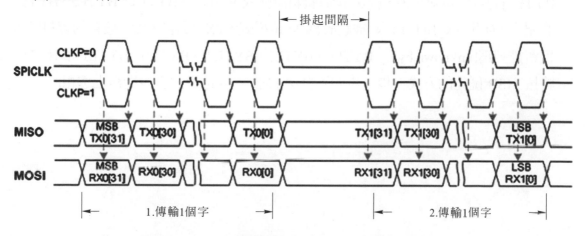

圖 16.3-3　一次傳輸兩個 Transactions (Burst Mode)

9. LSB First

LSB 位(SPI_CNTRL[10]) 定義是從 LSB 還是從 MSB 開始發送/接收資料。

10. 發送邊緣

Tx_NEG 位 (SPI_CNTRL[2]) 定義資料發送是在串列時脈 SPICLK 的負緣還是正緣。

11. 接收邊緣

Rx_NEG 位 (SPI_CNTRL[1]) 定義資料接收是在串列時脈 SPICLK 的負緣還是正緣。

12. 字休眠

在主機模式下，SP_CYCLE (SPI_CNTRL[15:12])的 4 位提供在兩個連續傳輸字之間可配置為 2～17 個串列時脈週期的休眠間隔。休眠間隔指從前一次傳輸字的最後一個時脈負緣到下一次傳輸字的第一個時脈正緣(CLKP = 0)；如果 CLKP = 1，間隔為前一次傳輸字的正緣到下一次傳輸字的負緣。SP_CYCLE 的預設值為 0x0 (2 個串列時脈週期)，如果 Tx_NUM = 0x00，設置這些位對資料傳輸過程沒有任何影響。

13. 位元組重排序

當傳輸被設置為 MSB 優先(LSB = 0)，並且 REORDER 被致能時，TX_BIT_LEN = 32 位模式下，儲存在 TX 緩存與 RX 緩存中的資料將按[BYTE0、BYTE1、BYTE2、BYTE3]的次序重新排列，發送/接收資料將變成 BYTE0、BYTE1、BYTE2、BYTE3 的順序。如果 Tx_BIT_LEN 被設置為 24 位模式，TX 緩存與 RX 緩存的資料將被重新排列為[unknown byte、BYTE0、BYTE1、BYTE2]、BYTE0、BYTE1 和 BYTE2 將按 MSB 優先的方式一步一步的被發送/接收。16 位模式下規則與上述相同。

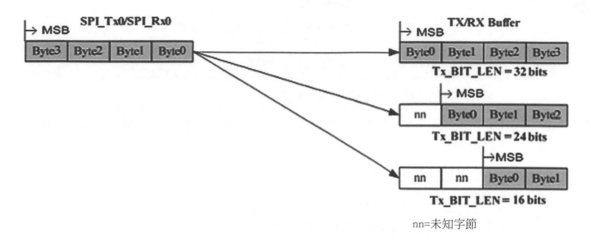

圖 16.3-4　一次傳輸兩個 Transactions (Burst Mode)

14. 位元組休眠

　　主機模式下，如果 SPI_CNTRL[19]被設置為 1，硬體將在一個傳輸字的兩個連續傳輸位元組之間插入 2～17 個串列時脈週期的休眠間隔。位元組休眠的設定與字休眠設定一樣，二者使用共同的位域 SP_CYCLE，注意當致能位元組休眠功能時，TX_BIT_LEN 必須被設置為 0x00 (一個傳輸字 32 位元)。

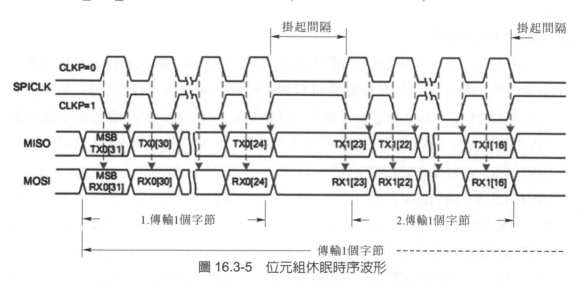

圖 16.3-5　位元組休眠時序波形

表 16.3-1 位元組順序和位元組休眠條件

重排序模式選擇	描述
00	禁用位元組重排序功能和位元組休眠。
01	致能位元組重排序功能，並在每個位元組之間插入一個位元組休眠間隔(2~17 串列時脈週期)。 TX_BIT_LEN 的設置必須配置成 0x00 (32 bits/ word)。
10	致能位元組重排序功能但禁用位元組休眠功能。
11	禁用位元組重排序功能，但在每個位元組之間插入一個休眠間隔(2~17 串列時脈週期)。 TX_BIT_LEN 的設置必須配置成 0x00 (32 bits/ word)。

15. 中斷

資料傳輸完畢時，每一個 SPI 控制器會產生一個獨立的中斷，並且各自的中斷事件旗標 IF (SPI_CNTRL[16])將會被置位。如果中斷致能位 IE(SPI_CNTRL[17]) 置位，則中斷事件旗標將向 CPU 產生一個中斷。中斷事件旗標只能通過向其寫 1 清除。

16. 可變串列時脈頻率

在主機模式下，如果可變時脈致能位 VARCLK_EN (SPI_CNTRL [23])致能，串列時脈的輸出可被程式設計為可變頻率模式。頻率格式在暫存器 VARCLK (SPI_VARCLK [31:0])裡定義。如果 VARCLK 的某位為'0'，輸出頻率取決於 DIVIDER (SPI_DIVIDER[15:0])，如果 VARCLK 某位為'1'，輸出頻率取決於 DIVIDER2 (SPI_DIVIDER[31:16])。圖 16.3-6 為串列時脈(SPICLK)、VARCLK、DIVIDER 和 DIVIDER2 之間的時序關係。VARCLK 中兩位聯合確定一個時脈週期。位域 VARCLK [31:30]確定 SPICLK 的第一個時脈週期，位域 VARCLK [29:28]確定 SPICLK 的第二個時脈週期，以此類推。時脈源的選擇在 VARCLK 中定義，且必須在下一個時脈選擇前 1 個週期被置位。例如，如果在 SPICLK 中有 5 個 CLK1，VARCLK 將在 MSB 設置 9 個'0'，第 10 個將設置為'1'，以切換到下一個時脈源 CLK2。注意當致能 VARCLK_EN 位，TX_BIT_LEN 必須設置成 0x10 (僅 16 bits 模式)。

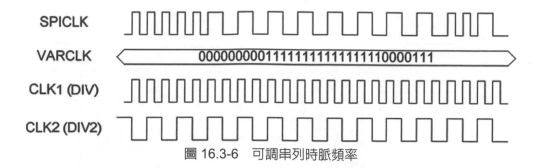

圖 16.3-6 可調串列時脈頻率

16.4 時序波形圖

在主機/從機模式下，設備/從機選擇信號(SPISS)的有效電位可以在 SS_LVL 位 (SPI_SSR[2])被程式設計為低電位有效或高電位有效，但是 SPISSx0/1 是電位觸發還是邊緣觸發在 SS_LTRIG 位 (SPI_SSR[4])中定義。串列時脈(SPICLK)的空閒狀態可以通過 CLKP 位 (SPI_CNTRL[11]) 配置為高狀態或低狀態。在 Tx_BIT_LEN (SPI_CNTRL[7:3])中配置傳輸字的長度，在 Tx_NUM (SPI_CNTRL[8])中配置傳輸的數目，在 LSB bit (SPI_CNTRL[10])中配置發送/接收資料是 MSB 還是 LSB 優先。用戶還可以在暫存器 Tx_NEG/Rx_NEG (SPI_CNTRL[2:1])中選擇在時脈的正緣還是負緣發送/接收資料。主機/從機的四種 SPI 操作時序圖和相關的設定，如圖 16.4-1 到圖 16.4-4 所示。

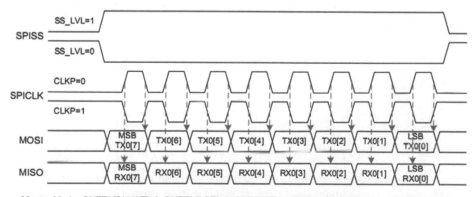

Master Mode: CNTRL[SLVAE]=0, CNTRL[LSB]=0, CNTRL[TX_NUM]=0x0, CNTRL[TX_BIT_LEN]=0x08

1. CNTRL[CLKP]=0, CNTRL[TX_NEG]=1, CNTRL[RX_NEG]=0 or
2. CNTRL[CLKP]=1, CNTRL[TX_NEG]=0, CNTRL[RX_NEG]=1

圖 16.4-1 主機模式下 SPI 時序

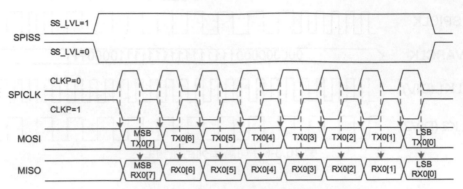

Master Mode: CNTRL[SLVAE]=0, CNTRL[LSB]=1, CNTRL[TX_NUM]=0x0, CNTRL[TX_BIT_LEN]=0x08

　　1. CNTRL[CLKP]=0, CNTRL[TX_NEG]=0, CNTRL[RX_NEG]=1 or
　　2. CNTRL[CLKP]=1, CNTRL[TX_NEG]=1, CNTRL[RX_NEG]=0

圖 16.4-2　主機模式下 SPI 時序(Alternate Phase of SPICLK)

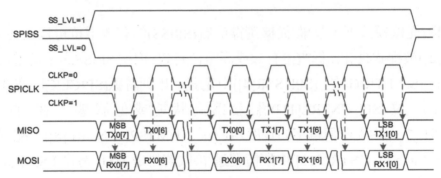

Slave Mode: CNTRL[SLVAE]=1, CNTRL[LSB]=0, CNTRL[TX_NUM]=0x01, CNTRL[TX_BIT_LEN]=0x08

　　1. CNTRL[CLKP]=0, CNTRL[TX_NEG]=1, CNTRL[RX_NEG]=0 or
　　2. CNTRL[CLKP]=1, CNTRL[TX_NEG]=0, CNTRL[RX_NEG]=1

圖 16.4-3　從機模式下 SPI 時序

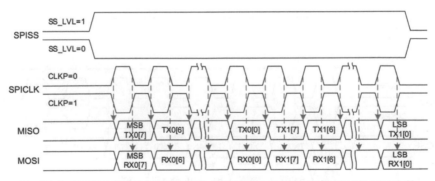

Slave Mode: CNTRL[SLVAE]=1, CNTRL[LSB]=1, CNTRL[TX_NUM]=0x01, CNTRL[TX_BIT_LEN]=0x08

　　1. CNTRL[CLKP]=0, CNTRL[TX_NEG]=0, CNTRL[RX_NEG]=1 or
　　2. CNTRL[CLKP]=1, CNTRL[TX_NEG]=1, CNTRL[RX_NEG]=0

圖 16.4-4　從機模式下 SPI 時序(Alternate Phase of SPICLK)

16.5 相關暫存器

1. SPI 控制與狀態暫存器(SPI_CNTRL)

Bits		描述
[31:24]	-	-
[23]	VARCLK_EN	**可調多時脈致能 (僅主機)** 0 = 串列時脈輸出僅由 DIVIDER 的值決定。 1 = 串列時脈輸出可變，輸出頻率由 VARCLK、DIVIDER 和 DIVIDER2 的值決定。 註：當致能 VARCLK_EN，TX_BIT_LEN 必須設置成 0x10 (16 bits 模式)。
[22:21]	-	-
[20:19]	REORDER	**重排序模式選擇** 00 = 禁用位元組重排序和位元組休眠功能。 01 = 致能位元組重排序，並在每個位元組之間插入一個位元組休眠間隔 (2~17 串列時脈週期)。TX_BIT_LEN 必須設置成 0x00 (32 bits/word)。 10 = 致能位元組重排序功能，但禁用位元組休眠功能。 11 = 禁用位元組重排序功能，但在每個位元組之間插入一個休眠間隔(2~17 串列時脈週期)。TX_BIT_LEN 必須設置成 0x00 (32 bits/word)。
[18]	SLAVE	**從機模式選擇** 0 = 主機模式 1 = 從機模式
[17]	IE	**中斷致能** 0 = 禁用 MICROWIRE/SPI 中斷 1 = 致能 MICROWIRE/SPI 中斷
[16]	IF	**中斷旗標** 0 = 表示傳輸未結束。 1 = 表示傳輸完成。當 SPI 致能，該位置 1。 註：該位寫 1 清除。
[15:12]	SP_CYCLE	**休眠間隙 (僅主機模式)** 該四位用於編輯增加在兩次連續傳輸內的間隔時間。如果

Bits		描述
		CLKP = 0，間隔時間從當前傳輸的最後一個時脈負緣到下次傳輸的第一個時脈正緣。如果 CLKP = 1，間隔時間從時脈正緣到時脈負緣。預設值為 0x0。當 Tx_NUM = 00，該位無效。下列公式可獲得所需的間隔時間。 (SP_CYCLE[3:0] + 2) * SPI 時脈週期 SP_CYCLE = 0x0 … 2 個 SPI 時脈週期 SP_CYCLE = 0x1 … 3 個 SPI 時脈週期 …… SP_CYCLE = 0xe … 16 個 SPI 時脈週期 SP_CYCLE = 0xf … 17 個 SPI 時脈週期
[11]	CLKP	**時脈極性** 0 = SCLK 低電位空閒。 1 = SCLK 高電位空閒。
[10]	LSB	**優先傳送 LSB** 0 = 優先發送/接收 MSB (具體是 SPI_TX0/1 和 SPI_RX0/1 暫存器的哪一位取決於 TX_BIT_LEN 的值)。 1 = 優先發送 LSB (SPI_TX0/1 的 bit 0)，接收到的首位數居被送入 Rx 暫存器的 LSB 位置(SPI_RX0/1 的 bit 0)。
[9:8]	TX_NUM	**發送/接收數量** 該暫存器用於標示一次成功傳輸中，傳輸的數量。 00 = 每次傳輸僅完成一次發送/接收 01 = 每次傳輸完成兩次發送/接收 10 = - 11 = -
[7:3]	TX_BIT_LEN	**傳輸位長度** 該暫存器用於標示一次傳輸中，完成的傳輸長度，最高紀錄 32 位。 Tx_BIT_LEN = 0x01 … 1 位 Tx_BIT_LEN = 0x02 … 2 位 …… Tx_BIT_LEN = 0x1f … 31 位 Tx_BIT_LEN = 0x00 … 32 位

Bits		描述
[2]	TX_NEG	**發送資料邊緣反向位** 0 = SDO 信號在 SPICLK 的正緣改變 1 = SDO 信號在 SPICLK 的負緣改
[1]	RX_NEG	**接收資料邊緣反向位** 0 = SDI 信號在 SPICLK 正緣鎖存 1 = SDI 信號在 SPICLK 負緣鎖存
[0]	GO_BUSY	**通信或忙狀態旗標** 0 = 在 SPI 正在通信時對該位寫 0，會使資料傳輸停止。 主機模式下，對該位寫 1 = 開啟 SPI 資料傳輸；從機模式下， 對該位寫 1 表明從機已準備好與主機的通信。 註 : 在對 CNTRL 暫存器的 GO_GOBY 置 1 之前，必須先配置相對應的暫存器。 　　在傳輸過程中再對其他暫存器進行配置，無法影響傳輸過程。

2. SPI 分頻暫存器(SPI_DIVIDER)

Bits		描述
[31:16]	DIVIDER2	**時脈 2 分頻暫存器(僅主機模式)** 系統時脈，PCLK 的第 2 個頻率分頻器，產生串列時脈輸出 SPICLK。可以根據下列方程獲得期望的頻率： $$f_{sclk} = \frac{f_{psclk}}{(DIVIDER2+1) \times 2}$$
[15:0]	DIVIDER	**時脈分頻暫存器(僅主機模式)** 系統時脈，PCLK 的分頻器產生串列時脈輸出 SPICLK。根據下列方程獲得期望的頻率。 $$f_{sclk} = \frac{f_{psclk}}{(DIVIDER+1) \times 2}$$ 從機模式，由主機提供的 SPI 時脈週期，可以大於或等於 PCLK 週期的 5 倍。換言之，SPI 時脈的最大頻率為從機 PCLK 的 1/5。

3. SPI 從機選擇暫存器(SPI_SSR)

Bits		描述
[31:6]	-	-
[5]	LTRIG_FLAG	**電位觸發旗標** 在從機模式下 SS_LTRIG 置位，該旗標能夠表示接收到的位數量是否達到要求。 1：接收數量和接收位長度達到 TX_NUM 及 TX_BIT_LEN 內的值。 0：接收數量或接收位長度沒有達到 TX_NUM 及 TX_BIT_LEN 內的值。 註：該位唯讀。
[4]	SS_LTRIG	**從機電位觸發選擇(從機模式)** 0：從機輸入邊緣觸發，該為預設值 。 1：從機選擇由電位觸發。根據 SS_LVL 選擇是高電位/低電位觸發。
[3]	AUTOSS	**自動從機選擇(主機模式)** 0 = 該位清位，從機選擇信號是否生效，由設置或清除 SSR[0] 暫存器決定。 1 = 該位置位，SPISS0/1 信號自動產生。這說明在 SSR[0]暫存器內的從機選擇信號，在置位 GO_BUSY 開始發送/接收時有 SPI 控制器宣告，並且在傳輸結束後解除宣告。
[2]	SS_LVL	**從機選擇啟動電位** 該位決定 SPISS0/1 暫存器內從機選擇信號根據哪個電位啟動。 0 = SPISS0/1 從機選擇低電位/負緣時啟動 1 = The SPISS0/1 從機選擇高電位/正緣時啟動
[1]	-	-
[0]	SSR	**從機選擇暫存器(主機模式)** 當 AUTOSS 位被清除，對 SSR 位寫 1，將會啟動 SPISSx 線，寫 0 線上返回至非活動狀態。 當 AUTOSS 位被設置，對 SSR 位寫 1，將會使 SPISSx 線上在傳輸/接受資料時自動驅動至啟動狀態。在其他時間驅動至非活動狀態(由 SS_LVL 決定啟動電位)。

Bits	描述
		註：SPISSx 通常在從機模式下被定義為設備/從機選擇輸入。

4. SPI 資料接收暫存器(SPI_RX0/SPI_RX1)

Bits		描述
[31:0]	RX	**資料接收暫存器** 資料接收暫存器內保存最後一次傳輸所接收的資料。資料的長度根據 SPI_CNTRL 暫存器內配置的長度決定。例如，Tx_BIT_LEN 設定為 0x08 且 Tx_NUM 設定為 0x0，Rx0[7:0] 內保存傳輸資料。 註：資料接收暫存器為唯讀暫存器。

5. SPI 資料發送暫存器(SPI_TX0/SPI_TX1)

Bits		描述
[31:0]	TX	**資料發送暫存器** 資料發送暫存器記憶體儲下一次被發送的資料。資料的長度根據 CNTRL 暫存器內配置的長度決定。例如，TX_BIT_LEN 設定為 0x08 且 TX_NUM 設定為 0x0，TX0[7:0] 內的資料將被發送。如果 TX_BIT_LEN 設定為 0x00 且 TX_NUM 設定為 0x1，模組將用同種設置確保 2 個 32 位資料發送/接收(順序是 TX0[31:0]，TX1[31:0])。

6. SPI 可調時脈類型暫存器(SPI_VARCLK)

Bits		描述
[31:0]	VARCLK	**可調時脈類型** 該值為 SPI 時脈頻率類型。VARCLK 為'0', SPICLK 的輸出頻率取決於 DIVIDER 的值。VARCLK 為'1', SPICLK 的輸出頻率取決於 DIVIDER2。參考暫存器 SPI_DIVIDER。 註：僅適用於 CLKP = 0。

16.6　實驗

【實驗 16.6-1】SmartM-M051 開發板：採用 M051 微控制器內置的兩個進行 SPI 通信自測，並通過序列埠列印相關資料。

1.　硬體設計

P0.4 連接到 P1.4

P0.5 連接到 P1.5

P0.6 連接到 P1.6

P0.7 連接到 P1.7

2.　軟體設計

M051 微控制器內置兩個 SPI 介面，可將 SPI0 工作在主機模式，SPI1 工作在從機模式。當 SPI1 接收到 SPI0 發送的資料時，並通過序列埠列印。

3.　流程圖

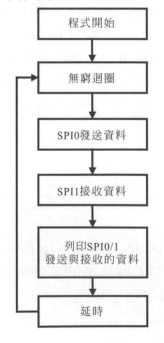
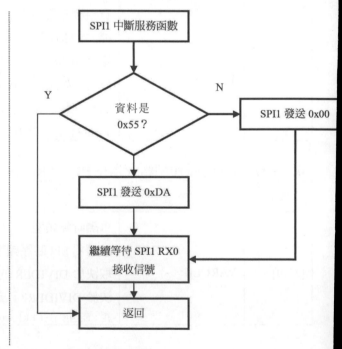

圖 16.6-1　SPI 實驗流程圖

4. 實驗程式碼

表 16.6-1 SPI 實驗函數列表

函數列表		
序號	函數名稱	說明
1	Spi0Send1W	SPI0 發送資料
2	Spi0MasterInit	SPI0 初始化為主機模式
3	Spi0Length	設置 SPI0 資料長度
4	Spi1SlaveInit	SPI1 初始化為從機
5	GetSlaveID	獲取從機 ID
6	PrintGetData	列印 SPI0/1 接收到的資料
中斷服務函數		
7	SPI1_IRQHandler	SPI1 中斷服務函數

程式清單 16.6-1 SPI 實驗程式碼

程式碼位置：\基礎實驗-SPI\main.c

```
#include "SmartM_M0.h"


#define DEBUGMSG printf


STATIC UINT32  g_unSpi0Rx0Data = 0, g_unSpi1Rx0Data = 0;


STATIC VOID Spi0Send1W(UINT32 ulData, UINT8 ucLength);

STATIC VOID GetSlaveID(VOID);

STATIC VOID Spi0Length(UINT8 ucLength);

STATIC VOID Spi1SlaveInit(VOID);

STATIC VOID SPI1_IRQHandler(VOID);

STATIC VOID PrintGetData(VOID);

STATIC VOID Spi1Length(UINT8 ucLength);


/*******************************************
*函數名稱:Spi0MasterInit
*輸    入:無
*輸    出:無
```

```
*功    能:SPI0 初始化為主機模式
******************************************/
VOID Spi0MasterInit(VOID)
{
    P1_MFP &= ~(P14_AIN4_SPI0SS |
                P15_AIN5_SPI0MOSI |
                P16_AIN6_SPI0MISO |
                P17_AIN7_SPI0CLK) ;

    P1_MFP |= (SPI0SS |
               SPI0MOSI |
               SPI0MISO |
               SPI0CLK) ;                      //致能 SPI0 相關接腳

    ENABLE_SPI0_CLK;                           //SPI0 時脈致能


    SPI0_SSR &= ~LVL_H;                         //從機選擇選擇信號通過低電位啓動


    SPI0_CNTRL &= ~LSB_FIRST;                  //優先發送/接收最高有效位
    SPI0_CNTRL &= ~CLKP_IDLE_H;                //SCLK 空閒時爲低電位
    SPI0_CNTRL |= TX_NEG_F;                    //SDO 信號在 SPICLK 的負緣改變
    SPI0_CNTRL &= ~RX_NEG_F;                   //SDI 信號在 SPICLK 正緣鎖存

    CLKDIV &= 0xFFFFFFF0;                                  //HCLK_N = 0, Pclk =
SYSclk/(HCLK_N+1)
    SPI0_DIVIDER &= 0xFFFF0000;              //SPIclk = Pclk/((HCLK_N+1)*2)
    SPI0_DIVIDER |= 0x00000002;


    SET_SPI0_MASTER_MODE;                      //SPI0 工作在主機模式
    ENABLE_SPI0_AUTO_SLAVE_SLECT;             //致能自動從機選擇
    SPI0_SSR |= SSR_ACT;
}

/******************************************
*函數名稱:Spi0Send1W
```

```
*輸    入:ulData    發送的資料
        ucLength   資料長度
*輸    出:無
*功    能:SPI0 發送資料
******************************************/
VOID Spi0Send1W(UINT32 ulData, UINT8 ucLength)
{
    SPI0_CNTRL &= TX_NUM_ONE;
    Spi0Length(ucLength);
    SPI0_TX0 = ulData;
    SPI0_CNTRL |= GO_BUSY;
}

/******************************************
*函數名稱:GetSlaveID
*輸    入:無
*輸    出:無
*功    能:獲取從機 ID
******************************************/
VOID GetSlaveID(VOID)
{

    Spi0Send1W(0x00000055, 0x08);
    while((SPI0_CNTRL & GO_BUSY)!=0);


    Spi0Send1W(0x00000000, 0x08);
    while((SPI0_CNTRL & GO_BUSY)!=0);
    g_unSpi0Rx0Data = SPI0_RX0;
}

/******************************************
*函數名稱:Spi0Length
*輸    入:ucLength 資料長度
*輸    出:無
*功    能:設置 SPI0 資料長度
```

```
**********************************************/
VOID Spi0Length(UINT8 ucLength)
{
    if(ucLength <= 0x20)
    {
        if((ucLength & 0x01) == 0)
            SPI0_CNTRL &= ~(1<<3);
        else
            SPI0_CNTRL |= (1<<3);
        if((ucLength & 0x02) == 0)
            SPI0_CNTRL &= ~(1<<4);
        else
            SPI0_CNTRL |= (1<<4);

        if((ucLength & 0x04) == 0)
            SPI0_CNTRL &= ~(1<<5);
        else
            SPI0_CNTRL |= (1<<5);

        if((ucLength & 0x08) == 0)
            SPI0_CNTRL &= ~(1<<6);
        else
            SPI0_CNTRL |= (1<<6);

        if((ucLength & 0x10) == 0)
            SPI0_CNTRL &= ~(1<<7);
        else
            SPI0_CNTRL |= (1<<7);
    }
}
/**************************************
*函數名稱:Spi1SlaveInit
*輸    入:無
*輸    出:無
*功    能:SPI1 初始化爲從機
```

```
*****************************************/
VOID Spi1SlaveInit(VOID)
{
    P0_MFP &= ~(P04_AD4_SPI1SS |
                P05_AD5_SPI1MOSI |
                P06_AD6_SPI1MISO |
                P07_AD7_SPI1CLK) ;


    P0_MFP |= (SPI1SS |
               SPI1MOSI |
               SPI1MISO |
               SPI1CLK) ;                 //致能 SPI1 相關接腳

    ENABLE_SPI1_CLK;

    SPI1_SSR &= LTRIG_EDG;         //從機輸入邊緣觸發
    SPI1_SSR &= ~LVL_H;                      //從機選擇選擇信號通過低電位啟動

    SPI1_CNTRL &= ~LSB_FIRST;      //優先發送/接收最高有效位
    SPI1_CNTRL &= ~CLKP_IDLE_H;       //SCLK 空閒時為低電位
    SPI1_CNTRL |= TX_NEG_F;             //SDO 信號在 SPICLK 的負緣改變
    SPI1_CNTRL &= ~RX_NEG_F;      //SDI 信號在 SPICLK 正緣鎖存

    CLKDIV &= 0xFFFFFFF0;               //HCLK_N = 0, Pclk = SYSclk/(HCLK_N+1)
    SPI1_DIVIDER &= 0xFFFF0000;        //SPIclk = Pclk/((HCLK_N+1)*2)
    SPI1_DIVIDER |= 0x00000002;
    SET_SPI1_SLAVE_MODE;               //SPI1 工作在從機模式


    ENABLE_SPI1_INTERRUPT;             //致能 SPI1 中斷
    NVIC_ISER |= SPI1_INT;
    Spi1Length(8);                     //設置 SPI1 資料長度
    SPI1_GO_BUSY;                      //等待 SPI1 RX0 接收信號
}

/*************************************
```

```
*函數名稱:Spi1Length
*輸    入:ucLength 資料長度
*輸    出:無
*功    能:設置 SPI1 資料長度
*********************************************/
VOID Spi1Length(UINT8 ucLength)
{
    if(ucLength <= 0x20)
   {
      if((ucLength & 0x01) == 0)
         SPI1_CNTRL &= ~(1<<3);
      else
         SPI1_CNTRL |= (1<<3);
      if((ucLength & 0x02) == 0)
         SPI1_CNTRL &= ~(1<<4);
      else
         SPI1_CNTRL |= (1<<4);

      if((ucLength & 0x04) == 0)
         SPI1_CNTRL &= ~(1<<5);
      else
         SPI1_CNTRL |= (1<<5);

      if((ucLength & 0x08) == 0)
         SPI1_CNTRL &= ~(1<<6);
      else
         SPI1_CNTRL |= (1<<6);

      if((ucLength & 0x10) == 0)
         SPI1_CNTRL &= ~(1<<7);
      else
         SPI1_CNTRL |= (1<<7);
   }
}
/*********************************************
```

```
*函數名稱:PrintGetData
*輸    入:無
*輸    出:無
*功    能:列印 SPI0/1 接收到的資料
******************************************/
VOID PrintGetData(VOID)
{
    DEBUGMSG("Slave Get Command = %X\n", g_unSpi1Rx0Data);
    DEBUGMSG("Master Get Feed Back Data = %X\n", g_unSpi0Rx0Data);
}


/******************************************
*函數名稱:main
*輸    入:無
*輸    出:無
*功    能:函數主體
******************************************/
INT32 main(VOID)
{
    PROTECT_REG                                //ISP下載時保護FLASH
記憶體
    (
        PWRCON |= XTL12M_EN;                    //預設時脈源爲外部晶
振
        while((CLKSTATUS & XTL12M_STB) == 0);   //等待12MHz時脈穩定



        CLKSEL0 = (CLKSEL0 & (~HCLK)) | HCLK_12M; //設置外部晶振爲系統
時脈
    )

    UartInit(12000000,9600);                    // 鮑率設置爲
9600bps
```

```
    Spi0MasterInit();                            //SPI0 初始化爲主機
模式
    Spi1SlaveInit();                             //SPI1 初始化爲從機
模式

    while(1)
    {
        DEBUGMSG("Master will send 0x55 data to slave and receive 0xDA
data\r\n");
        DEBUGMSG("Put AnyKey to Start Test\r\n");
        GetSlaveID();
        PrintGetData();
        printf("\r\n\r\n");

        Delayms(1000);
    }
}


/******************************************
*函數名稱:SPI1_IRQHandler
*輸    入:無
*輸    出:無
*功    能:SPI1 中斷服務函數
*******************************************/
VOID SPI1_IRQHandler(VOID)
{
    SPI1_CNTRL |= SPI_IF;       //清除中斷旗標
    if(SPI1_RX0 == 0x55)
    {
        g_unSpi1Rx0Data = SPI1_RX0;
        SPI1_TX0 = 0x000000DA;
    }
    else
        SPI1_TX0 = 0x00000000;
```

```
    SPI1_GO_BUSY;                        //等待 SPI1 RX0 接收信號
}
```

5. 程式碼分析

    　　M051 微控制器內置兩個 SPI 介面，因此可方便將 SPI0 工作在主機模式，
SPI1 工作在從機模式，通過該試驗，讀者就很容易瞭解到 SPI 通信的主從機
模式是如何工作的，同時實驗過程也並不複雜，在 while(1)只有 GetSlaveID 獲
取從機 ID 函數與 PrintGetData 列印獲取資料的函數。

 深入重點

☆　SPI 是英文"Serial Peripheral Interface"的縮寫，中文意思是串列周邊設備介
　　面，SPI 是 Motorola 公司推出的一種同步序列通信方式，是一種三線同步匯流
　　排，因其硬體功能很強，與 SPI 有關的軟體就相當簡單，使 CPU 有更多的時間
　　處理其他事務。

☆　SPI 通信有以下特點：

(1)　主機控制具有完全的主導地址。它決定著通信的速度，也決定著何時可以
　　　開始和結束一次通信，從機只能被動響應主機發起的傳輸。

(2)　SPI 通信是一種全雙工高速的通信方式。從通信的任意一方來看，讀操作
　　　和寫操作都是同步完成的。

(3)　SPI 的傳輸始終是在主機控制下，進行雙向同步的數據交換。

17

CHAPTER

類比數位轉換

17.1 概述

一、什麼是類比信號

主要是與離散的數位信號相對的連續信號。類比信號分佈於自然界的各個角落，如每天溫度的變化，而數位信號是人為抽象出來在時間上不連續的信號。電學上的類比信號主要是指幅度和相位都是連續的電信號，此信號可以被類比電路進行各種運算，如放大、相加、相乘等。

類比信號是指用連續變化的物理量表示的資料，其信號的幅度、頻率、或相位隨時間作連續變化，如目前廣播的聲音信號或圖像信號等。

常見的類比信號有正弦波、調幅波、阻尼震盪波、指數衰減波，如圖 17.1-1 所示。

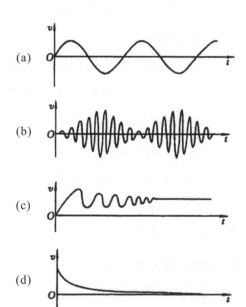

(a)

(b)

(c)

(d)

圖 17.1-1　幾種常見的模擬信號

二、什麼是數位信號

數位信號是指幅度的取值是離散的，幅值表示被限制在有限個數值之內。二進制碼就是一種數位信號。二進制碼受雜訊的影響小，易於有數位電路進行處理，所以得到了廣泛的應用，特點如下：

1. 抗干擾能力強、無雜訊積累

在類比通信中，為了提高訊雜比，需要在信號傳輸過程中及時對衰減的傳輸信號進行放大，信號在傳輸過程中不可避免地在疊加上的雜訊也被同時放大。隨著傳輸距離的增加，雜訊累積越來越多，導致傳輸質量嚴重惡化。

對於數位通信，由於數位信號的幅值為有限個離散值(通常取兩個幅值)，在傳輸過程中雖然也受到雜訊的干擾，但當訊雜比惡化到一定程度時，即在適當的距離採用判決再生的方法，再生成沒有雜訊干擾和原發送端一樣的數位信號，所以可實現長距離高質量的傳輸。

2. 便於加密處理

資料傳輸的安全性和保密性越來越重要，數位通信的加密處理比類比通信容易得多，以語音信號為例，經過數位變換後的信號可用簡單的數位邏輯運算進行加密、解密處理。

3. 便於儲存、處理和交換

數位通信的信號形式和電腦所用信號一致，都是二進制程式碼，因此便於與電腦網路、電腦對數位信號進行儲存、處理和交換，可使通信網的管理、維護實現自動化、智慧化。

4. 設備便於整合化、微型

數位通信採用時分多路複用，不需要體積較大的濾波器。設備中大部分電路是數位電路，可用大型和超大型積體電路實現，因此體積小、功耗低。

5. 便於構成綜合數位網和綜合業務數位網

採用數位傳輸方式，可以通過程控數位交換設備進行數位交換，以實現傳輸和交換的綜合。另外，電話業務和各種非話業務都可以實現數位化，構成綜合業務數位網。

6. 佔用信道頻帶較寬

　　一路類比電話的頻帶為 4kHz 帶寬，一路數位電話約占 64kHz，這是類比通信，目前仍有生命力的主要原因。隨著寬頻帶信道(光纜、數位微波)的大量利用(一對光纜可開通幾千路電話)以及數位信號處理技術的發展(可將一路數位電話的數碼率由 64kb/s 壓縮到 32kb/s 甚至更低的數碼率)，數位電話的帶寬問題已不是主要問題了。

　　以上介紹可知，數位通信具有很多優點，所以各國都在積極發展數位通信。近年來，我國數位通信得到迅速發展，正朝著高速化、智慧化、寬帶化和綜合化方向邁進。

　　常用的數位信號編碼有不歸零(NRZ)編碼、曼徹斯特(Manchester)編碼和差分曼徹斯特(Differential Manchester)編碼，如圖 17.1-2 所示。

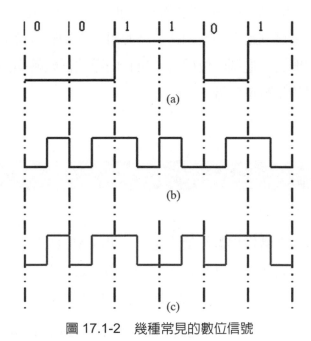

圖 17.1-2　幾種常見的數位信號

三、類比信號與數位信號的區別

　　不同的資料必須轉換為相對應的信號才能進行傳輸：類比資料(類比量)一般採用類比信號(Analog Signal)，例如：用一系列連續變化的電磁波(如無線電與電視廣播中的電磁波)，或電壓信號(如電話傳輸中的音頻電壓信號)來表示；數位資料(數位量)則採用數位信號(Digital Signal)，例如：用一系列斷續變化的電壓脈衝(如可用恒定的正電壓表示二進制數 1，用恒定的負電壓表示二進制數 0)或光脈衝來表示。當類比信號採用連續變化的電磁波來表示時，電磁波本身既是信號載體，同時作爲傳輸介質；而當類比信號採用連續變化的信號電壓來表示時，它一般通過傳統的類比信號傳輸線路(例如：電話網、有線電視網)來傳輸。當數位信號採用斷續變化的電壓或光脈衝來表示時，一般則需要用雙絞線、電纜或光纖介質將通信雙方連接起來，才能將信號從一個節點傳到另一個節點。

四、類比信號與數位信號之間的相互轉換

類比信號和數位信號之間可以相互轉換：類比信號一般通過 PCM 脈衝調變(Pulse Code Modulation)方法量化爲數位信號，即讓類比信號的不同幅度分別對應不同的二進制值，例如：採用 8 位元編碼可將類比信號量化爲 $2^8=256$ 個量級，實用中常採取 24 位元或 30 位元編碼；數位信號一般通過對載波進行移相(Phase Shift)的方法轉換爲類比信號。電腦、電腦區域網路與網際網路中均使用二進制數位信號，目前在電腦網際網路中實際傳送的則既有二進制數位信號，也有由數位信號轉換而得的類比信號。但是更具應用發展前景的是數位信號。

17.2　特徵

外部的類比信號需要轉換爲數位量才能進一步由 MCU 進行處理。NuMicro M051 系列 MCU 內部已經整合了具有 10 位元逐次比較(Successive Approximation)ADC 電路。因此，使用該 MCU 可以非常方便地處理輸入的類比信號量。

NuMicro M051 系列包含一個 8 通道 12 位元的逐次逼近式類比數位轉換器 (SAR A/D 轉換器)。A/D 轉換器支援四種工作模式：單次轉換模式、突發轉換模式、單週期掃描模式和連續掃描模式。開始A/D 轉換可軟體設定和外部STADC/P3.2 接腳啓動。

● 類比輸入電壓範圍：0~AVDD(最大 5.0V)

● 12 位元解析度和 10 位元精確度保證

● 多達 8 路單端類比輸入通道或 4 路差分類比輸入通道

- 最大 ADC 時脈頻率 16MHz
- 高達 600k SPS 轉換速率
- 四種操作模式
  - ❀ 單次轉換模式：A/D 轉換在指定通道完成一次轉換。
  - ❀ 單週期掃描模式：A/D 轉換在所有指定通道完成一個週期(從低序號通道到高序號通道)轉換。
  - ❀ 連續掃描模式：A/D 轉換器連續執行單週期掃描模式直到軟體停止 A/D 轉換。
  - ❀ 突發模式：A/D 轉換採樣和轉換在指定單個通道進行，並將結果順序地存入 FIFO。
- A/D 轉換開始條件
  - ❀ 軟體向 ADST 位寫 1
  - ❀ 外部接腳 STADC 觸發
- 每通道轉換結果儲存在相對應資料暫存器內,並帶有有效或超出限度的旗標。
- 轉換結果可和指定的值相比較，當轉換值和設定值相匹配時，用戶可設定是否產生中斷請求。
- 通道 7 支援 2 輸入源：外部類比電壓，內部帶隙電壓。
- 支援自身校正功能以減少轉換的誤差。

17.3 操作步驟

A/D 轉換器通過逐次逼近的方式執行，解析度為 12 位元。A/D 具有自身校正功能，可減少轉換的誤差，用戶可寫 1 到 CALEN 位 (ADCALR 暫存器) 致能自身校正功能，當內部校正完成時 CAL_DONE 置位。

ADC 具有 4 種操作模式：單次轉換模式、突發轉換模式、單週期掃描模式和連續掃描模式。當改變工作模式或致能的類比輸入通道時，為了防止錯誤的操作，軟體需清除 ADST 位為 0 (ADCR 暫存器)。

1. 自校準

當系統通電或要在單通道模式與差分輸入模式間轉換時，就需要 ADC 自校正以減小轉換誤差。用戶置位 CALEN 位(ADCALR 暫存器) 致能自身校正功能。這個過程在內部執行，需要 127 ADC 時脈完成校正。CALEN 置位後，軟體需等待 CAL_DONE 位通過內部硬體置位。詳細的時序圖如圖 17.3-1 所示：

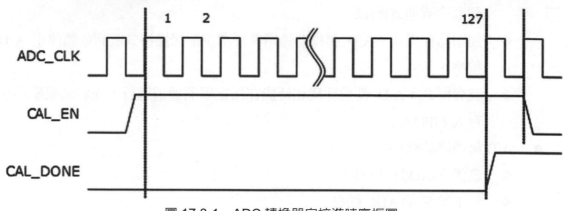

圖 17.3-1　ADC 轉換器自校準時序框圖

2. ADC 時脈發生器

最大採樣率達 600k。ADC 有三個時脈源，可由 ADC_S (CLKSEL[3:2])選擇，ADC 時脈頻率由一個 8 位元分頻器按下列公式進行 8 位元預分頻：

The ADC 時脈頻率 = (ADC 時脈源頻率) / (ADC_N+1)；
8 位 ADC_N 在暫存器 CLKDIV[23:16]中。

通常來說，軟體可以設置 ADC_S 與 ADC_N 獲得 16MHz 或稍低於 16MHz 的頻率。

3. 單次轉換模式

在單次轉換模式下，A/D 轉換只在指定的通道上執行一次，操作流程如下：

(1) 當通過軟體或外部觸發輸入，使 ADCR 的 ADST 置位開始 A/D 轉換。

(2) 當 A/D 轉換完成， A/D 轉換的資料值將儲存於相對應通道的 A/D 資料暫存器中。

(3) A/D 轉換完成， ADSR 的 ADF 位置 1。若此時 ADIE 位置 1，將產生 ADC 中斷。

(4) A/D 轉換期間，ADST 位保持為 1。A/D 轉換結束，ADST 位自動清除 0，
A/D 轉換器進入待機模式。

註：在單次轉換模式時，如果軟體致能多於一個通道，序號最小的通道被轉換，其他通道被忽略。

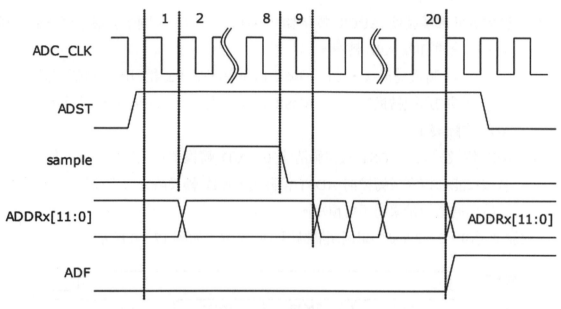

圖 17.3-2　單次轉換模式時序圖

4. 突發模式

在突發模式下，A/D 轉換會採樣和轉換指定的單個通道，並有序儲存在
FIFO(最多 8 次採樣)。操作步驟如下：

(1) 軟體或外部觸發置 ADCR 的 ADST 位為 1，在序號最小的通道上開始 A/D 轉
換。

(2) 當致能的通道 A/D 轉換完成，結果有序送入 FIFO，可以從 A/D 資料暫存器 0
得到。

(3) 當 FIFO 中多於 4 個採樣值，ADSR 的 ADF 位置 1。如果此時 ADIE 位置 1，
在 A/D 轉換完成時就會產生 ADC 中斷請求。

(4) 只要 ADST 位保持為 1，步驟 2 到步驟 3 會一直重複，當 ADST 位清除時，
A/D 轉換停止，A/D 轉換器進入空閒狀態。

註：在突發模式下，如果軟體致能多個通道，則序號最小通道進行轉換，其他通道不轉換。

5. 單週期掃描模式

在單週期掃描模式下，將進行一次從被致能的最小序號通道向最大序號通道的 A/D 轉換，具體流程如下：

(1) 軟體或外部觸發使 ADCR 暫存器的 ADST 位置位，開始從最小序號通道到最大序號通道的 A/D 轉換。

(2) 每路 A/D 轉換完成後，A/D 轉換數值將有序載入到相對應資料暫存器中。

(3) 當所選擇的通道轉換完成後，ADSR 的 ADF 位置 1，如果 ADC 中斷致能，則 ADC 中斷發生。

(4) A/D 轉換結束，ADST 位自動清除 0，A/D 轉換器進入待機模式。如果在所有被致能通道完成轉換前 ADST 清除 0，A/D 轉換將完成當前轉換，並且序號最小通道的結果將不可預知。

致能通道(0，2，3 and 7)單週期掃描模式時序圖，如圖 17.3-3 所示：

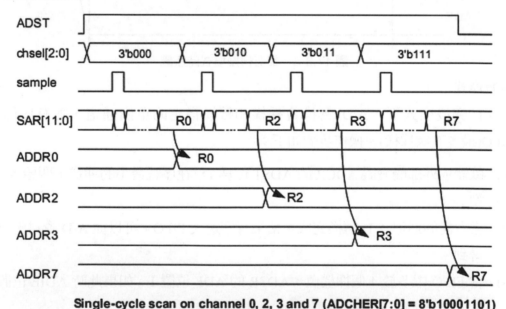

Single-cycle scan on channel 0, 2, 3 and 7 (ADCHER[7:0] = 8'b10001101)

圖 17.3-3 單週期掃描下致能通道轉換時序圖

6. 連續掃描模式

在連續掃描模式下，A/D 轉換在通過 ADCHER 暫存器中的那些 CHEN 位被致能的通道上順序進行(最多 8 個 ADC 通道)。操作步驟如下：

(1) 通過軟體或外部觸發使 ADCR 暫存器的 ADST 位置位，開始最小序號通道到最大序號通道的 A/D 轉換。

(2) 每路 A/D 轉換完成後，A/D 轉換數值將載入到相對應資料暫存器中。

(3) 當被選擇的通道數 都完成了一次轉換後，ADF 位 (ADSR 暫存器)置 1。如果 ADC 中斷致能，則 ADC 中斷發生。如果軟體沒有清除 ADST 位，則在致能的具有最小通道號的通道上的轉換又一次開始。

(4) 只要 ADST 位保持爲 1，步驟 2 到步驟 3 會一直重複。當 ADST 清除 0，ADC 控制器將完成當前轉換，被致能的最小序號 ADC 通道的結果將不可預料。

致能通道(0，2，3 和 7)連續掃描模式時序圖，如圖 17.3-4 所示：

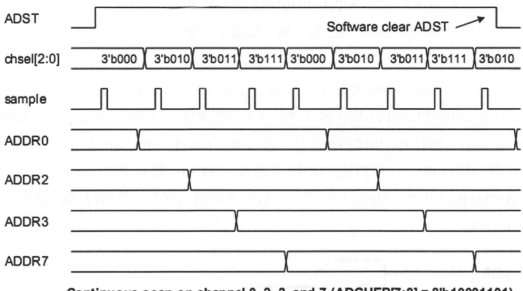

Continuous scan on channel 0, 2, 3, and 7 (ADCHER[7:0] = 8'b10001101)

圖 17.3-4　致能通道的連續掃描時序圖

7. 外部觸發輸入採樣和 **A/D** 轉換時間

A/D 轉換可通過外部接腳請求觸發。當 ADCR.TRGEN 置位，致能 ADC 外部觸發功能，配置 TRGS[1:0] 位爲 00b 選擇從 STADC 接腳輸入外部觸發。

軟體設定 TRGCOND[1:0] 選擇觸發方式爲正緣/負緣或低電位/高電位觸發，若選擇電位觸發條件，STADC 需保持定義的電位狀態至少 8 個 PCLK 週期。在第 9 個 PCLK 時脈來臨時 ADST 位置位，開始轉換，電位觸發模式狀態下，如果外部觸發輸入保持爲有效狀態，轉換連續進行。僅當外部觸發條件消失才停止，若選擇邊緣觸發模式，高或低電位狀態至少需保持 4 PLCK 週期。脈衝低於該值時，將被忽略。

8. **比較模式下 AD 轉換結果監控**

NuMicro M051 系列提供 2 個比較暫存器 ADCMPR0 和 1，來監控來自 A/D 轉換模組最多兩個指定通道的轉換結果，可參考圖 6.11-7，可通過軟體設定 CMPCH(ADCMPRx[5:0])選擇監控通道，CMPCOND 位用於檢查轉換置結果小於或大於等於在 CMPD[11:0]中指定的值，當被 CMPCH 指定的通道完成轉換時，比較就被自動觸發且執行一次。當比較結果和設定值相匹配，比較匹配計數器將加 1，否則比較匹配計數器就清除 0。當計數器的值和設定值(CMPMATCNT+1)匹配，CMPF 位將置 1，如果 CMPIE 置位將產生 ADC_INT 中斷請求。在掃描模式下，軟體可使用該功能來監控外部類比輸入接腳電壓變化而不會增加程式負載。

9. **中斷源**

ADC 中斷有三個中斷源，A/D 轉換結束時，A/D 轉換結束旗標 ADF 將會被置位。CMPF0 和 CMPF1 是比較功能的比較中斷旗標，當轉換結果滿足 ADCMPR0/1 的設定值，相對應的旗標將被置位。當 ADF、CMPF0 和 CMPF1 這三個旗標位有其中一個置位；且相對應的中斷致能位，ADCR 暫存器的 ADIE 位，或者 ADCMPR0/1 中的 CMPIE 位被置位，ADC 中斷將會產生。軟體可清除中斷請求來撤銷中斷。

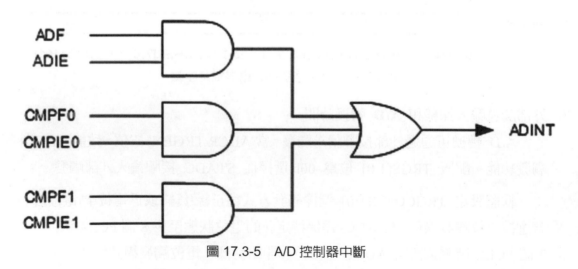

圖 17.3-5　A/D 控制器中斷

17.4 相關暫存器

1. A/D 資料暫存器(ADDR0~ADDR7)

Bits		描述
[31:18]	-	-
[17]	VALID	**有效旗標位(唯讀)** 1 = RSLT[11:0] 位資料有效。 0 = RSLT[11:0] 位資料無效。 相對應類比通道轉換完成後,將該位置位,讀 ADDR 暫存器後,該位由硬體清除。
[16]	OVERRUN	**結束執行旗標位(唯讀)**
[15:12]	-	-
[11:0]	RSLT	A/D 轉換結果包括 12 位元 AD 轉換結果。

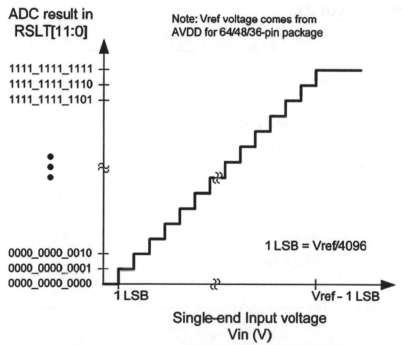

圖 17.4-1　ADC 單端輸入轉換電壓和轉換結果圖

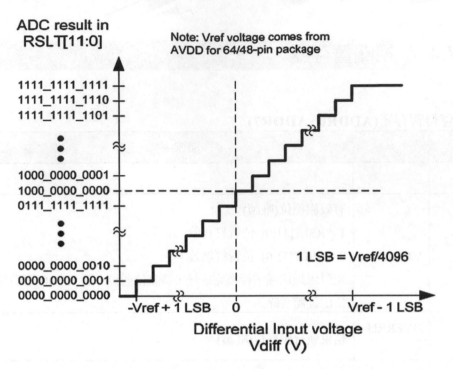

圖 17.4-2　ADC 差分輸入轉換電壓和轉換結果圖

2. A/D 控制暫存器(ADCR)

Bits		描述
[31:12]	-	-
[11]	ADST	**A/D 轉換開始** 1 = 轉換開始 0 = 轉換結束或 A/D 轉進入空閒狀態 ADST 位置位有下列 2 種方式：軟體設定和外部 STADC 接腳。單次轉換模式和單週期掃描模式下，轉換完成後，ADST 將被硬體自動清除在連續掃描模式下，A/D 轉換將一直進行直到軟體寫 0 到該位或系統重置。

Bits		描述
[10]	DIFFEN	**A/D 差分輸入模式致能** 1 = A/D 為差分輸入模式 0 = A/D 為單端輸入模式 差分配對輸入通道 / 類比輸入 (Vplus, Vminus): 差分輸入電壓(Vdiff) = Vplus - Vminus
[9]	-	-
[8]	TRGE	**外部觸發致能** 致能或禁用 A/D 轉換(通過外部 STADC 接腳) 1 = 致能 0 = 禁用
[7:6]	TRGCOND	**外部觸發條件** 該 2 位決定外部 STADC 接腳觸發為(電位觸發還是邊緣觸發。該信號必須保持至少 8 PCLKS 的穩定狀態；邊緣觸發下，至少保持 4 PCLK 週期的高電位或低電位狀態。 00 = 低電位 01 = 高電位 10 = 負緣 11 = 正緣
[5:4]	TRGS	**硬體觸發源** 00 = 設定外部 STADC 接腳啟動 A/D 轉換 其他 = -

表格(位於 [10] DIFFEN 描述內):

差分配對輸入通道	類比輸入	
	Vplus	Vminus
0	AIN0	AIN1
1	AIN2	AIN3
2	AIN4	AIN5
3	AIN6	AIN7

註：在差分輸入模式下，只需要在 ADCHER 致能兩個相對應通道之一。轉換結果將放置於相對應的致能通道的暫存器裡，如果差分輸入對兩個通道都致能，ADC 在掃描模式下轉換兩次，然後將轉換結果存入兩個相對應的資料暫存器。

Bits		描述
		改變 TRGS 前，軟體需要禁用 TRGE 和 ADST。 在硬體觸發模式下，STADC 外部接腳觸發置位 ADST 位。
[3:2]	ADMD	**A/D 轉換模式** 00 = 單次轉換 01 = 突發轉換 10 = 單週期掃描 11 = 連續掃描 當改變操轉換模式時，軟體要首先禁用 ADST 位 <small>註：在突發模式下，A/D 轉換結果總是儲存在資料暫存器 0 中。</small>
[1]	ADIE	**A/D 中斷致能** 1 = 致能 A/D 中斷功能 0 = 禁用 A/D 中斷功能 如果 ADIE 置位，A/D 轉換結束產生中斷請求。
[0]	ADEN	**A/D 轉換致能** 1 = 致能 0 = 禁用 開始 A/D 轉換功能時，該位需置位。該位為 0 將禁用 A/D 轉換類比電路的電源供給。

3. A/D 通道致能暫存器(ADCHER)

Bits		描述
[31:10]	-	-
[9:8]	PRESEL[1:0]	**類比輸入通道 7 選擇** 00 = 外部類比輸入 01 = 內部參考源電壓 10 = - 11 = -
[7]	CHEN7	**類比輸入通道 7 致能** 1 = 致能 0 = 禁用

Bits		描述
[6]	CHEN6	**類比輸入通道 6 致能** 1 = 致能 0 = 禁用
[5]	CHEN5	**類比輸入通道 5 致能** 1 = 致能 0 = 禁用
[4]	CHEN4	**類比輸入通道 4 致能** 1 = 致能 0 = 禁用
[3]	CHEN3	**類比輸入通道 3 致能** 1 = 致能 0 = 禁用
[2]	CHEN2	**類比輸入通道 2 致能** 1 = 致能 0 = 禁用
[1]	CHEN1	**類比輸入通道 1 致能** 1 = 致能 0 = 禁用
[0]	CHEN0	**類比輸入通道 0 致能** 1 = 致能 0 = 禁用 當 CHEN1~7 設定為 0 時,該位致能。 在單一模式下,軟體致能多通道,僅最小序號通道進行轉換,其他通道將被忽視。

4. A/D 比較暫存器 0/1(ADCMPR0/1)

Bits		描述
[31:28]	-	-
[27:16]	CMPD	**比較數值** 此 12 位數值將和指定通道的轉換結果相比較,在掃描模式下(不增加程式負載)可用軟體監控外部類比輸入接腳電壓轉換。

Bits		描述
[15:12]	-	
[11:8]	CMPMATCNT	**比較匹配值** 當指定 A/D 通道的轉換值和比較條件 CMPCOND[2]相匹配,內部計數器將相對應的加 1。當內部計數器的值達到設定值時,(CMPMATCNT +1) 硬體將置位 CMPF 位。
[5:3]	CMPCH	**Compare 通道選擇** 000 = 選擇比較通道 0 轉換結果。 001 = 選擇比較通道 1 轉換結果。 010 = 選擇比較通道 2 轉換結果。 011 = 選擇比較通道 3 轉換結果。 100 = 選擇比較通道 4 轉換結果。 101 = 選擇比較通道 5 轉換結果。 110 = 選擇比較通道 6 轉換結果。 111 = 選擇比較通道 7 轉換結果。
[2]	CMPCOND	**比較條件** 1 = 設置比較條件即當 12 位 A/D 轉換結果大於或等於 12 位 CMPD(ADCMPRx[27:16]),內部匹配計數器加 1。 0 = 設置比較條件即當 12 位 A/D 轉換結果小於 12 位 CMPD(ADCMPRx[27:16]),內部匹配計數器減 1。 註:當內部計數器的值達到(CMPMATCNT +1),CMPF 置位。
[1]	CMPIE	**比較中斷致能** 1 = 致能比較功能中斷 0 = 禁用比較功能中斷 如果致能比較功能,且比較條件與 CMPCOND 和 CMPMATCNT 的設置匹配, CMPF 位有效,同時,如果 CMPIE 置 1,產生比較中斷請求。
[0]	CMPEN	**比較致能** 1 = 致能比較。 0 = 禁用比較。 當轉換資料載入到 ADDR 暫存器時,該位置位致能 ADC 控制器比較 CMPD[11:0]與特定通道的轉換值。

5. A/D 狀態暫存器(ADSR)

Bits		描述
[31:24]	-	-
[23:16]	OVERRUN	**結束執行旗標 (唯讀)** ADDRx 的 OVERRUN 位的鏡像。 ADC 工作於突發模式,若 FIFO 超出限度,OVERRUN[7:0] 全部置 1。
[15:8]	VALID	**資料有效旗標位(唯讀)** ADDRx 的 VALID 位的鏡像。 ADC 工作於突發模式,若 FIFO 失效 VALID [7:0] 全部置 1。
[7]	-	-
[6:4]	CHANNEL	**當前轉換通道** 這 3 位在 BUSY=1 時,表示進行轉換中的通道。當 BUSY=0,表示可進行下次轉換的通道。 註:唯讀位。
[3]	BUSY	**忙/空閒** 1 = A/D 轉換器忙碌 0 = A/D 轉換器空閒 該位是 ADST 位(ADCR)的鏡像。 註:唯讀位。
[2]	CMPF1	**比較旗標位** 選擇 A/D 轉換通道,結果和 ADCMPR1 相匹配,該位置 1。寫 1 清除該位。 1 = ADDR 轉換結果和 ADCMPR1 相匹配 0 = ADDR 轉換結果和 ADCMPR1 不匹配
[1]	CMPF0	**比較旗標位** 選擇 A/D 轉換通道,結果和 ADCMPR 0 相匹配。該位置 1。寫 1 清該位。 1 = ADDR 轉換結果和 ADCMPR0 相匹配 0 = ADDR 轉換結果和 ADCMPR0 不匹配

Bits		描述
[0]	ADF	**A/D 轉換結束旗標位** 狀態旗標位 指示 A/D 轉換結束。 ADF 在下列三個條件時置位： 單次轉換模式下 A/D 轉換結束時。 掃描模式下在所有指定通道 A/D 轉換結束時。 突發模式下，FIFO 儲存多於 4 個轉換結果。 該旗標寫 1 清除。

6. A/D 校準暫存器(ADCALR)

Bits		描述
[31:2]	-	-
[1]	CALDONE	**校準完成旗標(唯讀)** 1 = A/D 轉換自校準完成 0 = A/D 轉換無自校準或自校準進行中(若 CALEN 位置位) CALEN 位寫 0，CALDONE 位將由硬體立即清除，該位唯讀。
[0]	CALEN	**自身校準功能** 1 = 致能自校準 0 = 禁用自校準 軟體置位，該位致能 A/D 轉換執行自校準功能，需要 127 ADC 時脈完成校準。

17.5　實驗

【實驗 17.5-1】SmartM-M051 開發板：簡單的電壓計設計，將轉換得到的電壓值並通過序列埠列印出來。

1.　硬體設計

　　硬體上的 AVDD 一定要接上基準電壓。P1.0 接腳通過杜邦線連接到任意接腳。

2. 軟體設計

　　要求很簡單，只要將序列埠、ADC 相關暫存器初始化，然後致能 ADC，並將得到的資料通過序列埠列印就可以了。有一點要注意的是，參考電壓值必需通過萬用表進行測量，畢竟某些元件性能或參數會存在偏差，同時使用到的參照物是萬用表，因此很有必要。

3　流程圖

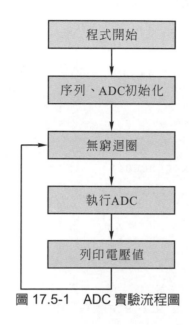

圖 17.5-1　ADC 實驗流程圖

4. 實驗程式碼

表 17.5-1 ADC 實驗函數列表

函數列表		
序號	函數名稱	說明
1	AdcInit	ADC 初始化
2	main	函數主體

程式清單 17.5-1 ADC 實驗程式碼

程式碼位置：\基礎實驗-ADC\main.c

```c
#include "SmartM_M0.h"


#define DEBUGMSG                printf
#define ADC_CLOCK_DIVIDER       0x00040000
#define ADC_CLK_Source          0x00000000


#define AREF_VOLTAGE            4480

STATIC VOID AdcInit(VOID)
{
    if(ADC_CLK_Source==0x00000004)
    {
        PLLCON |= PLL_SEL;
        PLL_Enable();

        /* 等待 PLL 穩定 */
        while((CLKSTATUS & PLL_STB) == 0);
    }

    /* 重置 ADC */
    set_ADC_RST;
    clr_ADC_RST;

    /* ADC 時脈致能 */
    set_ADEN_CLK;
    if (ADC_CLK_Source==0x00000000 )
    {
        ADCClkSource_ex12MHZ;
    }
    else if(ADC_CLK_Source==0x00000004 )
    {
```

```
        ADCClkSource_PLL;
    }
    else if(ADC_CLK_Source==0x00000008 )
    {
        ADCClkSource_int22MHZ;
    }

    /* 設置 ADC 分頻器 */
    CLKDIV=ADC_CLOCK_DIVIDER;

    /* ADC 致能 */
    set_ADEN;
    set_CALEN;

     while(!(ADCALR&CALDONE));

    /* 單次轉換模式 */
    setAD_SIG;
    clr_DIFFEN;

     /* 設置 ADC 通道 */
    set_CHEN0;
    /* 致能 P1.0 為類比輸入接腳 */
    set_ADC0_channel;
     /* 禁止 P1.0 數位輸入通道 */
     P1_OFFD |= OFFD0;
    /* 設置 P1.0 接腳為輸入模式 */
    P10_InputOnly;
    /* 清除 ADC 中斷旗標位 */
    set_ADF;
}
```

```
/******************************************
*函數名稱:main
*輸    入:無
*輸    出:無
*功    能:函數主體
******************************************/
INT32 main(VOID)
{
    UINT32 unVoltageValue;


    PROTECT_REG                                  //ISP 下載時保護 FLASH 記憶體
    (
        PWRCON |= XTL12M_EN;                      //預設時脈源為外部晶振
        while((CLKSTATUS & XTL12M_STB) == 0);   //等待 12MHz 時脈穩定

        CLKSEL0 = (CLKSEL0 & (~HCLK)) | HCLK_12M;//設置外部晶振為系統時脈

    )

    UartInit(12000000,9600);                     //鮑率設置為 9600bps

    AdcInit();

    while(1)
    {
      set_ADST;                                  //啓動 ADC
      while(ADSR&ADF==0);                        //等待 ADC 結束
      set_ADF;                                   //清空 ADC 結束旗標位

    unVoltageValue = AREF_VOLTAGE*(ADDR0&0xFFF)/4096;//將 ADC 值轉換為電壓
值

        DEBUGMSG("Voltage %d mv \r\n",unVoltageValue);
```

```
    Delayms(500);
    }
}
```

5. 程式碼分析

M051 系列微控制器 A/D 轉換預設 12 位精度，同時並由於存在電壓基準，直接讀出 ADDR0 的值是不準確的，必須進行特定的公式轉換得出當前的電壓值，公式如下：

$$當前電壓值 = \frac{基準電壓}{2^{精度}} \times A/D轉換值$$

公式對應程式碼如下：

```
unVoltageValue = AREF_VOLTAGE*(ADDR0&0xFFF)/4096;
```

深入重點

☆ 電學上的類比信號是主要是指幅度和相位都連續的電信號，此信號可以被模擬電路進行各種運算，如放大、相加、相乘等。

☆ 常見的類比信號有正弦波、調幅波、阻尼震盪波、指數衰減波。

☆ 數位信號指幅度的取值是離散的，幅值表示被限制在有限個數值之內。

☆ 常用的數位信號編碼有不歸零(NRZ)編碼、曼徹斯特(Manchester)編碼和差分曼徹斯特(Differential Manchester)編碼。

☆ NuMicro M051 系列包含一個 8 通道 12 位的逐次逼近式模擬數字轉換器 (SAR A/D 轉換器)。

☆ A/D 轉換器支持四種工作模式：單次轉換模式、突發轉換模式、單週期掃描模式和連續掃描模式。開始 A/D 轉換可軟體設定和外部 STADC/P3.2 接腳啟動。

☆ M051 系列微控制器 A/D 轉換預設 12 位解析度，同時並由於存在電壓基準，直接讀出 ADDR0 的值是不準確的，必須進行特定的公式轉換得出當前的電壓值。

18
CHAPTER

RTX Kernel 即時系統

18.1 即時系統且前後台系統

一、即時系統

即時系統簡稱 RTOS，能夠執行多個任務，並且根據不同任務進行資源管理、任務調度、消息管理等工作，同時 RTOS 能夠根據各個任務的優先級來進行任務調度，以達到保證即時性的要求。RTOS 能夠使 CPU 的利用率得到最大的發揮，並且可以使應用程式模組化，而在即時應用中，開發人員可以將複雜的應用程式層次化，這樣程式碼更加容易設計與維護，比較常見的 RTOS 如 ucos、VxWorks、freertos 等，更譬如較高級的應用在手機上的操作系統主要有 Palm OS、Symbian(塞班)、Windows mobile、Linux、Android(安卓)、iPhone(蘋果)OS(如圖 18.1-1)、Black Berry(黑

圖 18.1-1　iOS 系統介面

莓)OS 6.0、Windows Phone 7(自 Windows Phone7 出現後，Windows Mobile 系列正式退出手機系統市場)，這些系統都是一個即時性、多任務的純 32 位元作業系統。

即時系統是任何必須在指定的有限時間內給出響應的系統。在這種系統中，時間起到重要的作用，系統成功與否不僅是看是否輸出了邏輯上正確的結果，而且還要看它是否在指定時間內給出了這個結果。

按照對時間要求的嚴格程度，即時系統被劃分為硬即時(hard real time)、固即時(firm real time)和軟即時(soft real time)。硬即時系統是指系統響應絕對要求在指定的時間範圍內。軟即時系統中，及時響應也很重要，但是偶爾響應慢了也可以接受。而在固即時系統中，不能及時響應會造成服務質量的下降。

飛機的飛行控制系統是硬即時系統，因為一次不能及時響應很可能會造成嚴重後果。資料採集系統往往是軟即時系統，偶爾不能及時響應可能會造成採集資料不準確，但是沒有什麼嚴重後果。VCD 機控制器如果不及時播放畫面，不會造成什麼大的損失，但是可能用戶會對產品質量失去信心，這樣的系統可以算作固即時系統。

常見的即時系統通常由電腦通過傳感器輸入一些資料，對資料進行加工處理後，再控制一些物理設備做出響應的動作。比如冰箱的溫度控制系統需要讀入冰箱內的溫度，決定是否需要繼續或者停止溫度。由於即時系統往往是大型專案專案的核心部分，控制物件通常嵌入在大的系統中，而控制程式則固化在 ROM 中，因此有時也被稱作嵌入式系統(embedded system)。

即時系統需要響應的事件可以分為週期性(periodic)和非週期性(aperiodic)。比如空氣檢測系統每過 100ms 通過傳感器讀取一次資料，這是週期性的；而戰鬥機中的飛行控制系統需要面對各種突發事件，屬非週期性。

即時系統有以下特點：

1. 要和現實世界交互

這是即時系統區別於其他系統的一個顯著特點。它往往要控制外部設備，使之及時響應外部事件。比如生產車間的機器人，必須把零部件準確地組裝起來。

2. 系統龐大複雜

即時系統的複雜性不僅僅體現在程式碼的行數上，而且體現在需求的多樣性。由於即時系統要和現實世界打交道，而現實世界總是變化的，這會導致即時系統在生命週期時面對需求的變化，不得不作出相對應的變化。

3. 對可靠性和安全性的要求非常高

很多即時系統應用在十分重要的地方，有些甚至關係到生命安全。系統的失敗會導致生命和財產的損失，要求即時系統有很高的可靠性和安全性。

4. 併發性強

　　即時系統常常需要同時控制許多外圍設備，例如，系統需要同時控制傳感器、傳送帶和傳感器等設備。多數情況下，利用微控制器時間片分配給不同的程序，可以模擬並行。但是在系統對響應時間要求十分嚴格的情況下，分配時間片模擬的方法可能無法滿足要求。這時，就得考慮使用多處理機系統。這就是爲什麼多處理機系統最早是在即時系統領域裡繁榮起來的原因所在。

使用即時系統可以簡化應用程式的設計：

(1) 操作系統的多任務和任務間通信的機制允許複雜的應用程式被分成一系列更小和更多的管理任務。

(2) 程式的劃分讓軟體測試更容易，團隊工作分解，也有利於程式碼複用。

(3) 複雜的定時和程式先後順序的細節，可以從應用程式碼中刪除。

二、前後臺系統

　　如果不搭載即時系統的稱爲前後臺系統架構，例如：前面已做過的實驗如 GPIO、定時器、七段顯示器等實驗都是前後臺系統架構，任務順序地執行，而前臺指的是中斷級，後臺指的是 main 函數裡的程式即任務級，前後臺系統又叫作超級大循環系統，這個可以從 "while(1)" 關鍵字眼就可以得知。在前後臺系統當中，關鍵的時間操作必須通過中斷操作來保證即時性，由於前後臺系統中的任務是順序執行的，中斷服務函數提供的資料需要後台程式走到該處理這個資料這一步時才能得到處理，倘若任務數越多，即時性更加得不到保證，因爲循環的執行時間不是常數，程式經過某一特定部分的準確時間也是不能確定的。進而，如果程式修改了，循環的時序也會受到影響。很多微控制器的產品採用前後臺系統設計，例如：微波爐、電話機、玩具等。在另外一些微控制器的應用中，從省電的角度出發，平時微控制器處在待機狀態(halt)，所有的事都靠中斷服務來完成。

三、即時系統與前後臺系統比較

　　即時系統與前後臺系統最明顯的區別就是任務是否具有併發性，圖 18.1-2 表示即時系統任務執行的狀態，圖 18.1-3 表示前後臺系統任務執行的狀態。

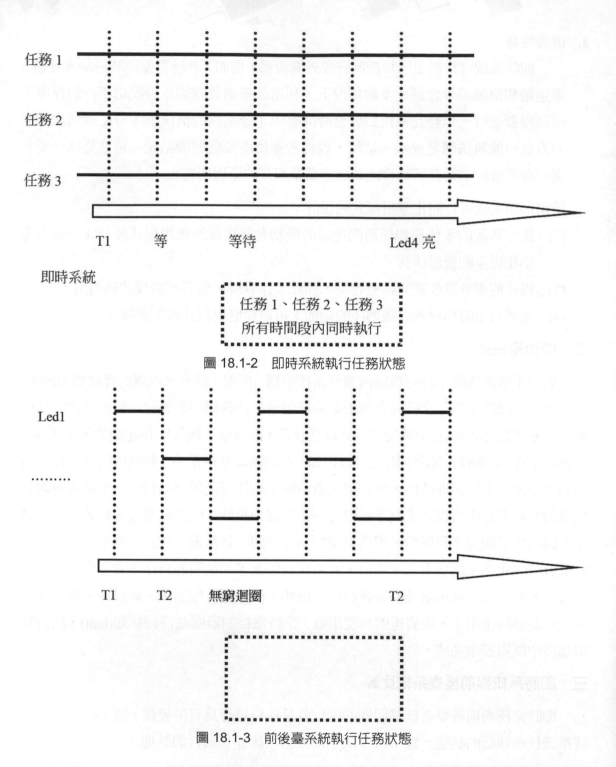

圖 18.1-2　即時系統執行任務狀態

圖 18.1-3　前後臺系統執行任務狀態

　　從圖 18.1-2 可以看出，傳統的微控制器同時只能執行一個任務，只是通過快速的任務轉換，即時系統的所有任務(任務 1、任務 2 和任務 3)執行看起來是同時執行的。

從圖 18.1-3 可以看出，前後臺系統遵守了傳統微控制器只能同時執行一個任務的特性，順序地執行任務 1、任務 2 和任務 3。

18.2 RTX Kernel 技術參數

"RTX 核心"(Real-Time eXecutive) 是一個即時操作系統，允許創建多任務的應用程式，允許系統資源彈性使用，如 CPU 記憶體。RTX Kernel 是一個靜態系統，想要在應用程式中使用 RTX Kernel，必須添加 RTX 程式庫(可以使用選單"Options"自動載入)。

RTX Kernel 支援程序間的通信，提供一個任務間通信的機制，分別是：事件旗標、信號量、互斥、信箱，並提供延時與定時功能，最後通過調度器來執行，如圖 18.2-1 所示。

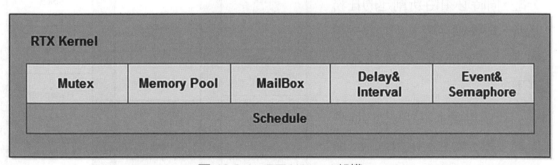

圖 18.2-1　RTX Kernel 架構

應用程式的每個作業都會由分割的任務來處理，每個周邊設備也可由幾個分割的任務來處理，幾個任務可以被"同步"執行，且每個任務都會有自己的優先權等級，同時每個任務都可以被移植到其他應用程式中。

RTX Kernel 需要的週期(按時間片)，對於 Cortex-M 的 RTX Kernel，預設使用系統定時器，即 Cortex MCU 提供專用的定時器。

1. 任務控制塊

每個任務由任務控制塊定義，稱為"TCB"(Task Control Block)，可在配置文件"RTX_Conf_CM.c"中定義 TCB 儲存池的大小，依據併發執行的任務數量來定義。

每個任務都有相對應的定位資料變數，包含任務控制變數和任務狀態變數，如圖 18.2-2 所示。

當任務的 TCP 創建成功後，RTX Kernel 會根據任務的執行時間從儲存池中進行動態分配。

圖 18.2-2　TCB 結構

2. 堆疊管理

RTX Kernel 為所有任務的堆疊分配儲存池，而儲存池的大小取決於：

- 預設堆疊的大小
- 當前執行任務的數量
- 用戶自定義堆疊的任務數量
- 設備類型(Cortex-M 或者 ARM7/9)

當任務創建以後，在執行時任務的堆疊由儲存池進行分配，用戶定義的堆疊必須由程式分配，同時必須由新創建的任務指定，堆疊儲存塊分配以後，指向其位置的指標必須寫入到 TCB。

每個堆疊獲得自己的堆疊需對參數、變數、函數返回、現場保護上下文進行儲存。

任務轉換時，當前執行任務的上下文將會保存在本地堆疊

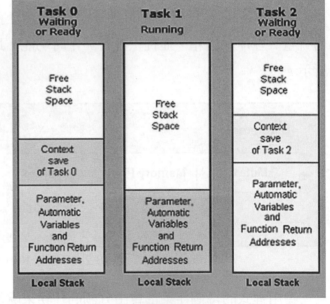

圖 18.2-3

中，然後轉換到下一個任務，並保存新任務的上下文，這時新任務開始執行。

RTX Kernel 提供了堆疊溢出校對功能，可在 RTX_Conf_CM.c 中允許或禁止。倘若堆疊溢出時，RTX Kernel 自動進入函數 stack_error_function()，該函數是一個無窮迴圈。

3. 系統啓動

在文件 Startup.s 中對主堆疊的大小進行配置。

● 所有 SVC 函數都使用主堆疊

● 使用 RTX 核時主堆疊最小爲 128 bytes

● 如果使用了中斷，主堆疊的大小建議使用 256 bytes

如果應用程式使用自有的 SVC 函數，應再增加主堆疊的大小。

4. 任務狀態

(1) RUNNING

❀ 當前執行的任務

❀ 同一時刻只有一個任務處於這一狀態

❀ 當前 CPU 處理的正是這個任務

(2) READY

任務處於準備執行狀態。

(3) INACTIVE

任務還沒有被執行或者是任務已經取消。

(4) WAIT_DLY

任務等待延時後再執行。

(5) WAIT_ITV

任務等待設定的時間間隔到後再執行。

(6) WAIT_OR

任務等待最近的事件旗標。

(7) WAIT_AND

任務等待所有設置事件旗標。

(8) WAIT_SEM

任務等待從同步信號發來的"旗標"。

(9) WAIT_MUT

任務等待可用的互斥量。

(10) WAIT_MBX

任務等待信箱消息或者等待可用的信箱空間來傳送消息。

18.3 RTX Kernel 配置

第一步： RTX Kernel 的程式庫要連接到專案，如圖 18.3-1 所示。

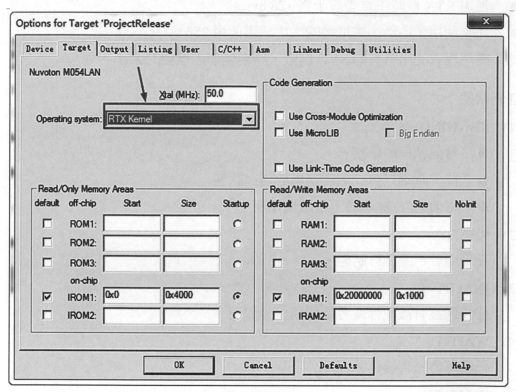

圖 18.3-1　連接 RTX Kernel

選擇 RTX Kernel 作為操作系統，連接就會自動完成。

第二步： 將文件 RTX_Conf_CM.c 加入到專案中("\Keil\ARM\Startup")，啟動應用程式
對應的選項，如圖 18.3-2 所示。

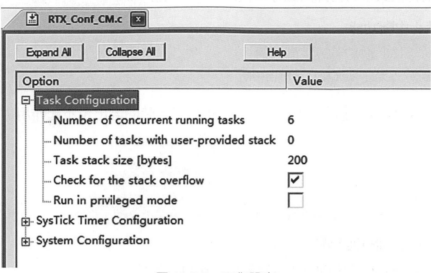

圖 18.3-2 工作設定

18.4 RTX Kernel 組成部分

一、初始化

初始化並啟動 "Real-Time eXecution"。

```
os_sys_init(Task)
os_sys_init_prio(Task, Prio)
os_sys_init_usr(Task, Prio, Stack, Size)
```

● 從 main()函數呼叫

● 系統啟動時執行的第一個任務是"Task"

● 第一個任務的優先權可以由"Prio"來定義

● 用戶定義的"堆疊"以及對其分配的空間可以指派給第一個任務

● 優先權：1-254 (最高：254；最低：1)

二、中斷

中斷服務程式中的特殊函數呼叫使用"isr_"代替"os_"。

1. 允許/禁止中斷功能

tsk_lock()：禁止 RTX 核心定時器中斷

tsk_unlock()：允許 RTX 核心定時器中斷

注意：禁止 RTX 核心定時器中斷會阻斷調度程式，時間溢出也不起作用

三、創建

1. 創建一個任務

```
os_tsk_create (TaskPtr, Prio)
```

● 從 TCB 儲存池分配一個 TCB

● TCB 中保存著任務的狀態變數和任務的控制變數

● 任務的初始狀態為"ready"，

```
os_tsk_create_ex (TaskPtr, Prio, *argv)
```

● 用這個函數的附加參數創建一個任務

2. 使用用戶定義的堆疊創建任務

```
os_tsk_create_user (TaskPtr, Prio, Stack, Size)
```

● 分配 TCB 並填充其超時

● 任務的初始狀態為"ready"

● 獲得優先權 "Prio"

● 任務在用戶給定的堆疊空間中執行

```
os_tsk_create_user_ex (TaskPtr, Prio, Stack, Size, *argv)
```

● 使用這個函數按照用戶給定的堆疊和附加參數創建新任務

四、刪除

1. 刪除任務

```
os_tsk_delete(TaskId)
```

- 標有"TaskId"的任務將被刪除

```
os_tsk_delete_self()
```

- 當前執行的任務將被刪除

五、優先權

1. 改變任務的優先權

```
os_tsk_prio(TaskId, Prio)
```

- 使用這個函數改變標有"TaskId"任務的優先權
- 這個函數造成了"重調度" (除了協同調度程式以外)

```
os_tsk_prio_self(Prio)
```

- 使用這個函數來改變當前執行任務的優先權

六、事件函數

　　每個任務有 16 個事件旗標，任務可以等待事件出現，任務可以等待一個事件以上的相互結合 (OR/ AND)。

1. 等待事件

```
os_evt_wait_or(Mask, Time)
```

- 任務等待至少一個事件的發生 (定義為"Mask")
- "Time" 指定為時間溢出，等待事件的發生

(0xffff = 不限制, 0-0xfffe 等待時間)

```
os_evt_wait_and(Mask, Time)
```

- 任務等待所有定義為"Mask"的事件
- "Time" 指定為時間溢出，等待事件的發生

(0xffff = 不限制, 0-0xfffe 等待時間)

2. 獲取事件

```
os_evt_get()
```

- 在函數 os_evt_wait_or(Mask, Time)中接收定義爲"Mask"的事件旗標，並返回其值。

3. 設置事件

```
os_evt_set(Mask, TaskId)
```

- 用"Mask"指定要設置的事件
- 用"TaskId"定義任務

4. **IRQ** 設置事件

```
isr_evt_set(Mask, TaskId)
```

- ISR 中使用這個函數設定事件(指定爲"Mask")
- "TaskId"用來定義目標任務

5. 清除事件

```
os_evt_clr(Mask, TaskId)
```

- 用"Mask"指定要清除的事件
- 用"TaskId"定義目標任務

七、定時器

用戶定時器可以創建、取消、掛起、重啓。用戶定時器的在設定的時間到達以後，會呼叫用戶提供的返回函數 os_tmr_call()，完成後將之刪除。

1. 用戶定時器的創建

```
os_tmr_create (Time, Info)
```

- "Time" 定義了系統時間片溢出的時間
- 參數 "Info" 定義了用戶定時器(將參數傳給函數 os_tmr_call())
- 函數返回定時器的 ID

2. 用戶定時器的取消

```
os_tmr_kill (TimerId)
```

- 在定時器所設定的時間到來之前，可以將定時器取消
- "TimerId"定義了要取消的定時器

3. 用戶定時器呼叫

```
os_tmr_call (info)
```

- 如果用戶定時器設定的時間到時，就會呼叫這個函數。

```
os_tmr_call(info) 位於文件 RTX_Conf_CM.c 中，可以填充用戶提供的程式碼。
```

- 參數 "info" 用來識別呼叫功能中的定時器。

4. 定時器設置

```
os_itv_set (Time)
```

- 這個函數設置了定時器的時間片個數 ("Time")
- 這個函數不能啟動定時器。

5. 定時器等待

```
os_itv_wait ()
```

- 此函數啟動了預先定義的循環定時器 (os_itv_set(Time))
- 任務等待時間週期的到來

八、信箱

發送消息到信箱，而不是任務，一個任務可以有一個以上的信箱，消息通過位址傳送而不是值傳送。

1. 創建

```
os_mbx_declare (Mb0x, Cnt)
```

- 這個巨集定義了一個目的信箱(靜態矩陣)
- "Mb0x"是信箱的標識符
- "Cnt"指定了此信箱的消息數量

2. 初始化

```
os_mbx_init (Mb0x, Size)
```

- 初始化目標信箱的"Mb0x"(在函數 os_mbx_init()中宣告)
- "Size" 指定了信箱的大小

3. 發送

```
os_mbx_send(Mb0x, Msg, Time)
```

- 如果信箱未滿，發送消息("Msg")到信箱("Mb0x")
- "Time" 指定了一個任務等待的信箱時間(按時間片)
- (0xffff = 未限制, 0-0xfffe 按時間片等待的時間)

4. 從 ISR 發送

```
isr_mbx_send(Mb0x, Msg)
```

- 使用此函數從 ISR 發送消息("Msg") 到信箱("Mb0x")
- 注意：這個函數沒有時間溢出。
- 如果信箱中的消息已滿，會被核心忽略。
- 使用函數 isr_mbx_check 來檢測信箱是否已滿。

5. 接收

```
isr_mbx_receive (Mb0x, Msg)
```

- 從信箱("Mb0x")接收消息("Msg")。
- 如果消息從信箱中讀出，返回 "OS_R_MBX"。
- 如果沒有消息，返回 "OS_R_OK" 。
- 注意："Msg" 是 ** !!

6. 校驗

```
os_mbx_check (Mb0x)
```

- 返回信箱仍可存放的消息個數。

```
isr_mbx_check (Mb0x)
```

- 校驗信箱中空餘的入口。

九、互斥

缺乏"共同執行的目標"，允許多任務共享資源，用互斥保護這個"臨界區"。

1. 初始化

```
os_mut_init(Mutex)
```

● 初始化指定的互斥 "Mutex" 目標

2. 等待

```
os_mut_wait(Mutex, Time)
```

● 嘗試獲取互斥信號量 "Mutex"(嘗試進入臨界區)。
● 如果互斥信號量表示上鎖，任務進入睡眠模式，一直等等信號量解鎖再進入臨界區 。
● "Time"指定了任務等待互斥信號量解鎖的等待時間
● (0xffff = 不受限制，0-0xfffe 等待時間(按時間片)，0 立即進行)

3. 釋放

```
os_mut_release(Mutex)
```

● 使用此函數釋放信號量 "Mutex"。
● 只有任務自己才能釋放互斥信號量。

十、信號量

信號量很少在嵌入式系統中使用，信號量經常不正確使用，"死鎖"和"餓死"的危險，互斥是一個信號量，值為 1。

1. 初始化

```
os_sem_init(Sem, Count)
```

● 創建信號量 "Sem"。
● "Count" 指定信號量的值。

2. 請求

```
os_sem_wait(Sem, Time)
```

- 從信號量("Sem")獲得一個標記。
- 如果標記不為 0，任務繼續執行。
- "Time" 指定了任務等待釋放信號量的等待時間。
- (0xffff = 不受限制，0-0xfffe 等待時間(按照時間片)，0 立即繼續)

3. 釋放

```
os_sem_send(Sem)
```

```
isr_sem_send(Sem)
```

- 從 ISR 給信號量("Sem")釋放一個標記。

十一、儲存管理

允許"動態"分配、釋放儲存空間，尤其是最佳化嵌入式系統，基於靜態矩陣(儲存池)的方法，可以為信箱通信分配消息。

1. 申請

```
_declare_b0x(Pool, Size, Count)
```

- 此巨集用來申請數組。
- "Size" 指定每塊有多少 bytes。
- "Count" 指定塊數。
- "Pool" 指定儲存池的名稱。
- 此外，此巨集申請了一個 12bytes 的塊，用來儲存內部指標和空間大小等資料。

```
_declare_b0x8(Pool, Size, Count)
```

- 此巨集是 8-byte 的對齊方式。

2. 初始化

```
_init_b0x(Pool, PoolSize, BlkSize)
```

- 以大小為 "PoolSize" 來初始化儲存池 "Pool" (bytes)。
- "BlkSize" 指定了儲存池中每塊的大小。
- _init_b0x8(Pool、PoolSize、BlkSize)
- 此函數用做 8-byte 對齊。

3. 分配

```
_alloc_b0x(Pool)
```

- 此函數用來分配儲存池中的一個塊。
- 返回新分配塊的指標。
- 如果沒有可以使用的塊，返回 "NULL"。
- 這個函數可以再進入，保障線程的安全。

```
_calloc_b0x(Pool)
```

- 為 "Pool" 分配一個塊，並初始化為 0。
- 這個函數可以再進入，保障線程的安全。

4. 釋放

```
_free_b0x(Pool, Block)
```

- 釋放儲存池中不用的塊。
- 這個函數可以再進入，保障線程的安全。

18.5 實驗

【例 18.5-1】SmartM-M051 開發板：呼叫 Keil 內建的 RTX Kernel 即時系統實現 4
盞 Led 燈同時亮滅各 500ms，如此循環。

1. 硬體設計

　　參考 GPIO 實驗硬體設計。

2.   軟體設計

　　　實驗要求實現 4 盞 Led 燈同時亮滅各 500ms，為了表現出 RTX Kernel 即時系統執行多任務的特性，那麼可以創建 4 個不同的任務來管理 Led 燈的亮滅操作，分別是 LedCtrlTask1、LedCtrlTask2、LedCtrlTask3、LedCtrlTask4 這 4 個函數。

　　　每 500ms 對 Led 燈進行操作，可以呼叫 os_dly_wait 函數進行指定時間超時，這個要注意的是 RTX Kernel 即時系統每一個時脈滴答是 10000 個機器週期的，如果微控制器工作在 12MHz 時，那麼每一個滴答是 10ms，如果要修改系統時脈滴答可以在"RTX_Conf_CM.c"對應的配置嚮導進行修改，如圖 18.5-1 所示。

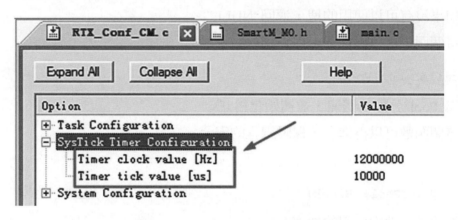

圖 18.5-1　RTX Kernel 配置精靈

SysTick Timer Configuration：系統滴答時脈配置

Timer clock value[Hz]:系統時脈頻率

Timer tick value[us]:滴答時脈值

　　　通過圖 18.5-1 RTX Kernel 配置嚮導可以得知，當前系統時脈頻率為 12MHz，滴答時脈值為 10000us(即 10ms)，因此進行 500ms 超時只需要呼叫 os_dly_wait(50)就得以實現。

3 流程圖

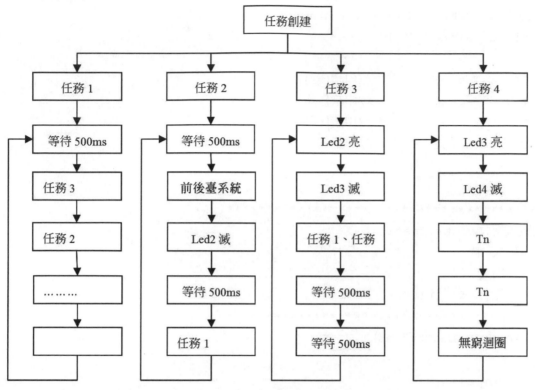

圖 18.5-2 RTX Kernel 實驗流程圖

4. 實驗程式碼

表 18.5-1 RTX Kernel 實驗函數列表

函數列表		
序號	函數名稱	說明
1	LedCtrlTask1	Led 任務 1
2	LedCtrlTask2	Led 任務 2
3	LedCtrlTask3	Led 任務 3
4	LedCtrlTask4	Led 任務 4
5	LedTaskInit	Led 任務初始化
6	main	函數主體

程式清單 18.5-1　RTX Kernel 實驗程式碼

程式碼位置：\即時系統-RTXKernel(Led)\main.c

```c
#include "SmartM_M0.h"


OS_TID t_Task1;          //申請任務 ID:t_Task1
OS_TID t_Task2;          //申請任務 ID:t_Task2
OS_TID t_Task3;          //申請任務 ID:t_Task3
OS_TID t_Task4;          //申請任務 ID:t_Task4



/******************************************
*函數名稱:LedCtrlTask1
*輸    入:無
*輸    出:無
*功    能:Led 任務 1
******************************************/
__task VOID LedCtrlTask1(VOID)
{
    while(1)
     {
         P2_DOUT|=1<<0;
         os_dly_wait (50);

          P2_DOUT&=~(1<<0);
         os_dly_wait (50);
     }

}
/******************************************
*函數名稱:LedCtrlTask2
*輸    入:無
*輸    出:無
*功    能:Led 任務 2
******************************************/
__task VOID LedCtrlTask2(VOID)
{
     while(1)
```

```
    {
        P2_DOUT|=1<<1;
        os_dly_wait (50);


        P2_DOUT&=~(1<<1);
        os_dly_wait (50);
    }

}
/*****************************************
*函數名稱:LedCtrlTask3
*輸    入:無
*輸    出:無
*功    能:Led 任務 3
******************************************/
__task VOID LedCtrlTask3(VOID)
{
    while(1)
    {
        P2_DOUT|=1<<2;
        os_dly_wait (50);


        P2_DOUT&=~(1<<2);
        os_dly_wait (50);
    }

}
/*****************************************
*函數名稱:LedCtrlTask4
*輸    入:無
*輸    出:無
*功    能:Led 任務 4
******************************************/
__task VOID LedCtrlTask4(VOID)
{
    while(1)
    {
```

```
            P2_DOUT|=1<<3;
            os_dly_wait (50);


             P2_DOUT&=~(1<<3);
            os_dly_wait (50);
        }


}
/*******************************************
*函數名稱:LedTaskInit
*輸    入:無
*輸    出:無
*功    能:Led 任務初始化
*******************************************/
__task VOID LedTaskInit (VOID)
{
    t_Task1 = os_tsk_create (LedCtrlTask1, 0);
    t_Task2 = os_tsk_create (LedCtrlTask2, 0);
    t_Task3 = os_tsk_create (LedCtrlTask3, 0);
    t_Task4 = os_tsk_create (LedCtrlTask4, 0);


    os_tsk_delete_self ();


}
/*******************************************
*函數名稱:main
*輸    入:無
*輸    出:無
*功    能:函數主體
*******************************************/
INT32 main(VOID)
{

    PROTECT_REG                              //ISP 下載時保護 FLASH
記憶體
      (
```

```
        PWRCON |= XTL12M_EN;                          //預設時脈源爲外部晶振
        while((CLKSTATUS & XTL12M_STB) == 0);         //等待 12MHz 時脈穩定


        CLKSEL0 = (CLKSEL0 & (~HCLK)) | HCLK_12M;    //設置外部晶振爲系統
時脈


        P2_PMD = 0x5555;


    );


    os_sys_init (LedTaskInit);
}
```

5. 程式碼分析

在 RTX-Led 實驗程式碼中存在 5 個任務：分別是 LedTaskInit、LedCtrlTask1、LedCtrlTask2、LedCtrlTask3、LedCtrlTask4。

LedTaskInit 負責任務的創建，創建 LedCtrlTask1、LedCtrlTask2、LedCtrlTask3、LedCtrlTask4 這 4 個控制 Led 燈任務。當創建這 4 個任務成功後，在 LedTaskInit 任務中刪除自身任務。

LedCtrlTask1 任務中的 while(1) 無窮迴圈呼叫 os_dly_wait (50) 來執行，每一次超時完畢後都對相對應的 IO 埠進行操作，LedCtrlTask2、LedCtrlTask3、LedCtrlTask4 任務內部函數操作都與 LedCtrlTask1 雷同，沒有多大的區別。

6. 硬體模擬

第一步：點擊 [圖示] 【Start /Stop Debug Session】按鈕進入 Keil 的除錯環境，如圖 18.5-3 所示，然後點擊選單項中的【Debug】中選擇"OS Support" 彈出的二級選單選中"RTX Tasks and System"並彈出相對應的對話框，如圖 18.5-4 所示。

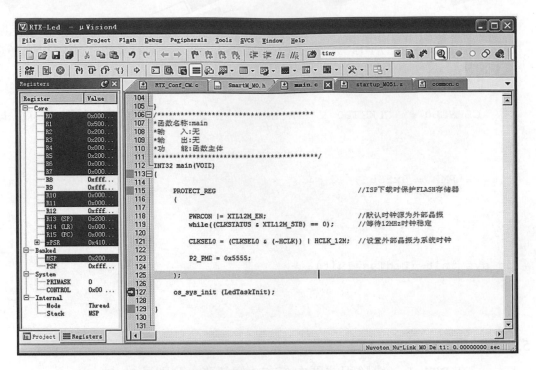

圖 18.5-3　Keil 除錯環境

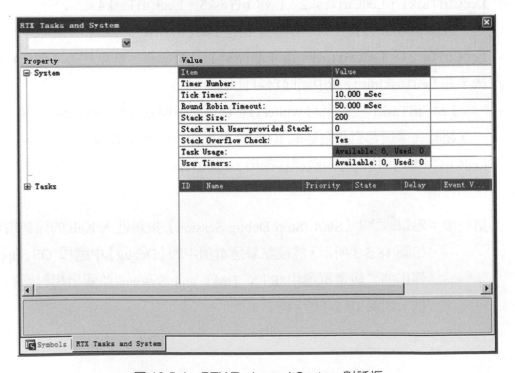

圖 18.5-4　RTX Tasks and System 對話框

第二步：為"LedTaskInit"添加斷點，並單步執行，觀察對話框"RTX Tasks and System"的變化，如圖 18.5-5、圖 18.5-6，圖 18.5-7，圖 18.5-8 所示，從中發現任務會一直進行添加，即由任務 1 創建到任務 4，最後發現 LedTaskInit 任務被刪除後，程式並從任務 1 開始執行，並顯示 Running 標識，其他任務顯示。

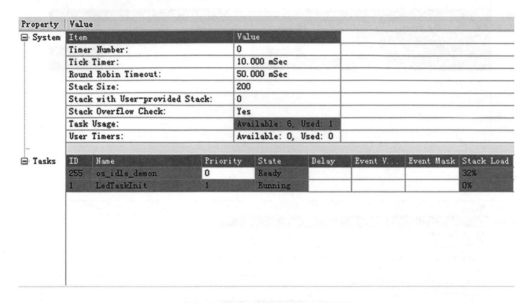

圖 18.5-5　LedTaskInit 創建

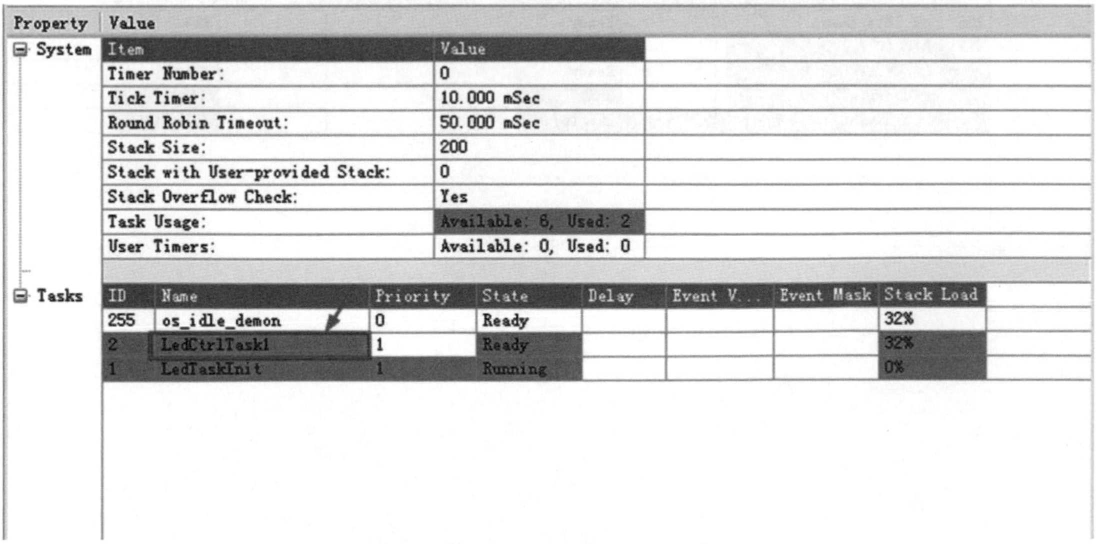

圖 18.5-6　LedCtrlTask1 創建

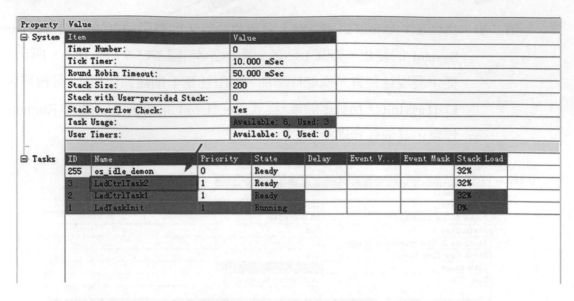

圖 18.5-7　LedCtrlTask2 創建

圖 18.5-8　LedCtrlTask3 創建

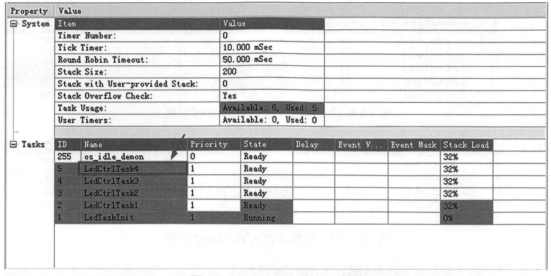

圖 18.5-9　LedCtrlTask4 創建

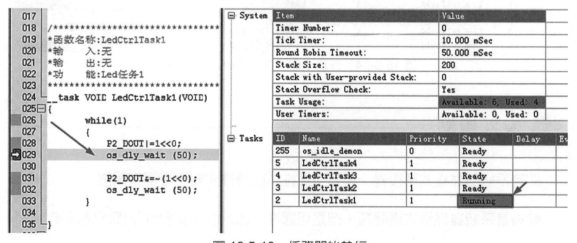

圖 18.5-10　任務開始執行

第三步：為任務"LedCtrlTask1/2/3/4"都添加上斷點，並觀察任務的執行狀態，狀態由"Ready->Running->Wait_DLY"循環轉換，如圖 18.5-11、圖 18.5-12、圖 18.5-13、圖 18.5-14、圖 18.5-15 所示。

ID	Name	Priority	State	Delay	Event V...	Event Mask	Stack Load
255	os_idle_demon	0	Ready				32%
5	LedCtrlTask4	1	Ready				32%
4	LedCtrlTask3	1	Ready				32%
3	LedCtrlTask2	1	Running	50			0%
2	LedCtrlTask1	1	Wait_DLY	50			32%

圖 18.5-11　任務 2 進入"Running"狀態

Tasks	ID	Name	Priority	State	Delay	Event V...	Event Mask	Stack Load
	255	os_idle_demon	0	Ready				32%
	5	LedCtrlTask4	1	Ready				32%
	4	LedCtrlTask3	1	Running				0%
	3	LedCtrlTask2	1	Wait_DLY	50			32%
	2	LedCtrlTask1	1	Wait_DLY	50			32%

圖 18.5-12 任務 3 進入 "Running" 狀態

Tasks	ID	Name	Priority	State	Delay	Event V...	Event Mask	Stack Load
	255	os_idle_demon	0	Ready				32%
	5	LedCtrlTask4	1	Running				0%
	4	LedCtrlTask3	1	Wait_DLY	50			32%
	3	LedCtrlTask2	1	Wait_DLY	50			32%
	2	LedCtrlTask1	1	Wait_DLY	50			32%

圖 18.5-13 任務 4 進入 "Running" 狀態

Tasks	ID	Name	Priority	State	Delay	Event V...	Event Mask	Stack Load
	255	os_idle_demon	0	Ready				32%
	5	LedCtrlTask4	1	Ready				32%
	4	LedCtrlTask3	1	Ready	50			32%
	3	LedCtrlTask2	1	Ready	50			32%
	2	LedCtrlTask1	1	Running	50			0%

圖 18.5-14 任務 1 重新進入 "Running" 狀態

 深 入 重 點

☆ 即時系統雖然程式碼複雜、但是可靠性、即時性、安全性得到保障。

☆ 前後臺系統雖然程式碼簡短，但是可靠性、即時性、安全性不如即時系統。

☆ 常用的即時系統有 UCOS、VxWorks、freertos。

CHAPTER 19

雜項補遺

19.1 詳解啟動文件

在 Keil 新建的所有專案中，毫無例外地都包含 startup_M051.s，如圖 19.1-1 所示。

該文件主要作用於通電時初始化微控制器的硬體堆疊、初始化 RAM、分配記憶體空間和跳躍到主函數即 main 函數。硬體堆疊是用來存放函數呼叫位址、變數和暫存器值的；分配記憶體空間為異常提供更加快速的存取，減少中斷延遲。如果不載入該

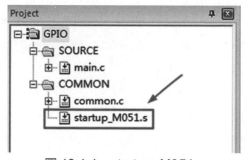

圖 19.1-1 startup_M051.s

startup_M051.s 文件，編譯的程式碼可能會使微控制器不能正常工作。

什麼是堆疊呢？在電腦領域，堆疊是一個不容忽視的概念，但是很多人甚至是電腦專業人士也沒有明確分辨堆疊這兩種資料結構。堆疊是一種資料項按序排列的資料結構，只能在一端(稱為堆疊頂(top))對資料項進行插入和刪除。

堆，一般是在堆的頭部用一個位元組存放堆的大小，堆中的具體內容由程式設計師安排。

疊，在函數呼叫時，第一個進疊的是主函數中函數呼叫後的下一條指令的位址，然後是函數的各個參數，在大多數的 C 編譯器中，參數是由右往左入疊的，接著是函

數中的局部變數,注意靜態變數是不入疊的。當本次函數呼叫結束後,局部變數先出疊,然後是參數,最後疊頂指標指向最開始存的位址(後進先出),也就是主函數中的下一條指令,程式由該點繼續執行。

基於歷史因素,堆疊二字爲一個詞,但其實還是有很大的區別。

startup_M051.s 文件並不複雜,只要用戶有基本的彙編基礎,就可以看懂,以下就給出該通電初始化文件的詳細注解,可以作爲參考或選學內容。

程式清單 19.1-1 startup_M051.s 核心內容詳解

```
Stack_Size       EQU      0x00000400           ;//堆疊大小定義爲 0x00000400 位元組
;;;;;;;;;;;;;;;;;;;;;;;;;;;;;;;;;;;;;;;;;;;;;;
;宣告資料段 STACK
;該資料段記憶體單元無初始化,可讀寫,並重新字對齊
;;;;;;;;;;;;;;;;;;;;;;;;;;;;;;;;;;;;;;;;;;;;;;
                 AREA     STACK, NOINIT, READWRITE, ALIGN=3
Stack_Mem        SPACE    Stack_Size           ;//爲堆疊分配記憶體空間,並初始化爲 0
__initial_sp



Heap_Size        EQU      0x00000000           ;//堆大小定義爲 0x00000000 位元組

                 AREA     HEAP, NOINIT, READWRITE, ALIGN=3
__heap_base
Heap_Mem         SPACE    Heap_Size            ;//爲堆分配記憶體空間,並初始化爲 0
__heap_limit



;;;;;;;;;;;;;;;;;;;;;;;;;;;;;;;;;;;;;;;;;;;;;;
;宣告資料段 RESET
;該資料段記憶體單元唯讀
;功能:爲所有 Handler 分配記憶體單元
;;;;;;;;;;;;;;;;;;;;;;;;;;;;;;;;;;;;;;;;;;;;;;
                 PRESERVE8                      ;//當前堆疊保持 8 位元組對齊
                 THUMB                          ;//THUMB 模式
```

```
;//向量表對應到重置位址 0
          AREA    RESET, DATA, READONLY
          EXPORT  __Vectors

__Vectors    DCD     __initial_sp            ; Top of Stack
             DCD     Reset_Handler           ; Reset Handler
             DCD     NMI_Handler             ; NMI Handler
             DCD     HardFault_Handler       ; Hard Fault Handler
             DCD     0                     ; Reserved
             DCD     0                     ; Reserved
             DCD     0                     ; Reserved
             DCD     0                     ; Reserved
             DCD     0                     ; Reserved
             DCD     0                     ; Reserved
             DCD     SVC_Handler             ; SVCall Handler
             DCD     0                     ; Reserved
             DCD     0                     ; Reserved
             DCD     PendSV_Handler          ; PendSV Handler
             DCD     SysTick_Handler         ; SysTick Handler

             DCD     BOD_IRQHandler
             DCD     WDT_IRQHandler
             DCD     EINT0_IRQHandler
             DCD     EINT1_IRQHandler
             DCD     GPAB_IRQHandler
             DCD     GPCDE_IRQHandler
             DCD     PWMA_IRQHandler
             DCD     PWMB_IRQHandler
             DCD     TMR0_IRQHandler
             DCD     TMR1_IRQHandler
             DCD     TMR2_IRQHandler
             DCD     TMR3_IRQHandler
             DCD     UART0_IRQHandler
```

```
            DCD     UART1_IRQHandler
            DCD     SPI0_IRQHandler
            DCD     SPI1_IRQHandler
            DCD     SPI2_IRQHandler
            DCD     SPI3_IRQHandler
            DCD     I2C0_IRQHandler
            DCD     I2C1_IRQHandler
            DCD     CAN0_IRQHandler
            DCD     CAN1_IRQHandler
            DCD     Default_Handler
            DCD     USBD_IRQHandler
            DCD     PS2_IRQHandler
            DCD     ACMP_IRQHandler
            DCD     PDMA_IRQHandler
            DCD     Default_Handler
            DCD     PWRWU_IRQHandler
            DCD     ADC_IRQHandler
            DCD     Default_Handler
            DCD     RTC_IRQHandler


;;;;;;;;;;;;;;;;;;;;;;;;;;;;;;;;;;;;;;;;;;;;;;;;;;;;;;
;宣告程式碼段|.text|，唯讀
;功能：重置時，程式碼從該程式碼段首先執行
;;;;;;;;;;;;;;;;;;;;;;;;;;;;;;;;;;;;;;;;;;;;;;;;;;;;;;;
            AREA    |.text|, CODE, READONLY


            ENTRY                           ;//進入程式碼段


Reset_Handler   PROC
            EXPORT  Reset_Handler           [WEAK]
            IMPORT  __main                  ;//引入 C 文件中的 main 函數


            LDR     R0, =__main             ;//獲取 C 文件中的 main 函數位址
            BX      R0                      ;//跳躍到 main 函數
```

```
                ENDP


NMI_Handler     PROC
                EXPORT  NMI_Handler              [WEAK]
                B       .                        ;//停止
                ENDP
HardFault_Handler\
                PROC
                EXPORT  HardFault_Handler        [WEAK]
                B       .                        ;//停止
                ENDP
SVC_Handler     PROC
                EXPORT  SVC_Handler              [WEAK]
                B       .                        ;//停止
                ENDP
PendSV_Handler  PROC
                EXPORT  PendSV_Handler           [WEAK]
                B       .                        ;//停止
                ENDP
SysTick_Handler PROC
                EXPORT  SysTick_Handler          [WEAK]
                B       .                        ;//停止
                ENDP


Default_Handler PROC

                EXPORT  BOD_IRQHandler           [WEAK]
                EXPORT  WDT_IRQHandler           [WEAK]
                EXPORT  EINT0_IRQHandler         [WEAK]
                EXPORT  EINT1_IRQHandler         [WEAK]
                EXPORT  GPAB_IRQHandler          [WEAK]
                EXPORT  GPCDE_IRQHandler         [WEAK]
                EXPORT  PWMA_IRQHandler          [WEAK]
```

```
                EXPORT  PWMB_IRQHandler              [WEAK]
                EXPORT  TMR0_IRQHandler              [WEAK]
                EXPORT  TMR1_IRQHandler              [WEAK]
                EXPORT  TMR2_IRQHandler              [WEAK]
                EXPORT  TMR3_IRQHandler              [WEAK]
                EXPORT  UART0_IRQHandler             [WEAK]
                EXPORT  UART1_IRQHandler             [WEAK]
                EXPORT  SPI0_IRQHandler              [WEAK]
                EXPORT  SPI1_IRQHandler              [WEAK]
                EXPORT  SPI2_IRQHandler              [WEAK]
                EXPORT  SPI3_IRQHandler              [WEAK]
                EXPORT  I2C0_IRQHandler              [WEAK]
                EXPORT  I2C1_IRQHandler              [WEAK]
                EXPORT  CAN0_IRQHandler              [WEAK]
                EXPORT  CAN1_IRQHandler              [WEAK]
                EXPORT  USBD_IRQHandler              [WEAK]
                EXPORT  PS2_IRQHandler               [WEAK]
                EXPORT  ACMP_IRQHandler              [WEAK]
                EXPORT  PDMA_IRQHandler              [WEAK]
                EXPORT  PWRWU_IRQHandler             [WEAK]
                EXPORT  ADC_IRQHandler               [WEAK]
                EXPORT  RTC_IRQHandler               [WEAK]


BOD_IRQHandler
WDT_IRQHandler
EINT0_IRQHandler
EINT1_IRQHandler
GPAB_IRQHandler
GPCDE_IRQHandler
PWMA_IRQHandler
PWMB_IRQHandler
TMR0_IRQHandler
TMR1_IRQHandler
TMR2_IRQHandler
```

```
TMR3_IRQHandler
UART0_IRQHandler
UART1_IRQHandler
SPI0_IRQHandler
SPI1_IRQHandler
SPI2_IRQHandler
SPI3_IRQHandler
I2C0_IRQHandler
I2C1_IRQHandler
CAN0_IRQHandler
CAN1_IRQHandler
USBD_IRQHandler
PS2_IRQHandler
ACMP_IRQHandler
PDMA_IRQHandler
PWRWU_IRQHandler
ADC_IRQHandler
RTC_IRQHandler
                B       .                       ;//停止
                ENDP


                ALIGN                           ;//添加補丁位元組滿足一定的對齊
方式



; //用戶初始化的堆疊



                IF      :DEF:__MICROLIB          ;//檢查是否定義了__MICROLIB


                EXPORT  __initial_sp
                EXPORT  __heap_base
                EXPORT  __heap_limit


                ELSE
```

```
          IMPORT  __use_two_region_memory ;//使用雙段模式
          EXPORT  __user_initial_stackheap
__user_initial_stackheap                    ;//重新定義堆疊


          LDR    R0, =  Heap_Mem
          LDR    R1, =  (Stack_Mem + Stack_Size)
          LDR    R2, =  (Heap_Mem +  Heap_Size)
          LDR    R3, =  Stack_Mem
          BX     LR


          ALIGN                            ;//添加補丁位元組滿足一定的對齊方
式


          ENDIF


          END
```

 深 入 重 點

☆　什麼是堆疊？

☆　Startup_M051.s 通電時初始化微控制器的硬體堆疊、初始化 RAM、分配記憶
　　體空間和跳轉到主函數即 main 函數。

☆　使用 IMPORT 或 EXPORT 宣告外部符號時，若鏈接器在連接微控制器時不能
　　解釋該符號，而虛指令中沒有[WEAK]選項時，則鏈接器會報告錯誤，若虛指令
　　中有[WEAK]選項時，則鏈接器不會報告錯誤，而是進行下面的操作：

(1) 如果該符號被 B 或者 BL 指令引用，則該符號被設置成下一條指令的地址，該 B 或者 BL 指令相當於一條 NOP。

(2) 其他情況下該符號被設置為 0。

19.2 LIB 的生成與使用

什麼是 LIB 文件呢？LIB 文件(*.lib)實質就是 C 文件(*.c)的另一面，不具可見性，卻能夠在編譯時提供呼叫，如圖 19.2-1 所示。LIB 文件在實際應用中的作用就是當整合商使用自家開發的設備，向其提供的是 LIB 文件，而不是 C 文件，這樣就很容易保護自家的知識產權。

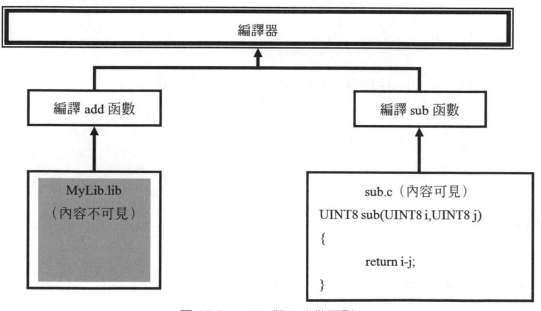

圖 19.2-1　LIB 與 C 文件區別

19.2.1 LIB 文件的創建

第一步： 新建 MyLib 專案，並編寫 add 函數程式碼，如圖 19.2-2、程式清單 19.2-1、
19.2-2 所示。

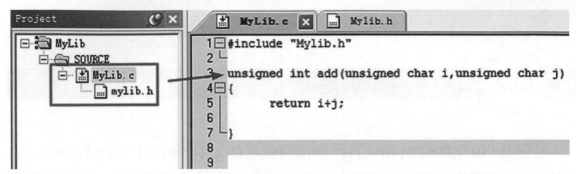

圖 19.2-2 新建 LIB

Mylib.c 程式碼：

程式清單 19.2-1 MyLib.c 程式碼

```c
#include "Mylib.h"


unsigned int add(unsigned char i,unsigned char j)
{
    return i+j;


}
```

Mylib.h 程式碼：

程式清單 19.2-2 MyLib.h 程式碼

```c
extern unsigned int add(unsigned char i,unsigned char j);
```

第二步： 進入【Options for Target】對話框中，在"Output"選項卡選中"Create Library"，
如圖 19.2-3 所示。

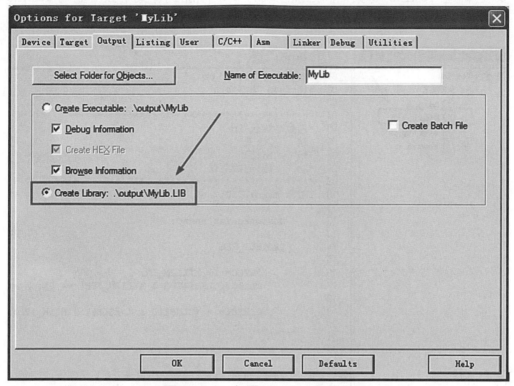

圖 19.2-3　勾選"Create Library"

第三步： 編譯專案，並在輸出窗口顯示編譯資料，如圖 19.2-4 所示。

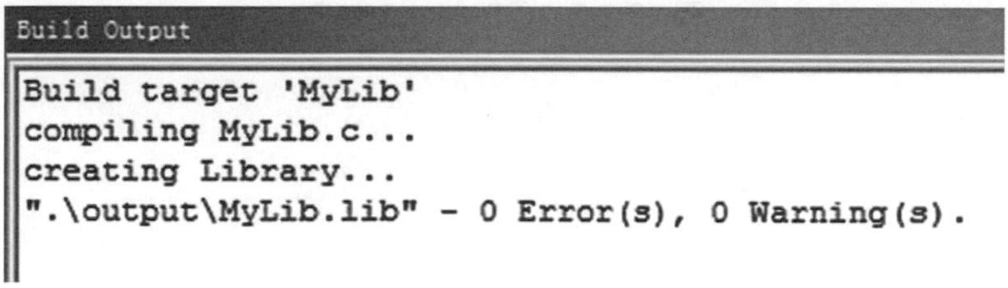

```
Build Output

Build target 'MyLib'
compiling MyLib.c...
creating Library...
".\output\MyLib.lib" - 0 Error(s), 0 Warning(s).
```

圖 19.2-4　編譯資料

19.2.2 LIB 文件的使用

第一步： 新建"TestLib"專案，將之前生成的 LIB 添加到專案中去，並為 TestLib.c 文件編寫程式碼，如圖 19.2-5、程式清單 19.2-3 所示。

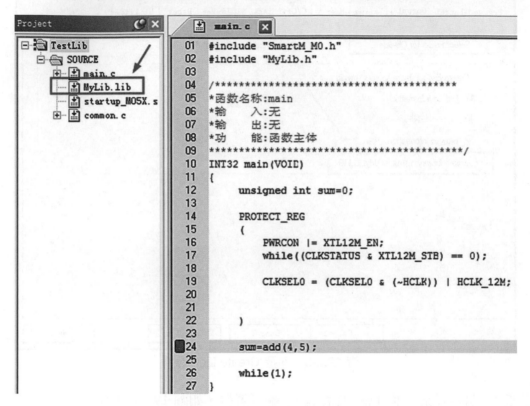

```
01   #include "SmartM_M0.h"
02   #include "MyLib.h"
03
04   /******************************************
05   *函数名称:main
06   *输    入:无
07   *输    出:无
08   *功    能:函数主体
09   ******************************************/
10   INT32 main(VOID)
11   {
12       unsigned int sum=0;
13
14       PROTECT_REG
15       (
16           PWRCON |= XTL12M_EN;
17           while((CLKSTATUS & XTL12M_STB) == 0);
18
19           CLKSEL0 = (CLKSEL0 & (~HCLK)) | HCLK_12M;
20
21
22       )
23
24       sum=add(4,5);
25
26       while(1);
27   }
```

圖 19.2-5　添加 MyLib.LIB

TestLib.c 程式碼：

程式清單 19.2-3 TestLib.c 程式碼

```c
#include "SmartM_M0.h"
#include "MyLib.h"


/*****************************************
*函數名稱:main
*輸    入:無
*輸    出:無
*功    能:函數主體
*****************************************/
INT32 main(VOID)
{
    unsigned int sum=0;

    PROTECT_REG
    (
        PWRCON |= XTL12M_EN;                          //預設時脈源為外部晶
振
        while((CLKSTATUS & XTL12M_STB) == 0);         //等待12MHz時脈穩定


        CLKSEL0 = (CLKSEL0 & (~HCLK)) | HCLK_12M;    //設置外部晶振為系統
時脈



    )

    sum=add(4,5);

    while(1);
}
```

第二步： 編譯專案，並點擊 ![按鈕] 按鈕進入 Keil 除錯環境，並在觀察窗口中當呼叫
add(4,5)後，觀察 sum 變數值是否為 9，如圖 19.2-6 所示。

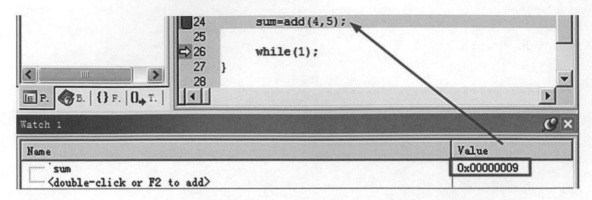

圖 19.2-6　監視窗口觀察 sum 變數值

19.3　Hex 文件

什麼是 Hex 文件呢？Intel Hex 文件是由一行行符合 Intel Hex 文件格式的文本所構成的 ASCII 文本文件。在 Intel Hex 文件中，每一行包含一個 Hex 記錄。這些記錄由對應機器語言碼和常量資料的十六進制編碼數位組成。Intel Hex 文件通常用於傳輸，將被存於 ROM 或者 EPROM 中的程式和資料，如圖 19.3-1 所示。大多數 EPROM 程式設計器或模擬器使用 Intel Hex 文件。

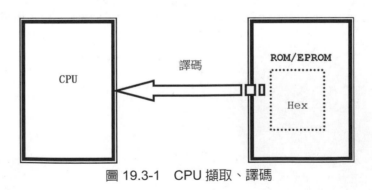

圖 19.3-1　CPU 擷取、譯碼

19.3.1 Hex 的結構

Intel Hex 由任意數量的十六進制記錄組成。每個記錄包含 5 個域，它們按以下格式排列：

```
:llaaaatt[dd...]cc
```

每一組字母對應一個不同的域，每一個字母對應一個十六進制編碼的數位。每一個域由至少兩個十六進制編碼數位組成，它們構成一個位元組，就像以下描述的那樣：

1. **":"**：每個 **Intel Hex** 記錄都由冒號開頭。

2. **"ll"**：資料長度域，它代表記錄當中資料位元組(**dd...**)的數量。

3. **"aaaa"**：位址域，它代表記錄當中資料的起始位址。

4. **"tt"**：代表 **Hex** 記錄類型的域，可能是以下資料當中的一個：

    00 – 資料記錄

    01 – 文件結束記錄

    02 – 擴展段位址記錄

    04 – 擴展線性位址記錄

5. **"dd"**：資料域，代表一個位元組的資料。一個記錄可以有許多資料位元組。記錄當中資料位元組的數量必須和資料長度域(**ll**)中指定的數字相符。

6. **"cc"**：校驗和域，表示這個記錄的校驗和。校驗和的計算是通過將記錄當中所有十六進制編碼數字對的值相加，以 **256** 為模進行以下補足。

19.3.2 Hex 的資料記錄

Intel Hex 文件由任意數量以返回換行符結束的資料記錄組成，資料記錄(從 GPIO 實驗的 GPIO.hex 提取出來，可以用 NotePad++打開 Hex 文件)，如圖 19.3-2 所示。

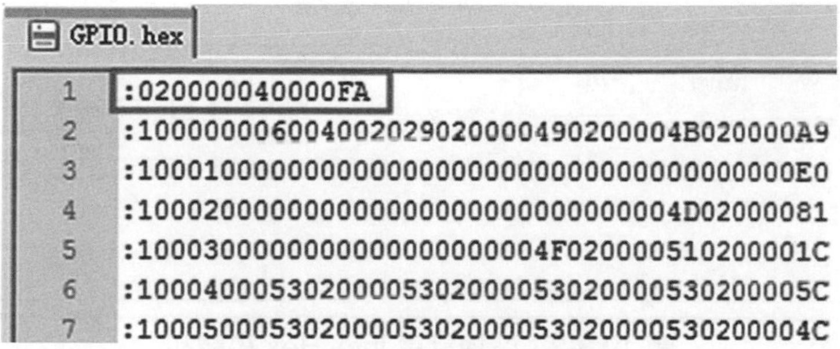

```
GPIO.hex
1  :020000040000FA
2  :10000000600400202902000049020000 4B020000A9
3  :1000100000000000000000000000000000000000E0
4  :10002000000000000000000000000000 4D02000081
5  :10003000000000000000000000000000 4F020000510200001C
6  :10004000530200005302000053020000 53020000 5C
7  :10005000530200005302000053020000 53020000 4C
```

圖 19.3-2　GPIO.hex 記錄

從圖 19.3-2 可以觀察到 GPIO.hex 第一行資料記錄"020000040000FA"，

其中

02 是這個記錄當中資料位元組的數量。

0000 是資料將被下載到記憶體當中的位址。

00 是記錄類型(資料記錄)。

00040000 是資料。

FA 是這個記錄的校驗和。

檢驗值計算方法如下：

0x01+~(0x02+0x00+0x00+0x04+0x00+0x00+0x00)=0xFA

　　更方便的計算方式可以使用"單晶片多功能調試助手"進行計算，在【資料校驗】中填入"020000040000"，點擊計算，在"Intex Hex 校驗和"文本框得出計算結果，如圖 19.3-3 所示。

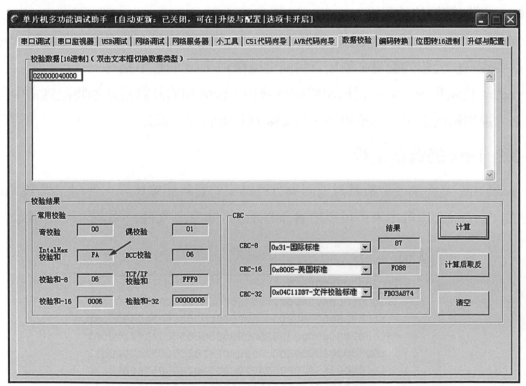

圖 19.3-3 快捷計算 Intel Hex 校驗和

軟體下載位址：http://www.cnblogs.com/wenziqi/

 深 入 重 點

☆ Intel Hex 文件通常用於傳輸將被存於 ROM 或者 EPROM 中的程式和資料。大多數 EPROM。

☆ 程式設計器或模擬器使用 Intel Hex 文件。

☆ Keil 編譯出來的 Hex 文件是 Intel Hex 的。

☆ Hex 文件包含多條記錄，每條記錄如下表。

☆ 表 4-3-1 Hex 文件記錄

域		說明
數據長度域		數據字節的數量
地址域		數據的起始地址
記錄類型域	(00)數據記錄	Hex 記錄類型的域，可以表示 4 種不同的類型。
	(01)文件結束記錄	
	(02)拓展段地址記錄	
	(03)拓展線性記錄	
數據域		數據字節
校驗和域		校驗和

☆ Intel Hex 校驗值計算方法：

0x01+~(除最後一個字節之外的所有字節相加)=校驗值(最後一個字節)

19.4　功耗控制

生活上有很多東西都搭載著微控制器而進行工作的，而且有相當一部分的設備、儀器、產品都是靠蓄電池來提供電源，往往這些靠蓄電池供電的設備、儀器、產品都能夠用上一大段時間。例如：我們經常接觸到的遙控器，假若 MCU 一直不停地執行，不出一段時間，電池的能量會很快耗光。當然在 NuMicro M051 系列微控制器搭載的系統中，不光有微控制器需要耗電，同時還有其他周邊設備耗電，因此，在適當的時候關閉設備的同時將 NuMicro M051 系列微控制器的執行模式進入待機模式或者省電模式，以節省不必要的能源，達到低功耗的目的。

圖 19.4-1　中國節能認證旗標

平時 NuMicro M051 系列微控制器正常工作的電流為 4 毫安~7 毫安；當進入省電模式下，它的工作電流小於 1 微安。由此可見，低功耗設備的功耗控制很有必要在適當的時候將其執行在省電模式。同時 ARM Cortex-M0 核心的 MCU 工作頻率可達到 50MHz，最低工作頻率為 4MHz，當條件允許時，MCU 沒有必要執行到 50MHz，除了降低執行頻率和進入省電模式外，如果沒有用到的系統模組存在於系統內部，也可以將其關閉以節省耗電。

NuMicro M051 系列微控制器支援 3 種省電模式：待機模式、省電模式、深度休眠模式。

當微控制器進入待機模式時，除 CPU 處於休眠狀態外，其餘硬體全部處於活動狀態，晶片中程式未涉及到的資料記憶體和特殊功能暫存器中的資料在待機模式期間都將保持原值。但假若定時器正在執行，那麼計數器暫存器中的值還將會增加。微控制器在待機模式下可由任一個中斷或硬體重置喚醒，需要注意的是，使用中斷喚醒微控制器時，程式從原來停止處繼續執行，當使用硬體重置喚醒微控制器時，程式將從頭開始執行。

當微控制器進入省電模式時，大部分時脈源、周邊設備時脈和系統時脈將會被禁用，也有一些時脈源與周邊設備時脈仍處於啟動狀態，包含內部 10K 低谷振盪器時脈，一旦看門狗時脈、定時器時脈、PWM 時脈都採用前者作為時脈源時，它們仍處於啟動狀態，否則只有外部中斷繼續工作。

使微控制器進入深度休眠模式的指令將成為休眠前微控制器執行的最後一條指令(WFI)，進入休眠模式後，晶片中程式未涉及到的資料記憶體和特殊功能暫存器中的資料都將保持原值，可由外部中斷低電位觸發或由負緣觸發中斷或者硬體重置模式喚醒微控制器，需要注意的是，使用中斷喚醒微控制器時，程式從原來停止處繼續執行，當使用硬體重置喚醒微控制器時，程式將從頭開始執行。

19.4.1 相關暫存器

1. PLL 控制暫存器(PLLCON)

PLL 的參考時脈輸入來自外部高速晶振時脈(4~24MHz)輸入或內部 22.1184MHz 高速振盪器，該暫存器用於控制 PLL 的輸出頻率和 PLL 的操作模式。

Bits		描述
[31:20]	-	-
[19]	PLL_SRC	PLL 時脈源選擇 0 = PLL 時脈源為 22.1184 MHz 振盪器 1 = PLL 時脈源為外部高速晶振(4~24MHz)
[18]	OE	PLL OE (FOUT enable)接腳控制 0 = 致能 PLL FOUT 1 = PLL FOUT 為低
[17]	BP	PLL 旁路控制 0 = PLL 正常模式 (預設) 1 = PLL 時脈輸出與時脈輸入相同(XTALin)
[16]	PD	省電模式 設置 PWRCON 的 IDLE 位為"1"，PLL 進入省電模式 0 = PLL 正常模式 (預設) 1 = PLL 省電模式

Bits		描述
[15:14]	OUT_DV	PLL 輸出分頻控制接腳 (PLL_OD[1:0])
[13:9]	IN_DV	PLL 輸入分頻控制接腳(PLL_R[4:0])
[8:0]	FB_DV	PLL 反饋分頻控制接腳(PLL_F[8:0])

2. 頻率分頻器控制暫存器(FRQDIV)

Bits		描述
[31:5]	-	-
[4]	FDIV_EN	頻率分頻器致能位 0 = 禁用頻率分頻 1 = 致能頻率分頻
[3:0]	FSEL	分頻器輸出頻率選擇位 輸出頻率的公式是 $Fout = Fin/2^{(N+1)}$ Fin 為輸入時脈頻率，Fout 為分頻器輸出時脈頻率，N 為 FSEL[3:0]的值

3. 省電控制暫存器(PWRCON)

除 BIT[6]外，PWRCON 的其他位都受保護。要程式設計這些被保護的位需要向寫位址 0x5000_0100 寫入"59h"，"16h"，"88h"去禁用暫存器保護。

Bits		描述
[31:9]	-	-
[8]	PD_WAIT_CPU	頻率分頻器致能位 0 = 禁用頻率分頻 1 = 致能頻率分頻

Bits		描述
[7]	PWR_DOWN_EN	分頻器輸出頻率選擇位 輸出頻率的公式是 $Fout = Fin/2^{(N+1)}$ Fin 為輸入時脈頻率，Fout 為分頻器輸出時脈頻率，N 為 FSEL[3:0]的值
[6]	PD_WU_STS	晶片省電喚醒狀態旗標 若"省電喚醒"置位，表明晶片從省電模式恢復 如果 GPIO(P0~P4)，和 UART 喚醒，該旗標置位，寫 1 清除
[5]	PD_WU_INT_EN	省電模式喚醒的中斷致能 0 = 禁用 1 = 致能。從省電喚醒時，產生中斷。
[4]	PD_WU_DLY	喚醒延遲計數器致能 當晶片從省電模式喚醒時，該時脈控制將延遲一定時脈週期以等待系統時脈穩定。當晶片工作於外部高速晶振(4~24MHz)，延遲時間為 4096 個時脈週期，工作於 22.1184MHZ 時，延遲 256 個時脈週期。 1 = 致能時脈週期延遲 0 = 禁用時脈週期延遲
[3]	OSC10K_EN	內部 10KHz 低速振盪器控制 1 = 致能 10KHz 低速振盪器 0 = 禁用 10KHz 低速振盪器
[2]	OSC22M_EN	內部 22.1184MHz 高速振盪器控制 1 = 致能 22.1184MHz 高速振盪器 0 = 禁用 22.1184MHz 高速振盪器
[1]	-	-
[0]	XTL12M_EN	外部 12MHz 晶振控制 該位的預設值由 flash 控制器用戶配置暫存器 config0 [26:24] 設置。當預設時脈源為外部高速晶振(4~24MHz)。該位自動置 1。 1 = 致能晶振 0 = 禁用晶振

4. 省電模式控制表 19.4-1

	PWR_DOWN_EN	PD_WAIT_CPU	CPU 執行 WFE/WFI 指令	時脈門控
正常執行模式	1	0	NO	通過控制暫存器關閉所有時脈
IDLE 模式 (CPU 進入待機模式)	1	0	YES	僅 CPU 內部時脈關閉
Power_down 模式	1	0	NO	大部分時脈關閉，僅外部 10K 與 WDT/Timer/PWM/ADC 可能仍然處於啟動狀態
Power_down Mode (CPU 進入深度休眠模式)	1	1	YES	大部分時脈關閉，僅外部 10K 與 WDT/Timer/PWM/ADC 可能仍然處於啟動狀態

19.4.2 待機模式喚醒實驗

【實驗 19.4-1】SmartM-M051 開發板：要求 MCU 預設進入待機模式，通過按鍵中斷來喚醒 MCU，Led 燈點亮一段時間，然後 MCU 重新進入待機模式。

1. 硬體設計

參考 GPIO 實驗和外部中斷實驗的硬體設計。

2. 軟體設計

由於要求按鍵中斷喚醒 MCU，那麼外部中斷服務函數可以什麼也不做，同時在函數主體的無窮迴圈添加上 Led 燈點亮程式碼和 MCU 進入待機模式的程式碼，當 MCU 進入待機模式時，只有等待中斷出現 while(1)中的程式碼才能夠繼續執行。

3. 流程圖

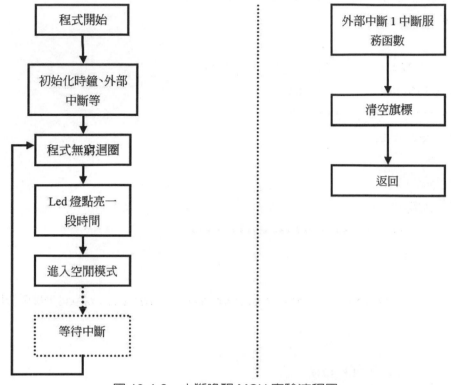

圖 19.4-2　中斷喚醒 MCU 實驗流程圖

4. 實驗程式碼

表 19.4-1　待機模式喚醒實驗函數列表

函數列表		
序號	函數名稱	說明
1	KeyIntInit	按鍵中斷初始化
2	McuIdle	MCU 進入待機模式
3	main	函數主體
中斷服務函數		
4	__KEYISR	按鍵中斷服務函數

程式清單 19.4-1 待機模式喚醒實驗程式碼

程式碼位置：\基礎實驗-中斷喚醒(待機模式)\main.c

```c
#include "SmartM_M0.h"


#define __KEYISR         EINT1_IRQHandler
#define DEBUGMSG         printf
/*******************************************
*函數名稱:KeyIntInit
*輸    入:無
*輸    出:無
*功    能:按鍵中斷初始化
*********************************************/
VOID KeyIntInit(VOID)
{
    P3_MFP = (P3_MFP & (~P33_EINT1_MCLK)) | EINT1;  //P3.3 接腳設置為外部
中斷

    DBNCECON &= ~ICLK_ON;
    DBNCECON &= DBCLK_HCLK;
    DBNCECON |= SMP_256CK;                          //設置去彈跳採樣週期選擇

    P3_DBEN  |= DBEN3;                              //致能 P3.3 去彈跳功能

    P3_IMD &= IMD3_EDG;
    P3_IEN  |= IF_EN3;                              //設置外部中斷 1 為負緣觸發
    NVIC_ISER |= EXT_INT1;

}
/*******************************************
*函數名稱:McuIdle
*輸    入:無
*輸    出:無
*功    能:MCU 進入待機模式
*********************************************/
```

```
VOID McuIdle (VOID)
{
    Delayms(20);


    PROTECT_REG
    (
        PWRCON &= ~PD_WAIT_CPU;
        PWRCON &= ~PWR_DOWN_EN;
    )


    __WFI();


    Delayms(20);
}


/******************************************
*函數名稱:main
*輸    入:無
*輸    出:無
*功    能:函數主體
******************************************/
INT32 main(VOID)
{
    PROTECT_REG                                 //ISP 下載時保護 FLASH 記憶
體
    (
        PWRCON |= XTL12M_EN;                         //預設時脈源爲外部晶
振
        while((CLKSTATUS & XTL12M_STB) == 0);        //等待 12MHz 時脈穩定


        CLKSEL0 = (CLKSEL0 & (~HCLK)) | HCLK_12M; //設置外部晶振爲系統
時脈
```

```
                P2_PMD = 0x5555;

    )


    KeyIntInit();                               //按鍵中斷初始化


    while(1)
    {
        P2_DOUT = 0x00;
        Delayms(500);
        P2_DOUT = 0xFF;
        McuIdle ();                             //進入待機模式
    }
}


/*****************************************
*函數名稱:__KEYISR
*輸     入:無
*輸     出:無
*功     能:按鍵中斷服務函數
*****************************************/
VOID __KEYISR(VOID)
{
    Delayms(100);
    P3_ISRC = P3_ISRC;        //寫1清空

}
```

19.4.3 省電模式喚醒實驗

【實驗 19.4-1】SmartM-M051 開發板：要求 MCU 預設進入省電模式，通過按鍵中斷
來喚醒 MCU，Led 燈點亮一段時間，然後 MCU 重新進入省電模式。

1. 硬體設計

   參考 GPIO 實驗和外部中斷實驗的硬體設計。

2. 軟體設計

   由於要求按鍵中斷喚醒 MCU，那麼外部中斷服務函數可以什麼也不做，
   同時在函數主體的無窮迴圈添加上 Led 燈點亮程式碼和 MCU 進入省電模式的
   程式碼，當 MCU 進入省電模式時，只有等待中斷出現 while(1)中的程式碼才
   能夠繼續執行。

3. 流程圖

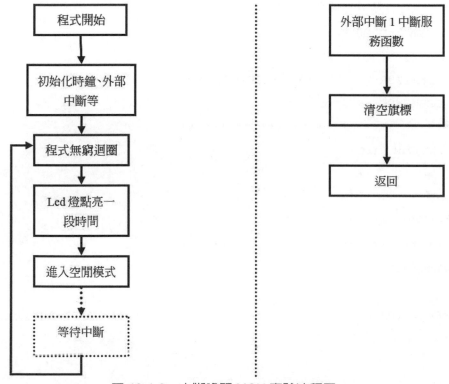

圖 19.4-2　中斷喚醒 MCU 實驗流程圖

4. 實驗程式碼

表 14-1-1 省電模式喚醒實驗函數列表

函數列表		
序號	函數名稱	說明
1	KeyIntInit	按鍵中斷初始化
2	McuPowerDown	MCU 進入省電模式
3	main	函數主體
中斷服務函數		
4	__KEYISR	按鍵中斷服務函數

程式清單 19.4-2 省電模式喚醒實驗程式碼

程式碼位置：\基礎實驗-中斷喚醒(省電模式)\main.c

```
#include "SmartM_M0.h"


#define __KEYISR        EINT1_IRQHandler
#define DEBUGMSG        printf
/******************************************
*函數名稱:KeyIntInit
*輸    入:無
*輸    出:無
*功    能:按鍵中斷初始化
********************************************/
VOID KeyIntInit(VOID)
{
    P3_MFP = (P3_MFP & (~P33_EINT1_MCLK)) | EINT1;  //P3.3 接腳設置為外部
中斷


    DBNCECON &= ~ICLK_ON;
    DBNCECON &= DBCLK_HCLK;
    DBNCECON |= SMP_256CK;                          //設置去彈跳採樣週期選擇
```

```
        P3_DBEN |= DBEN3;                              //致能 P3.3 去彈跳功能


    P3_IMD &= IMD3_EDG;
    P3_IEN |= IF_EN3;                                  //設置外部中斷 1 為負緣觸發
    NVIC_ISER |= EXT_INT1;


}
/******************************************
*函數名稱:McuPowerDown
*輸    入:無
*輸    出:無
*功    能:MCU 進入省電模式
*********************************************/
VOID McuPowerDown (VOID)
{
    Delayms(20);


    PROTECT_REG
    (
        /* 提示喚醒時需要較長的時間 */
        SCR |= SLEEPDEEP;
        /* 禁止省電模式下喚醒的中斷中斷致能 */
        PWRCON &= ~PD_WU_IE;


        PWRCON &= ~PD_WAIT_CPU;
        PWRCON |= PWR_DOWN_EN;
    )


    Delayms(20);
}
/******************************************
*函數名稱:main
*輸    入:無
*輸    出:無
```

```
*功    能:函數主體
*******************************************/
INT32 main(VOID)
{
    PROTECT_REG                              //ISP下載時保護 FLASH 記憶
體
    (
        PWRCON |= XTL12M_EN;                         //預設時脈源為外部晶振
        while((CLKSTATUS & XTL12M_STB) == 0);       //等待 12MHz 時脈穩定


        CLKSEL0 = (CLKSEL0 & (~HCLK)) | HCLK_12M;  //設置外部晶振為系統時
脈

        P2_PMD = 0x5555;
    )

    KeyIntInit();                                    //按鍵中斷初始化

    while(1)
    {
        P2_DOUT = 0x00;
        Delayms(500);
        P2_DOUT = 0xFF;

        McuPowerDown ();                             //MCU 進入省電模式
    }
}


/*******************************************
*函數名稱:__KEYISR
*輸    入:無
*輸    出:無
*功    能:按鍵中斷服務函數
```

```
*****************************************/
VOID __KEYISR(VOID)
{
    Delayms(100);
    P3_ISRC = P3_ISRC;          //寫1清空
}
```

深入重點

☆　NuMicro M051 系列微控制器支持 3 種省電模式：空閒模式、斷電模式、深度休眠模式。

☆　空閒模式與斷電模式程式碼之間最主要區別就是是否呼叫__WFI 函數。

☆　在實際應用過程中，可以根據自身所需，選擇不同的省電方式，同時，未來達到最佳的省電效率也可以組合不同的省電方法。

19.5　系統重置

用戶應用程式在執行過程當中，有時會有特殊需求，需要實現微控制器系統軟重置(熱啓動之一)，傳統的微控制器由於硬體上未支援此功能，用戶必選用軟體模擬實現，實現起來比較麻煩。NuMicro M051 微控制器實現了此功能，用戶只需簡單的控制 IPRSTC1 暫存器的其中兩位 CHIP_RST/CPU_RST 就可以系統重置了，爲了執行重置的目的，常然也可以通過看門狗進行重置，但是沒有前者來得直接。

19.5.1 相關暫存器

1. 周邊設備重置控制暫存器 1(IPRSTC1)

PLL 的參考時脈輸入來自外部高速晶振時脈(4~24MHz)輸入或內部 22.1184MHz 高速振盪器，該暫存器用於控制 PLL 的輸出頻率和 PLL 的操作模式。

Bits		描述
[31:4]	-	-
[3]	EBI_RST	**EBI 控制器重置** 設置該位為 "1"，產生重置信號到 EBI。用戶需要置 0 才能釋放重置狀態。 該位是受保護的位，修改該位時，需要依次向 0x5000_0100 寫入"59h"，"16h"，"88h" 解除暫存器保護。參考暫存器 REGWRPROT，位址 GCR_BA + 0x100。 0 = 正常工作 1 = EBI IP 重置
[2]	-	-
[1]	CPU_RST	**CPU 核心覆位** 該位置 1，CPU 核心和 Flash 儲存控制器重置。兩個時脈週期後，該位自動清除。 該位是受保護的位，修改該位時，需要依次向 0x5000_0100 寫入"59h"，"16h"，"88h" 解除暫存器保護，參考暫存器 REGWRPROT，位址 GCR_BA + 0x100。 0：正常 1：重置 CPU
[0]	CHIP_RST	**晶片重置** 該位置 1，晶片重置，包括 CPU 核心和所有周邊設備均重置，兩個時脈週期後，該位自動清除。 CHIP_RST 與 POR 重置相似，所有晶片上模組都重置，晶片設置從 FLASH 重載 CHIP_RST 與通電重置一樣，所有的晶片模組都重置，晶片設置從 flash 重新載入。該位是受保護的位，修改該位時，需要依次向 0x5000_0100 寫入 "59h"，"16h"，"88h" 解除暫存器保護。參考暫存器

Bits	描述
	REGWRPROT，位址 GCR_BA + 0x100。 0：正常 1：重置晶片

19.5.2 實驗

【實驗 19.5-1】SmartM-M051 開發板：微控制器重置後閃爍 Led 燈一段時間，並等待系統重置以令 Led 燈持續不斷地閃爍。

1. 硬體設計

   參考 GPIO 實驗硬體設計。

2. 軟體設計

   在函數主體的無窮迴圈中執行空操作即不加上任何程式碼，而閃爍 Led 燈只要在進入無窮迴圈之前執行就可以達到要求，這樣才能保證不斷地系統重置以令 Led 燈實現持續不斷地閃爍的效果。

3. 流程圖

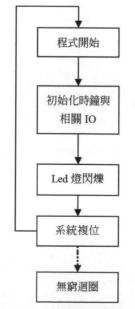

圖 19.5-1　系統重置實驗流程圖

4. 實驗程式碼

表 19.5-1 系統重置實驗函數列表

函數列表		
序號	函數名稱	說明
1	main	函數主體

程式清單 19.5-1 系統重置實驗程式碼

程式碼位置：\基礎實驗-軟體重置\main.c

```c
#include "SmartM_M0.h"


/*******************************************
*函數名稱:main
*輸    入:無
*輸    出:無
*功    能:函數主體
*********************************************/
INT32 main(VOID)
{
    PROTECT_REG
    (
        PWRCON |= XTL12M_EN;                            //預設時脈源為外部晶振

        while((CLKSTATUS & XTL12M_STB) == 0);          //等待12MHz時脈穩定


        CLKSEL0 = (CLKSEL0 & (~HCLK)) | HCLK_12M;    //設置外部晶振為系統時脈


        P2_PMD=0x5555;


    )
```

```
    P2_DOUT=0x00;

    Delayms(500);

    P2_DOUT=0xFF;

    Delayms(500);


    PROTECT_REG
    (
        IPRSTC1|=   0x01;      //執行重置
    )


    while(1);
}
```

5. 程式碼分析

最為關鍵的程式碼就是對 IPRSTC1 進行設置，執行"IPRSTC1|=0x01"就
是致能晶片重置，當然可以執行：IPRSTC1|=0x02"就是致能 CPU 核心覆位。
它們兩者之間的唯一區別就是前者重置所有所有周邊設備，意味著所有暫存
器都重置到初始狀態，需要重新配置。

 深 入 重 點

☆ 用戶只需簡單的控制 IPRSTC1 暫存器的其中兩位 CHIP_RST/CPU_RST 就可
以系統重置。

☆ 看門狗也是可以進行晶片重置，但是沒有控制 IPRSTC1 暫存器來得直接。

19.6　scatter 文件

一個映像文件裡可以包含多個域(region)，它們在載入和執行時可以有不同的位址。這個位址可以用 armlink 的兩個參數來確定：

ro-base　設置程式碼段(RO)在載入域(load view)和執行域(execution view)裡的位址。

rw-base　設置資料段(RW)在執行域裡的位址。

實際上，當域的記憶體對應關係比較簡單時，可以使用這兩個參數，但它們不能處理更為複雜的記憶體對應(memeory map)，在這種情況下，就要用分散載入(scatter loading)技術。

分散載入技術可以把應用程式分割成多個 RO 域和 RW 域，並且給它們指定不同的位址。這在嵌入式的實際應用中，有很大好處。在一個嵌入式系統中，Flash、16 位元 RAM、32 位元 RAM 都可能存在於系統中，所以，將不同功能的程式碼定位在特定的位置大大地提高系統的效率。下面是最為常用的兩種情況：

第一種情況：32 位元的 RAM 速度最快，那麼就把中斷程式作為一單獨的執行域，放在 32 位元的 RAM 中，使它的響應時間縮到最短，這在 startup_M051.s 文件中有體現。

第二種情況：將啟動程式碼(bootloader)以外的所有程式碼都複製到 RAM 中執行。

那麼，分散載入是如何實現的呢？它通過一個文本文件作為 armlink 的參數來實現，文件裡描述了分散載入需要的兩個資料。

● 如何分散，就是輸入段如何組成輸出段和域：分組資料
● 如何載入，就是載入域和每個執行域的位址是多少：定位資料

19.6.1 scatter 文件簡介

Scatter 文件是一個文本文件，它描述了載入域和執行域的基本屬性。

一、對載入域的描述

在 scatter 文件裡，描述了載入域的名字、起始位址、最大尺寸、屬性和執行域集合。其中最大尺寸和屬性是可選的。如下例 M051Simple.scf 所示：

程式清單 19.6-1 M051Simple.scf 載入域

```
LR_IROM1 0x00000000
{
  ER_IROM1 0x00000000
  {
   *.o (RESET, +First)
   *(InRoot$$Sections)
   .ANY (+RO)
  }

  RW_IRAM1 0x20000000
  {
   .ANY (+RW +ZI)
  }
}
```

在上面的 scatter 文件裡，載入域的名字為 LR_IROM1，起始位址為 0x00000000，包含兩個執行域：ER_IROM1 和 RW_IRAM1。編寫好這個 scatter 文件後，就可以作為 armlink 的參數來使用它。

二、對執行域的描述

在 scatter 裡，描述了執行域的名字、起始位址、最大尺寸、屬性和輸入段的集合，如下例所示：

程式清單 19.6-2 M051Simple.scf 執行域

```
LR_IROM1 0x00000000 0x2000
{
  ER_IROM1 0x00000000 0x2000
  {
   *.o (RESET, +First)
   *(InRoot$$Sections)
   .ANY (+RO)
  }


  RW_IRAM1 0x20000000 0x1000
  {
   .ANY (+RW +ZI)
  }


  FLASH1 0x800 0x1F0
  {
    FLASH1 +0
    {
        Led1Ctrl.o
    }
  }


  FLASH2 0x1000 0xFF0
  {
    FLASH2 +0
    {
        Led7Ctrl.o
    }
  }
}
```

在這個文件裡描述了兩個執行域，分別爲 FLASH1 和 FLASH2。FLASH1 的起始位址爲 0x800，長度爲 0x1F0；Led1Ctrl.o 裡的所有程式碼和唯讀資料都放在這個執行域裡，FLASH2 亦然。

三、對輸入段的描述

在 scatter 文件裡，描述了輸入段的模組名字(比如目標文件名)和輸入段的屬性(RO、RW、ZI 等)。比如：uart.o(+ZI)，其中，uart.o 爲模組名；+ZI 爲輸入段的屬性。模組名字可以用通配符號，比如：*。"*(+RO，+RW，+ZI)"表示所有的程式碼和資料段。

19.6.2 實驗

【實驗 19.6-1】SmartM-M051 開發板：在 scatter 文件添加兩個執行域，實現 Led1 和 Led7 閃爍功能，並通過 Nu-Link 檢測 Led1 和 Led7 這兩個函數段是否定位在特定的位址處。

1. 硬體設計

   參考 GPIO 實驗設計。

2. 軟體設計

   NuMicro M051 系列微控制器 APROM 的起始位址爲 0，SmartM-M051 開發板採用的是 M052LAN 晶片，APROM 的長度爲 0x2000，還有定位時注意記憶體的對應，若然定位到硬體暫存器將會影響到程式碼的執行。例如：Led1 程式碼可以定位在 0x800 位址處，長度爲 0x1F0 位元組；Led7 程式碼可以定位在 0x1000 位址處，長度爲 0x1F0 位元組。

3. 添加和設置 scatter 文件

   第一步：在 Scatter 專案新建 scf.scf 文件，並爲 scf.scf 文件填寫正確的內容，內容如下：

程式清單 19.6-3 scatter 文件內容

程式碼位置：\基礎實驗-Scatter\scf.scf

```
LR_IROM1 0x00000000 0x2000          ;載入起始位址和長度
{
  ER_IROM1 0x00000000 0x2000
  {
      *.o (RESET, +First)           ;把重置段放在執行域 ER_IROM1 的最前面
      *(InRoot$$Sections)
      .ANY (+RO)                    ;.ANY (+RO)所有其他的唯讀段
  }

  RW_IRAM1 0x20000000 0x1000
  {
      .ANY (+RW +ZI)                ;所有讀寫(RW)資料段和 ZI 段放在執行域
RW_IRAM1
  }
}



FLASH1 0x800 0x1F0                  ;載入起始位址和長度
{
  _FLASH1 +0
  {
      Led1Ctrl.o                    ;把輸入段Led1Ctrl.o放在執行域_FLASH1
  }
}

FLASH2 0x1000  0x1F0                ;載入起始位址和長度
{
  _FLASH2 +0
  {
      Led7Ctrl.o                    ;把輸入段Led1Ctr7.o放在執行域_FLASH2
  }

}
```

第二步：進入 Scatter 專案選項，並在【Link】選項卡添加 scf.scf 文件。如圖
19.6-1 所示。

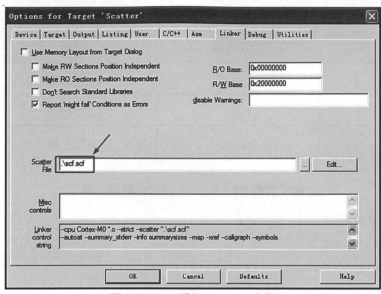

圖 19.6-1　添加 scatter 文件

4. 流程圖

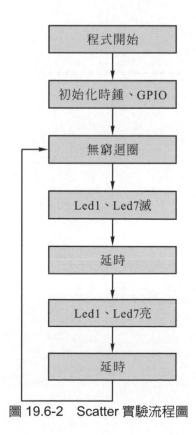

圖 19.6-2　Scatter 實驗流程圖

5. 實驗程式碼

表 19.6-1　Scatter 實驗函數列表

函數列表		
序號	函數名稱	說明
1	Led1	Led1 控制
2	Led7	Led7 控制
3	main	函數主體

程式清單 19.6-4 Led1 控制函數程式碼

程式碼位置：\基礎實驗-Scatter\Led1Ctrl.c

```c
#include "SmartM_M0.h"
/*******************************************
*函數名稱:Led1
*輸    入:bIsOn 亮/滅
*輸    出:無
*功    能:Led1 控制
*******************************************/
VOID Led1(BOOL bIsOn)
{
    if(bIsOn)
    {
        P2_DOUT|=1UL<<1;
    }
    else
    {
        P2_DOUT&=~(1UL<<1);
    }

}
```

程式清單 19.6-5 Led7 控制函數程式碼

程式碼位置：\基礎實驗-Scatter\Led7Ctrl.c

```c
#include "SmartM_M0.h"
/******************************************
*函數名稱:Led7
*輸    入:bIsOn 亮/滅
*輸    出:無
*功    能:Led7 控制
******************************************/
VOID Led7(BOOL bIsOn)
{
    if(bIsOn)
    {
        P2_DOUT|=1UL<<6;
    }
    else
    {
        P2_DOUT&=~(1UL<<6);
    }


}
```

程式清單 19.6-6 Scatter 實驗程式碼

程式碼位置：\基礎實驗-Scatter\main.c

```c
#include "SmartM_M0.h"

#define DEBUGMSG  printf

EXTERN_C VOID Led1(BOOL bIsOn);
EXTERN_C VOID Led7(BOOL bIsOn);


/*******************************************
*函數名稱:main
*輸    入:無
*輸    出:無
*功    能:函數主體
********************************************/
INT32 main(VOID)
{
                                            //ISP 下載時保護 FLASH
記憶體
    PROTECT_REG
    (
        PWRCON |= XTL12M_EN;                        //預設時脈源爲外部晶振
        while((CLKSTATUS & XTL12M_STB) == 0);     //等待 12MHz 時脈穩定

        CLKSEL0 = (CLKSEL0 & (~HCLK)) | HCLK_12M;//設置外部晶振爲系統時脈

        P2_PMD=0x5555;
    )


    while(1)
    {
        Led1(FALSE);Led7(FALSE);                    //Led1、Led7 滅
        Delayms(100);

        Led1(TRUE); Led7(TRUE) ;                    //Led1、Led7 亮
        Delayms(100);
    }
}
```

6. 硬體模擬

第一步：為 Led1 和 Led7 控制函數程式碼起始處添加斷點，如圖 19.6-3、19.6-4
所示。

```
01 □#include "SmartM_M0.h"
02  /************************************
03  *函数名称:Led1
04  *输    入:bIsOn 亮/灭
05  *输    出:无
06  *功    能:Led1控制
07  ************************************/
08  VOID Led1(BOOL bIsOn)
09  □{
10      if(bIsOn)
11      {
12          P2_DOUT|=1UL<<1;
13      }
14      else
15      {
16          P2_DOUT&=~(1UL<<1);
17      }
18
19  }
```

圖 19.6-3　Led1 控制函數添加斷點

```
01 □#include "SmartM_M0.h"
02  /************************************
03  *函数名称:Led7
04  *输    入:bIsOn 亮/灭
05  *输    出:无
06  *功    能:Led7控制
07  ************************************/
08  VOID Led7(BOOL bIsOn)
09  □{
10      if(bIsOn)
11      {
12          P2_DOUT|=1UL<<6;
13      }
14      else
15      {
16          P2_DOUT&=~(1UL<<6);
17      }
18
19  }
```

圖 19.6-4　Led7 控制函數添加斷點

第二步：點擊 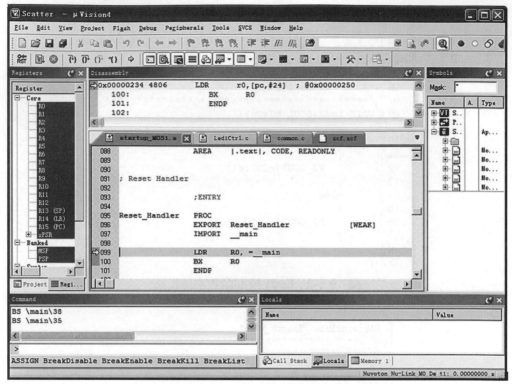 【Start /Stop Debug Session】按鈕進入 Keil 的除錯環境，
如圖 19.6-5 所示。

圖 19.6-5　進入 Keil 除錯環境

第三步：點擊 ▤ 【RUN】並一直執行到 Led1 控制函數處，觀察其定位資料，如圖 19.6-6 所示。

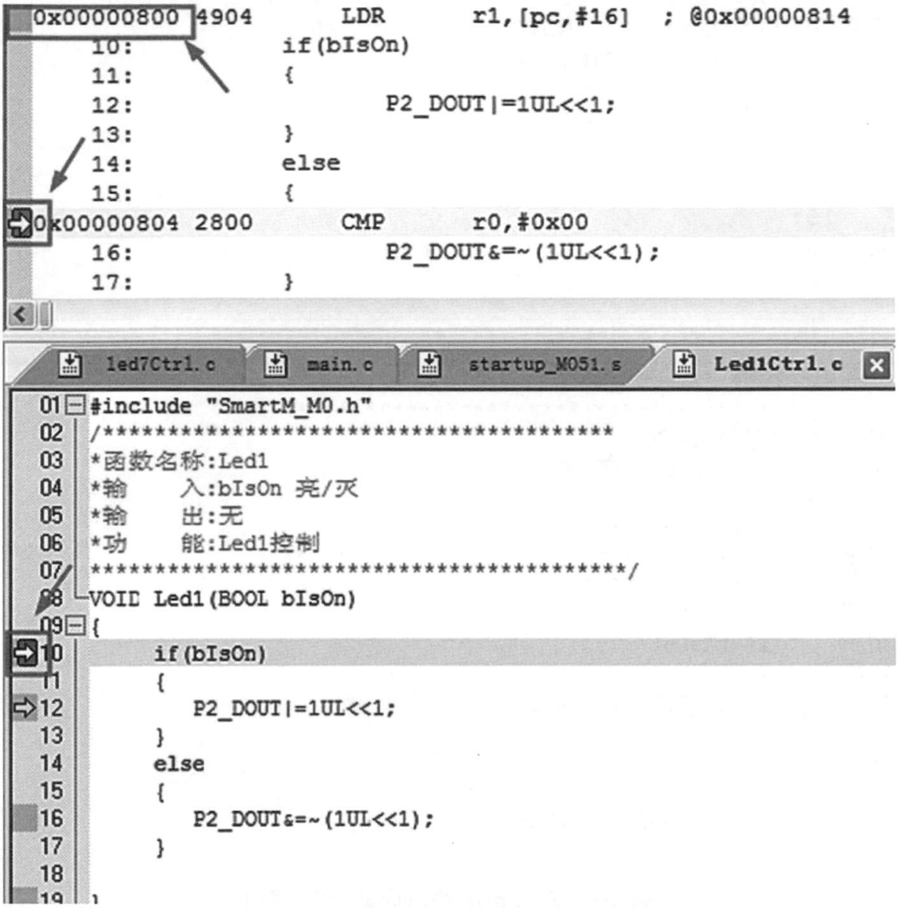

```
0x00000800 4904        LDR      r1,[pc,#16]   ; @0x00000814
        10:          if(bIsOn)
        11:          {
        12:                  P2_DOUT|=1UL<<1;
        13:          }
        14:          else
        15:          {
0x00000804 2800        CMP      r0,#0x00
        16:                  P2_DOUT&=~(1UL<<1);
        17:          }
```

```
  led7Ctrl.c    main.c    startup_M051.s    Led1Ctrl.c

01 #include "SmartM_M0.h"
02 /*****************************************
03 *函数名称:Led1
04 *输     入:bIsOn 亮/灭
05 *输     出:无
06 *功     能:Led1控制
07 *****************************************/
08 VOID Led1(BOOL bIsOn)
09 {
10      if(bIsOn)
11      {
12          P2_DOUT|=1UL<<1;
13      }
14      else
15      {
16          P2_DOUT&=~(1UL<<1);
17      }
18
19
```

圖 19.6-6　Led1 控制函數定位資料

第四步：點擊 【RUN】並一直執行到 Led7 控制函數處，觀察其定位資料，如圖 19.6-7 所示。

```
0x00001000  4904    LDR     r1,[pc,#16]  ; @0x00001014
0x00001002  2240    MOVS    r2,#0x40
    10:             if(bIsOn)
    11:             {
    12:                     P2_DOUT|=1UL<<6;
    13:             }
    14:             else
    15:             {
0x00001004  2800    CMP     r0,#0x00
```

```
led7Ctrl.c  [X]   main.c   startup_M051.s   Led1Ctrl.c

01  #include "SmartM_M0.h"
02  /*********************************************
03  *函數名稱:Led7
04  *輸    入:bIsOn 亮/灭
05  *輸    出:无
06  *功    能:Led7控制
07  *********************************************/
08  VOID Led7(BOOL bIsOn)
09  {
10      if(bIsOn)
11      {
12          P2_DOUT|=1UL<<6;
13      }
14      else
15      {
16          P2_DOUT&=~(1UL<<6);
17      }
18
```

圖 19.6-7　Led7 控制函數定位資料

深入重點

☆ 一個映像文件裡可以包含多個域(region)，它們在裝載和執行時可以有不同的地址。

☆ 32 位元的 RAM 速度最快，那麼就把中斷程式作為一單獨的執行域，放在 32 位元的 RAM 中，使它的響應時間縮到最短，這在 startup_M051.s 文件中有體現。

☆ 在一個嵌入式系統中，Flash、16 位元 RAM、32 位元 RAM 都可能存在於系統中，所以將不同功能的程式碼定位在特定的位置會大大地提高系統的效率。

19.7 USER 配置

USER 配置支援 XT1 時脈濾波器致能、重置後 CPU 時脈選擇、欠壓檢測致能、欠壓電壓選擇、欠壓重置致能、配置啓動選擇、安全鎖等功能。

19.7.1 相關暫存器

1. USER 配置暫存器 0(位址：0x0030_0000)

Bits		描述
[31:29]	-	-
[28]	CKF	**XT1 時脈濾波器致能** 0 = 禁用時脈濾波器 1 = 致能 XT1 時脈濾波器
[27]	-	-
[26:24]	CFOSC	**重置後 CPU 時脈源選擇** | FOSC[2:0]	時脈源
000	外部晶振時脈(4~24MHz)
111	內部 RC 22.1184 MHz 振盪器時脈
其他	-	 重置發生後，載入 CFOSC 的值到 CLKSEL0.HCLK_S[2:0]。
[23]	CBODEN	**欠壓檢測致能** 0 = 通電後致能欠壓檢測 1 = 通電後禁用欠壓檢測

Bits		描述
[22:21]	CBOV1-0	欠壓電壓選擇 表格: CBOV1 / CBOV0 / 欠壓電壓 1 / 1 / 4.5 1 / 0 / 3.8 0 / 1 / 2.7 0 / 0 / 2.2
[20]	CBORST	**欠壓重置致能** 0 = 通電後致能欠壓重置 1 = 通電後禁用欠壓重置
[19:8]	-	-
[7]	CBS	**配置啟動選擇** 0 = 晶片從 LDROM 啟動 1 = 晶片從 APROM 啟動
[6:2]	-	-
[1]	LOCK	**安全鎖** 0 = Flash 資料鎖定 1 = Flash 資料不鎖定 當鎖定了 flash 資料,僅有元件 ID,Config0 和 Config1 可以通過燒錄器和 ICP 通過串列除錯介面讀出。 讀出其他資料鎖定在 0xFFFFFFFF. ISP 可以不管 LOCK 是否鎖定都能讀出資料。
[0]	-	-

2. USER 配置暫存器 1(位址:0x0030_0004)

Bits		描述
[31:0]	-	-

19.7.2 實驗

【實驗 19.7-1】SmartM-M051 開發板：對資料區第 0 頁進行資料讀寫，並通過序列
埠列印讀寫資料。

1. 硬體設計

   參考序列埠實驗硬體設計。

2. 軟體設計

   USER 配置區的讀寫基於 Flash 上進行操作，要注意的是資料區讀寫操作之前要首先初始化好資料區的相關暫存器才允許讀寫操作，而在寫操作之前必須扇區抹除。

   寫入資料軟體設計：扇區抹除->寫入資料。

   讀取資料軟體設計：直接讀取。

   顯示資料軟體設計：顯示寫入的資料和讀取的資料。

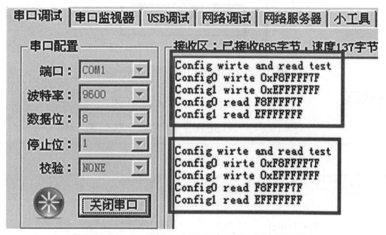

圖 19.7-1　USER 配置區讀寫實驗示意圖

3. 流程圖

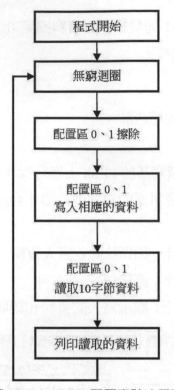

圖 19.7-2 USER 配置實驗流程圖

4. 實驗程式碼

表 19.7-1　USER 配置實驗函數列表

函數列表		
序號	函數名稱	說明
1	ISPTriger	ISP 執行
2	ISPEnable	ISP 致能
3	ISPDisable	ISP 禁用
4	ConfigEnable	配置區讀寫致能
5	ConfigErase	配置區抹除
6	Config0Write	配置區 0 寫
7	Config1Write	配置區 1 寫
8	Config0Read	配置區 0Read

表 19.7-1　USER 配置實驗函數列表(續)

函數列表		
序號	函數名稱	說明
9	Config1Read	配置區 1Read
10	main	函數主體

程式清單 19.7-1 USER 配置實驗程式碼

程式碼位置：\基礎實驗-配置位\main.c

```
#include "SmartM_M0.h"


#define DEBUGMSG            printf


#define CONFIG_START_ADDR    0x00300000
#define PAGE_SIZE            512
/*****************************************
*函數名稱:ISPEnable
*輸　　入:無
*輸　　出:無
*功　　能:ISP 致能
******************************************/
VOID ISPEnable(VOID)
{
    Un_Lock_Reg();
    ISPCON |= ISPEN;
}
/*****************************************
*函數名稱:ISPDisable
*輸　　入:無
*輸　　出:無
*功　　能:ISP 禁用
******************************************/
VOID ISPDisable(VOID)
```

```
{
    Un_Lock_Reg();
    ISPCON &= ~ISPEN;
}
/*****************************************
*函數名稱:ISPTriger
*輸    入:無
*輸    出:無
*功    能:ISP 觸發
*******************************************/
VOID ISPTriger(VOID)
{
    ISPTRG |= ISPGO;
    while((ISPTRG&ISPGO) == ISPGO);
}
/*****************************************
*函數名稱:ConfigEnable
*輸    入:無
*輸    出:無
*功    能:Config 致能
*******************************************/
VOID ConfigEnable(VOID)
{
    Un_Lock_Reg();
    ISPCON |= CFGUEN;

}
/*****************************************
*函數名稱:ConfigErase
*輸    入:無
*輸    出:無
*功    能:Config 區 抹除
*******************************************/
VOID ConfigErase(VOID)
```

```
{
    ISPEnable();
    ConfigEnable();
    ISPCMD = PAGE_ERASE;
    ISPADR = CONFIG_START_ADDR;
    ISPTriger();
    ISPDisable();
}
/*******************************************
*函數名稱:Config0Write
*輸    入:無
*輸    出:無
*功    能:Config0 區 寫
*******************************************/
VOID Config0Write(UINT32 unData)
{
    ISPEnable();
    ConfigEnable();
    ISPCMD = PROGRAM;
    ISPADR = CONFIG_START_ADDR+0x00;
    ISPDAT = unData;
    ISPTriger();
    ISPDisable();
}
/*******************************************
*函數名稱:Config1Write
*輸    入:無
*輸    出:無
*功    能:Confiq1 區 寫
*******************************************/
VOID Config1Write(UINT32 unData)
{
    ISPEnable();
    ConfigEnable();
```

```
    ISPCMD = PROGRAM;
    ISPADR = CONFIG_START_ADDR+0x04;
    ISPDAT = unData;
    ISPTriger();
    ISPDisable();

}
/*****************************************
*函數名稱:Config0Read
*輸    入:無
*輸    出:無
*功    能:Config0 區 讀
*****************************************/
UINT32 Config0Read(VOID)
{
    UINT32 unData;

    ISPEnable();
    ISPCMD = READ;
    ISPADR = CONFIG_START_ADDR+0x00;
    ISPTriger();
    unData = ISPDAT;
    ISPDisable();
    return unData;

}
/*****************************************
*函數名稱:Config1Read
*輸    入:無
*輸    出:無
*功    能:Config1 區 讀
*****************************************/
UINT32 Config1Read(VOID)
{
```

```
    UINT32 unData;

    ISPEnable();
    ISPCMD = READ;
    ISPADR = CONFIG_START_ADDR+0x04;
    ISPTriger();
    unData = ISPDAT;
    ISPDisable();
    return unData;

}

/*******************************************
*函數名稱:main
*輸    入:無
*輸    出:無
*功    能:函數主體
*********************************************/
INT32 main(VOID)
{
    UINT32 unConfig0Read,unConfig1Read;

    PROTECT_REG
    (
        PWRCON |= XTL12M_EN;                              //預設時脈源為外部晶
振

        while((CLKSTATUS & XTL12M_STB) == 0);          //等待12MHz時脈穩定


        CLKSEL0 = (CLKSEL0 & (~HCLK)) | HCLK_12M;    //設置外部晶振為系統
時脈
    )


    UartInit(12000000UL,9600);
```

```
    while(1)
    {
        DEBUGMSG("Config wirte and read test\r\n");

        ConfigErase();                              //配置區抹除
        Config0Write(0xF8FFFF7F);                   //配置區寫
        Config1Write(0xEFFFFFFF);
        DEBUGMSG("Config0 wirte 0xF8FFFF7F\r\n");
        DEBUGMSG("Config1 wirte 0xEFFFFFFF\r\n");

        unConfig0Read=Config0Read();                //配置區讀
        unConfig1Read=Config1Read();

        DEBUGMSG("Config0 read %x\r\n",unConfig0Read);
        DEBUGMSG("Config1 read %x\r\n",unConfig1Read);

        DEBUGMSG("\r\n\r\n");

    }
}
```

5. 程式碼分析

    從 main()函數可以清晰地瞭解到程式的流程：

    (1) 扇區抹除

    (2) 寫入資料

    (3) 讀取資料

    (4) 顯示資料

    資料區要寫入資料，首先要對當前位址的扇區進行抹除，然後才能對當前位址寫入資料。

資料區扇區抹除的原因：M051 微控制器內的配置區，具有 Flash 的特性，只能在抹除了扇區後進行位元組寫，寫過的位元組不能重複寫，只有待扇區抹除後才能重新寫，而且沒有位元組抹除功能，只能扇區抹除。

 深 入 重 點

☆ 扇區抹除的作用要瞭解清楚，因為寫過的字節不能重複寫，只有待扇區抹除後才能重新寫。

☆ 同一次修改的數據放在同一扇區中，單獨修改的數據放在另外的扇區，就不需讀出保護。

☆ 如果同一個扇區中存放一個以上的位元組，某次只需要修改其中的一個位元組或一部分位元組時則另外不需要修改的數據須先讀出放在 M051 微控制器的 RAM 當中，然後抹除整個扇區，再將需要-的數據一併寫回該扇區中。這時每個扇區使用的位元組數據越少越方便。

19.8 欠壓電壓值設定(BOD)

NuMicro M051 系列微控制器本身有對系統電壓進行檢測的功能，一旦系統電壓低於設定的門限電壓後，將自動停止正常執行，並可設置進入重置狀態。當系統電壓穩定恢復到設定的門限電壓之上，將再次啓動執行，即相當於一次斷電再通電的重置。

作為一個正式的系統或產品，當系統基本功能除錯完成後，一旦進行現場測試階段，請注意馬上改寫晶片的配置位，啓動內部欠壓電壓檢測功能。NuMicro M051 系列微控制器支援寬電壓工作範圍，但是經常工作在 5V 或 3V 系統，有必要進行適當的配置。對於 5V 系統，設置欠壓電壓為 4.5V；對於 3V 系統，設置欠壓電壓為 2.7V。當允許欠壓電壓檢測時，一旦 NuMicro M051 系列微控制器的供電電壓低於設置的欠壓值，它將會進入重置狀態，不執行程式，然而當電源恢復到欠壓電壓值以上時，它才正式執行程式，以保證系統的可靠性。

由於 NuMicro M051 系列微控制器是寬電壓工作的晶片，例如：在一個 5V 的電子系統中，當電壓跌至 2.3V 時，它本身還能工作，還在執行指令程式，但這時出現 2 個可怕的隱患：

2.3V 時，外圍晶片工作可能已經不正常了，而且邏輯電位嚴重偏離 5V 標準，NuMicro M051 系列微控制器讀取到的資料不正確，造成程式的執行發生邏輯錯誤(這不是 NuMicro M051 本身的原因)。

當電源下降到一個臨界點，如 2.1V 時，並且在此抖動，這樣將使 NuMicro M051 執行的程式不正常，擷取指令、讀/寫資料都可能發生錯誤，從而造成程式發散，工作不穩定。

由於 NuMicro M051 本身具有對片內 Flash 寫操作指令，在臨界電壓附近，晶片工作已經不穩定了，硬體的特性也是非常不穩定，所以在這個時候，一旦程式發散，就可能破壞 Flash 中的資料，進而使系統受到破壞。

典型的故障現象如下：

1. Flash 中的資料突然被破壞，系統不能正常執行，需要重新下載程式。
2. 電源關閉後立即通電，系統不能執行，而電源關閉後一段時間再通電，系統就可以正常工作。

實際上，任何的微控制器都會出現這樣的問題，因此在許多系統中，需要使用專門的電源電壓檢測晶片來防止這樣的情況出現。因此，NuMicro M051 有必要設置欠壓電壓值檢測，對於系統可靠性的提高絕對是有利無害的，欠壓電壓值明細表如表 19.8-1 所示。

表 19.8-1　欠壓電壓值明細表

參數	最小值	典型值	最大值	單位	測試條件
欠壓電壓 BOV_VL [1:0] =00b	2.1	2.2	2.3	V	
欠壓電壓 BOV_VL [1:0] =01b	2.6	2.7	2.8	V	
欠壓電壓 BOV_VL [1:0] =10b	3.7	3.8	3.9	V	
欠壓電壓 BOV_VL [1:0] =11b	4.4	4.5	4.6	V	
BOD 電壓遲滯範圍	30	-	51	mV	VDD = 2.5V~5.5V

19.8.1　相關暫存器

1. 欠壓檢測控制暫存器(BODCR)

　　BODCR 控制暫存器的部分值在 flash 配置時已經初始化和寫保護，程式設計這些被保護的位需要依次向位址 0x5000_0100 寫入"59h"，"16h"，"88h"，禁用暫存器保護。

Bits		描述
[31:8]	-	-
[7]	LVR_EN	**低壓重置致能(寫保護位)** 輸入電源電壓低於 LVR 電路設置時，LVR 重置。LVR 預設配置下 LVR 重置是致能的，典型的 LVR 值為 2.0V。 1 = 致能低電壓重置功能，致能該位 100US 後，LVR 功能生效(預設) 0 = 禁用低電壓重置功能
[6]	BOD_OUT	**欠壓檢測輸出的狀態位** 1 = 欠壓檢測輸出狀態為 1，表示檢測到的電壓低於 BOD_VL 設置。若 BOD_EN 是"0"，該位保持為"0"。 0 = 欠壓檢測輸出狀態為 0，表示檢測到的電壓高於 BOD_VL 設置。
[5]	BOD_LPM	**低壓模式下的欠壓檢測(寫保護位)** 1 = 致能 BOD 低壓模式 0 = BOD 工作於正常模式(預設)

Bits		描述
		BOD 在正常模式下消耗電流約為 100uA，低壓模式下減少到當前的 1/10，但 BOD 響應速度變慢。
[4]	BOD_INTF	**欠壓檢測中斷旗標** 1 = 欠壓檢測到 VDD 下降到 BOD_VL 的設定電壓或 VDD 升到 BOD_VL 的設定電壓，該位設置為 1，如果欠壓中斷被致能，則發生欠壓中斷。 0 = 沒有檢測到任何電壓由 VDD 下降或上升至 BOD_VL 設定值。
[3]	BOD_RSTEN	**欠壓重置致能(通電初始化和寫保護位)** 1 = 致能欠壓重置功能，當欠壓檢測功能致能後，檢測的電壓低於門檻電壓 ，晶片生重置，預設值由用戶在配置 flash 控制暫存器時的 config0 bit[20]設置。 0 = 致能欠壓中斷功能，當欠壓檢測功能致能後，檢測的電壓低於門檻電壓，就發中斷信號給 MCU Cortex-M0 當 BOD_EN 致能，且中斷被宣告時，該中斷會持續到將 BOD_EN 設置為"0"。通過禁用 CPU 中的 NVIC 以禁用 BOD 中斷或者通過禁用 BOD_EN 禁用中斷源可禁用 CPU 響應中斷，如果需要 BOD 功能時，可重新致能 BOD_EN 功能。
[2:1]	BOD_VL	**欠壓檢測門檻電壓選擇 (通電初始化和寫保護位)** 預設值由用戶在配置 FLASH 控制暫存器 config0 bit[22:21]時設定。 BOV_VL[1] / BOV_VL[0] / 欠壓值 1 / 1 / 4.5V 1 / 0 / 3.8V 0 / 1 / 2.7V 0 / 0 / 2.2V
[0]	BOD_EN	**欠壓檢測致能(通電初始化和寫保護位)** 預設值由用戶在配置 FLASH 控制暫存器 config0 bit[23]時設定 1 = 致能欠壓檢測功能 0 = 禁用欠壓檢測功能

19.8.2 實驗

【實驗 19.8-1】SmartM-M051 開發板：開發板外接穩壓電源，並將輸入電壓值調至
3.8V(預設當前設置欠壓電壓值被設置為 3.8V)，這時開發板以熄滅
Led 燈提示當前輸入電壓過低；當重新將輸入電壓調整至正常值時即
大於欠壓電壓值，點亮 Led 燈。

1. 硬體設計

參考 GPIO 實驗硬體設計。

2. 軟體設計

由於 BODCR 暫存器相關功能的實驗與 USER 配置值中欠壓檢測設置相
掛鉤，因此，程式碼執行前務必在 USER 配置中設置欠壓電壓值為 3.8V，或
通過下載程式碼前設置好該配置值。

程式碼中的函數主體只要初始化好時脈、I/O、BOD 等，直接進入無窮迴
圈。Led 燈閃爍程式碼只需放進 BOD 中斷服務函數。

3. 流程圖

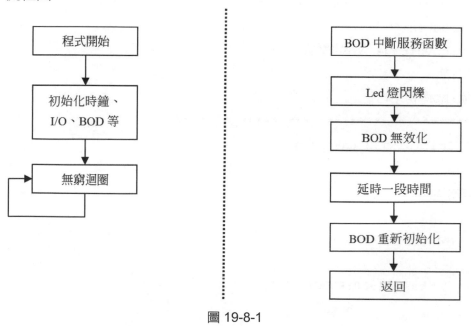

圖 19-8-1

4. 實驗程式碼

表 19.8-1　BOD 實驗函數列表

函數列表		
序號	函數名稱	說明
1	BODInit	BOD 初始化
2	BODDeinit	BOD 無效化
3	main	函數主體
中斷服務函數		
4	BOD_IRQHandler	BOD 中斷服務函數

程式清單 19.8-1 BOD 實驗程式碼

程式碼位置：\基礎實驗-BOD\main.c

```c
#include "SmartM_M0.h"


/******************************************
*函數名稱:BODInit
*輸     入:unVoltage 欠壓電壓值
*輸     出:無
*功     能:BOD 初始化
*******************************************/
VOID BODInit(UINT32 unVoltage)
{
    PROTECT_REG
    (
        switch(unVoltage)                //設置欠壓電壓值
        {
            case 4500:BODCR|=3<<1;
                    break;
            case 3800:BODCR|=2<<1;
                    break;
            case 2700:BODCR|=1<<1;
```

```
                            break;
              case 2200:BODCR|=0<<1;
                            break;
               default:break;
        }


     BODCR|=1<<4;                      //清除欠壓中斷旗標位


     BODCR|=0x01;                       //致能欠壓檢測功能
  )


  NMI_SEL=0x01;                        //使 NMI 中斷指向看門狗中斷


  NVIC_ISER |= BOD_OUT_INT;            //致能欠壓檢測中斷


}


/*****************************************
*函數名稱:BODDeinit
*輸    入:無
*輸    出:無
*功    能:BOD 無效化
*****************************************/
VOID BODDeinit(VOID)
{
   PROTECT_REG
    (
       BODCR=0x00;
    )
}
/*****************************************
*函數名稱:main
*輸    入:無
*輸    出:無
```

```
*功    能:函數主體
*******************************************/
INT32 main(VOID)
{
    PROTECT_REG
    (
        PWRCON |= XTL12M_EN;                           //預設時脈源爲外部晶
振
        while((CLKSTATUS & XTL12M_STB) == 0);          //等待12MHz時脈穩定


        CLKSEL0 = (CLKSEL0 & (~HCLK)) | HCLK_12M;  //設置外部晶振爲系統
時脈

        P2_PMD=0x5555;                                 //GPIO 設置爲輸出模
式
    )

    BODInit(3800);                                     //BOD 初始化,欠壓電壓
值 3.8V

    while(1);
}
/******************************************
*函數名稱:BOD_IRQHandler
*輸    入:無
*輸    出:無
*功    能:BOD 中斷服務函數
*******************************************/
VOID BOD_IRQHandler(void)
{
    P2_DOUT = 0xFF;                       //Led 燈閃爍
    Delayms(100);
    P2_DOUT = 0x00;
```

```
    Delayms(100);

    BODDeinit();                          //BOD 無效化
    Delayms(500);
    BODInit(3800);                        //BOD 重新初始化
}
```

5.　程式碼分析

　　致能 BOD 中斷時一定要不能讓 NMI_SEL 暫存器值為 0，否則當輸入電壓值降至欠壓電壓值時，即使不初始化 BOD 相關中斷，系統也會預設進入 NMI 中斷，同時該中斷是不可屏蔽的中斷，並且優先級高於 BOD 中斷(可參考表 6.5-2 系統中斷對應)，NMI_SEL 暫存器預設值為 0x00，預設指向並覆蓋 IRQ0 即 BOD 中斷，因此當系統電壓降至欠壓電壓值時，系統預設進入 NMI 中斷而不進入 BOD 中斷，所以 NMI_SEL 暫存器值一定要大於 0。

　　按照是否可以被屏蔽，可將中斷分為兩大類：不可屏蔽中斷(又叫非屏蔽中斷)和可屏蔽中斷。不可屏蔽中斷源一旦提出請求，CPU 必須無條件響應，而對可屏蔽中斷源的請求，CPU 可以響應，也可以不響應。CPU 一般設置兩根中斷請求輸入線：可屏蔽中斷請求 INTR(Interrupt Require)和不可屏蔽中斷請求 NMI(NonMaskable Interrupt)。對於可屏蔽中斷，除了受本身的屏蔽位控制外，還都要受一個總的控制。典型的非屏蔽中斷源的例子是電源省電，一旦出現，必須立即無條件地響應，否則進行其他任何工作都是沒有意義的。

 深入重點

☆　因此在許多系統中，需要使用專門的電源電壓檢測晶片來防止這樣的情況出現。因此，NuMicro M051 有必要設置欠壓電壓值檢測，對於系統可靠性的提高絕對是有利無害的。

☆ 使能 BOD 中斷時一定要不能讓 NMI_SEL 暫存器值為 0，否則當輸入電壓值降至欠壓電壓值時，即使不初始化 BOD 相關中斷，系統也會預設進入 NMI 中斷，同時該中斷是不可屏蔽的中斷，並且優先級高於 BOD 中斷(可參考表 6.5-2 系統中斷映射)，NMI_SEL 暫存器預設值為 0x00，預設指向並覆蓋 IRQ0 即 BOD 中斷，因此當系統電壓降至欠壓電壓值時，系統預設進入 NMI 中斷而不進入 BOD 中斷，所以 NMI_SEL 暫存器值一定要大於 0。

☆ 按照是否可以被屏蔽，可將中斷分為兩大類：不可屏蔽中斷(又叫非屏蔽中斷)和可屏蔽中斷。不可屏蔽中斷源一旦提出請求，CPU 必須無條件響應，而對可屏蔽中斷源的請求，CPU 可以響應，也可以不響應。CPU 一般設置兩根中斷請求輸入線：可屏蔽中斷請求 INTR(Interrupt Require)和不可屏蔽中斷請求 NMI(NonMaskable Interrupt)。對於可屏蔽中斷，除了受本身的屏蔽位控制外，還都要受一個總的控制。典型的非屏蔽中斷源的例子是電源掉電，一旦出現，必須立即無條件地響應，否則進行其他任何工作都是沒有意義的。

19.9　CMSIS 程式設計標準

引言

ARM 公司於 2008 年 11 月 12 日發佈了 arm Cortex 微控制器軟體介面標準(CMSIS：Cortex Microcon-troller Software InteRFace Standard)。CMSIS 是獨立於供應商的 Cortex-M 微控制器系列硬體抽象層，為晶片廠商和中間件供應商提供了連續、簡單的微控制器軟體介面，簡化了軟體複用，降低了 Cortex-M0 上操作系統的移植難度，並縮短了新入門微控制器開發者的學習時間和新產品的上市時間。

根據近期的調查研究，軟體開發已經被嵌入式行業公認為最主要的開發成本。圖 19.9-1 為近年來軟體開發與硬體開發成本對比圖。因此，arm 與 Atmel、IAR、Keil、hami-nary Micro、Micrium、NXP、SEGGER 和 ST 等諸多晶片和軟體廠商合作，將所有 Cortex 晶片廠商產品的軟體介面標準化，制定了 CMSIS 標準。此舉意在降低軟體開發成本，尤其腳對新設備項目開發，或者將已有軟體移植到其他晶片廠商提供的 Cortex 微控制器的情況。有了該標準，晶片廠商就能夠將資源專注於產品周邊設備特性的差異化，並且消除對微控制器進行程式設計時需要維持的不同的、互相不兼容的標準的需求，從而達到降低開發成本的目的。

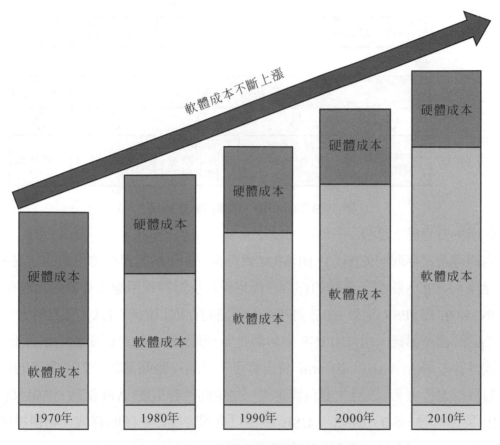

圖 19.9-1　近年來軟體開發與硬體開發成本對比圖

19.9.1　CMSIS 標准的軟體架構

　　如圖 19.9-2 所示，CMSIS 標準的軟體架構主要分為以下 4 層：用戶應用層、操作系統及中間件介面層、CMSIS 層、硬體暫存器層。其中 CMSIS 層起著承上啟下的作用：一方面該層對硬體暫存器層進行統一實現，屏蔽了不同廠商對 Cortex-M 系列微控制器核內周邊設備暫存器的不同定義；另一方面又向上層的操作系統及中間件介面層和應用層提供介面，簡化了應用程式開發難度，使開發人員能夠在完全透明的情況下進行應用程式開發。也正是如此，CMSIS 層的實現相對複雜。

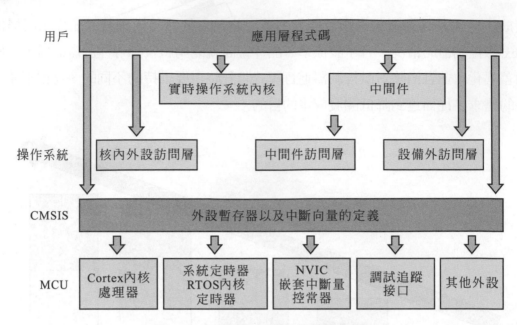

圖 19.9-2 CMSIS　標準的軟體架構

CMSIS 層主要分為 3 部分：

1. 核內周邊設備存取層(CPAL)：由 ARM 負責實現。包括對暫存器位址的定義，對核暫存器、NVIC、除錯子系統的存取介面定義以及對特殊用途暫存器的存取介面(如 CONTROL 和 xPSR)定義。由於對特殊暫存器的存取以內聯方式定義，所以 arm 腳對不同的編譯器統一用 _INLINE 來屏蔽差異。該層定義的介面函數均是可重入的。

2. 中間件存取層(MWAL)：由 arm 負責實現，但晶片廠商需要針對所生產的設備特性對該層進行更新。該層主要負責定義一些中間件存取的 API 函數，例如：為 TCP／IP 協議堆疊、SD／MMC、USB 協議以及即時操作系統的存取與除錯提供標準軟體介面。該層在 1.1 標準中尚未實現。

3. 周邊設備存取層(DPAL)：由晶片廠商負責實現。該層的實現與 CPAL 類似，負責對硬體暫存器位址以及周邊設備存取介面進行定義。該層可呼叫 CPAL 層提供的介面函數，同時根據設備特性對異常向量表進行擴展，以處理相對應周邊設備的中斷請求。

19.9.2 CMSIS 規範

一、文件結構

CMSIS 的文件結構如圖 19.9-3 所示(以 NuMiro M051 為例)。其中 stdint.h 包括對 8 位元、16 位元、32 位元等類型指示符的定義，主要用來屏蔽不同編譯器之前的差異。core_cm0.h 和 core_cm0.C 中包括 Cortex-M0 核的全局變數宣告和定義，並定義一些靜態功能函數。M051Series.h 定義了與特定晶片廠商相關的暫存器以及各中斷異常號，並可定制 M0 核中的特殊設備，如 MCU、中斷優先級位數以及暫存器定義。雖然 CMSIS 提供的文件很多，但在應用程式中只需包含.h。

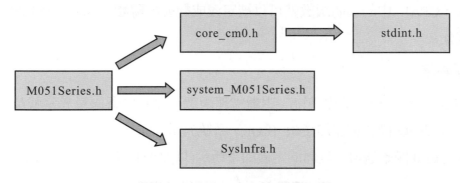

圖 19.9-3　M051 CMSIS 文件結構

二、工具鏈

CMSIS 支援目前嵌入式開發的三大主流工具鏈，即 ARM ReakView(armcc)、IAR EWARM(iccarm)以及 GNU 工具鏈(gcc)。通過在 core_cm0.c 中的如下定義，來屏蔽一些編譯器內置關鍵字的差異，如程式清單 19.9-1。

程式清單 19.9-1 編譯器內置關鍵字的差異

```
#if defined ( __CC_ARM  )
  #define __ASM          __asm
  #define __INLINE        __inline

#elif defined ( __ICCARM__ )
  #define __ASM          __asm
  #define __INLINE        inline
```

```
#elif defined  (  __GNUC__  )
  #define __ASM            __asm
  #define __INLINE          inline

#elif defined  (  __TASKING__  )
  #define __ASM            __asm
  #define __INLINE          inline

#endif
```

這樣，CPAL 中的功能函數就可以被定義成靜態內聯類型(static_INLINE)，實現編譯最佳化。

三、中斷異常

CMSIS 對異常和中斷標識符、中斷處理函數名以及中斷向量異常號都有嚴格的要求。異常和中斷標識符需加後綴_IRQn，系統異常向量號必須為負值，而設備的中斷向量號是從 0 開始遞增，具體的定義如下所示(以 M051 微控制器系列為例)：

程式清單 19.9-2 中斷異常號定義

```
typedef enum IRQn
{

  NonMaskableInt_IRQn      = -14,
  HardFault_IRQn         = -13,
  SVCall_IRQn            = -5,
  PendSV_IRQn            = -2,
  SysTick_IRQn           = -1,

  BOD_IRQn              = 0,
  WDT_IRQn              = 1,
  EINT0_IRQn            = 2,
  EINT1_IRQn            = 3,
  GPIO_P0P1_IRQn         = 4,
  GPIO_P2P3P4_IRQn        = 5,
```

```
    PWMA_IRQn               = 6,
    PWMB_IRQn               = 7,
    TMR0_IRQn               = 8,
    TMR1_IRQn               = 9,
    TMR2_IRQn               = 10,
    TMR3_IRQn               = 11,
    UART0_IRQn              = 12,
    UART1_IRQn              = 13,
    SPI0_IRQn               = 14,
    SPI1_IRQn               = 15,
    I2C0_IRQn               = 18,
    I2C1_IRQn               = 19,
    CAN0_IRQn               = 20,
    CAN1_IRQn               = 21,
    SD_IRQn                 = 22,
    USBD_IRQn               = 23,
    PS2_IRQn                = 24,
    ACMP_IRQn               = 25,
    PDMA_IRQn               = 26,
    I2S_IRQn                = 27,
    PWRWU_IRQn              = 28,
    ADC_IRQn                = 29,
    DAC_IRQn                = 30,
    RTC_IRQn                = 31

} IRQn_Type;
```

　　CMSIS 對系統異常處理函數以及普通的中斷處理函數名的定義也有所不同。系統異常處理函數名需加後綴 _Handler，而普通中斷處理函數名則加後綴 _IRQHandler。這些異常中斷處理函數被定義為 weak 屬性，以便在其他的文件中重新實現時不出現重複定義的錯誤。這些處理函數的位址用來填充中斷異常向量表，並在啟動程式碼中給以宣告，例如：BOD_IRQHandlerr、WDT_IRQHandler、TMR0_IRQHandler、UART0_IRQHandler 等。

四、資料類型

CMSIS 對資料類型的定義是在 stdint.h 中完成的，對核暫存器結構體的定義是在 core_cm0.h 中完成的，暫存器的存取權限是通過相對應的標識來指示的。CMSIS 定義以下 3 種標識符來指定存取權限：_I(volatile const)、_O(volatile)和_IO(volatile)。其中_I 用來指定唯讀權限，_O 指定只寫權限，_IO 指定讀寫權限。

五、安全機制

在嵌入式軟體開發過程中，程式碼的安全性和強健性一直是開發人員所關注的，因此 CMSIS 在這方面也作出了努力，所有的 CMSIS 程式碼都基於 MISRA-C2004(Motor Industry Software Reliability Association forthe C programming language)標準。MIRSA-C 2004 制定了一系列安全機制用來保證驅動層軟體的安全性，是嵌入式行業都應遵循的標準。對於不符合 MISRA 標準的，編譯器會提示錯誤或警告，這主要取決於開發者所使用的工具鏈。

19.9.3 CMSIS 標准的程式碼實現

CMSIS 降低了程式碼開發的難度，為了更好地詮釋這一點，下面以一個基於 M051 系列微控制器的簡單例子來說明。程式碼實現如下：

程式清單 19.9-3 CMMIS 標準程式碼示例

```
#include <stdio.h>
#include "M051Series.h"
#include "Driver\DrvGPIO.h"

void IoInit(void)
{
DrvGPIO_Open(E_PORT2, E_PIN0, E_IO_OUTPUT);

    DrvGPIO_Open(E_PORT1, E_PIN3, E_IO_INPUT);

    DrvGPIO_Open(E_PORT4, E_PIN5, E_IO_QUASI);

    DrvGPIO_SetIntCallback(P0P1Callback, P2P3P4Callback);
```

```
    DrvGPIO_EnableInt(E_PORT1, E_PIN3, E_IO_RISING, E_MODE_EDGE);


    DrvGPIO_EnableInt(E_PORT4, E_PIN5, E_IO_FALLING, E_MODE_LEVEL);

    DrvGPIO_SetDebounceTime(6, E_DBCLKSRC_HCLK);
    DrvGPIO_EnableDebounce(E_PORT1, E_PIN3);
    DrvGPIO_EnableDebounce(E_PORT4, E_PIN5);


    DrvGPIO_EnableDebounce(E_PORT3, E_PIN2);
    DrvGPIO_EnableDebounce(E_PORT3, E_PIN3);


    DrvGPIO_InitFunction(E_FUNC_EXTINT0);
    DrvGPIO_InitFunction(E_FUNC_EXTINT1);
}
```

 深入重點

☆ 本文闡述了 CMSIS 標準的軟體架構、規範,並通過一個實例更加清晰地解讀了 CMSIS 作為一個新的 Cortex-M 核微控制器系列的軟體開發標準所具有的巨大潛力。

☆ 優點:降低了軟體開發的難度,更減少了軟體開發的成本。

☆ 缺點:程式碼效率未必是最高的,同時程式碼更為龐大。

19.10 外部匯流排介面(EBI)

為了配合特殊產品的需要，NuMicro M051 系列配備一個外部匯流排介面(EBI)，以供外部設備使用，而最經常用到 EBI 的是 SRAM，如同常用 PC 的 CPU 需要外擴記憶體模組，原因在於 NuMicro M051 系列微控制器的內部 RAM 只有僅僅的 4KB。為節省外部設備與晶片的連接接腳數，EBI 支援位址匯流排與資料匯流排複用模式，且位址鎖存致能(ALE)信號能區分位址與資料週期。

圖 19.10-1　記憶體模組

外部匯流排介面有下列功能：

- 支援外部設備最大 64K 位元組(8 位元資料寬度)/128K 位元組(16 位元資料寬度)
- 支援可變外部匯流排基本時脈(MCLK)
- 支援 8 位元或 16 位元資料寬度
- 支援可變的資料存取時間(tACC)，位址鎖存致能時間(tALE)和位址保持時間(tAHD)
- 支援位址匯流排和資料匯流排複用以節省位址接腳

支援可配置的空閒週期用於不同存取條件：寫命令結束(W2X)，連續讀(R2R)。

19.10.1 操作步驟

1. EBI 儲存空間

NuMicro M051 系列 EBI 位址對應在 0x60000000 ~ 0x6001FFFF，總共記憶體空間為 128K 位元組。當系統請求的位址命中 EBI 的儲存空間，相對應的 EBI 片選信號有效，EBI 狀態機工作。

對於 8 位元設備(64Kbyte)，EBI 把該 64K 位元組的設備同時對應到位址 0x60000000 ~ 0x6000FFFF 和 0x60010000 ~ 0x6001FFFF。

2. EBI 資料寬度連接

　　NuMicro M051 系列 EBI 支援位址匯流排和資料匯流排複用的設備。對於位址匯流排與資料匯流排分開的外部設備，與設備的連接需要額外的邏輯單元來鎖存位址，這種情況下，ALE 需要連接到暫存器(如 74HC373)上。AD 為暫存器的輸入接腳，暫存器的輸出連接到外部設備的位址匯流排上。對於 16 位元設備，AD[15:0]由位址線與 16 位元資料線共用如圖 19.10-2 所示。對於 8 位元設備，僅 AD[7:0]由位址線與 8 位元資料線共用，AD [15:8]作位址線，可直接與 8 位元設備連接如圖 19.10-3 所示。

　　對於 8 位元資料寬度，NuMicro M051 系統位址[15:0]作為設備位址[15:0]。對於 16 位元資料寬度，NuMicro M051 系統位址[16:1]作為設備位址[15:0]，在NuMicro M051 系統中位址位 bit[0]不用。

表 19.10-1　8/16 位元寬度的區別

EBI 位寬度	系統位址	EBI 位址
8bit	AHBADR[15:0]	AD[15:0]
16bit	AHBADR[16:1]	AD[15:0]

圖 19.10-2　16 位元 EBI 資料寬度與 16 位元元件連接

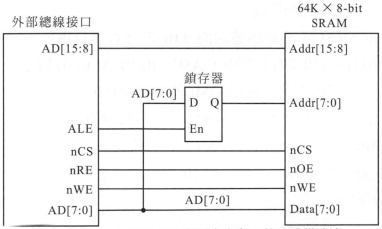

圖 19.10-3　8 位元 EBI 資料寬度與 8 位元設備連接

當系統存取資料寬度大於 EBI 的資料寬度，EBI 控制器通過多次執行 EBI 存取來完成操作。如果系統通過 EBI 設備請求 32 位元資料，如果 EBI 為 8 位元資料寬度，EBI 控制器將存取 4 次來完成操作。

3. EBI 操作控制

(1) MCLK 控制

NuMicro M051 系列中，EBI 工作時，通過 MCLK 同步所有 EBI 信號。當 NuMicro M051 系列連接到工作頻率較低的外部設備時，MCLK 可以通過設置暫存器 EBICON 中的 MCLKDIV 分頻，最小可達 HCLK/32。因此，NuMicro M051 可以適用於寬頻率範圍的 EBI 設備。如果 MCLK 被設置為 HCLK/1，EBI 信號由 MCLK 的正緣同步，其他情況下，EBI 信號由 MCLK 的負緣同步。

(2) 操作與存取時序控制

開始存取時，片選(nCS)置低並等待一個 MCLK 位址建立時間(tASU)以使位址穩定。位址穩定後 ALE 置高並保持一段時間 (tALE) 以用於位址鎖存。位址鎖存後，ALE 置低並等待一個 MCLK 的週期鎖存保持時間(tLHD) 和另一個 MCLK 的週期 (tA2D) 用於匯流排轉換(位址到資料)。然後當讀時 nRD 置低或寫時 nWR 置低。在保持存取時間 tACC(用於讀取輸出穩定或者完成寫入)後置高。之後，EBI 信號保持資料存取時間(tAHD)，然後置高片選信號，位址由當前存取控制釋放。

NuMicro M051 系列提供靈活的 EBI 時序控制以用於不同外部設備，在 NuMicro M051 的 EBI 時序控制中，tASU、tLHD 和 tA2D 固定為 1 個 MCLK 週期，tAHD 可以通過設置暫存器 EXTIME 的 ExttAHD 在 1~8 MCLK 週期調節，tACC 可以通過設置暫存器 EXTIME 的 ExttACC 在 1~32 MCLK 週期調節，tALE 可以通過暫存器 EBICON 的 tALE 在 1~8 MCLK 週期調節，詳細如表 19.10-2 所示，16 位元資料寬度的時序控制波形如圖 19.10-4 所示，8 位資料寬度的時序控制波形如圖 19.10-5 所示。

表 19.10-2　存取時序控制

參數	值	單位	描述
tASU	1	MCLK	位址鎖存建立時間。
tALE	1 ~ 8	MCLK	ALE 高電位時間，由 EBICON 的 ExttALE 控制。
tLHD	1	MCLK	位址鎖存保持時間。
tA2D	1	MCLK	位址到資料的延遲(匯流排轉換時間)。
tACC	1 ~ 32	MCLK	資料存取時間，由 EXTIME 的 ExttACC 控制。
tAHD	1 ~ 8	MCLK	資料存取保持時間，由 EXTIME 的 ExttAHB 控制。
IDLE	1 ~ 15	MCLK	空閒週期，由 EXTIME 的 ExtIR2R 和 ExtIW2X 控制。

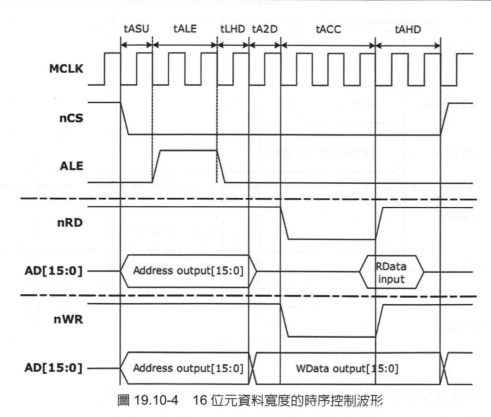

圖 19.10-4　16 位元資料寬度的時序控制波形

上述時序波形是以 16 位元資料寬度為例。此例中，AD 匯流排用作位址 [15:0] 和資料 [15:0]。當 ALE 置高，AD 為位址輸出。在位址鎖存後，ALE 置低並且 AD 匯流排轉換成高阻以等待設備輸出資料(在讀取存取操作時)，或用於寫資料輸出。

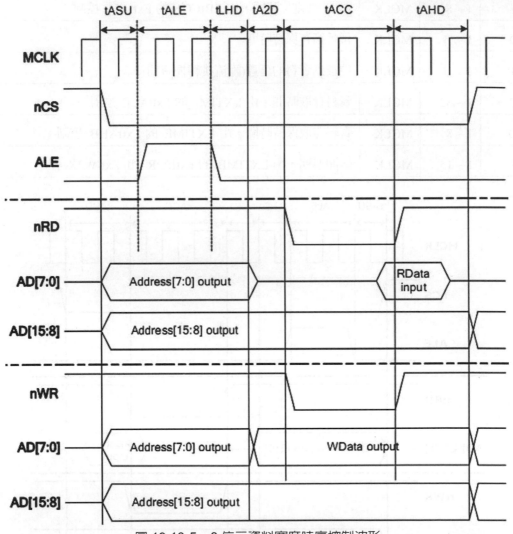

圖 19.10-5　8 位元資料寬度時序控制波形

上述時序波形是以 8 位元資料寬度為例。與 16 位資料寬度不同的是 AD[15:8] 的使用。在 8 位元資料寬度的設置，AD[15:8] 固定為位址位 [15:8] 的輸出，所以外部鎖存僅需要 8 位元寬度。

(3) 插入空閒週期

　　當 EBI 連續存取時，如果設備存取速度遠低於系統工作速度，可能會發生匯流排衝突。NuMicro M051 支援額外空閒週期以解決該問題，如圖 19.10-6 所示。在空閒週期，EBI 的所有控制信號無效。

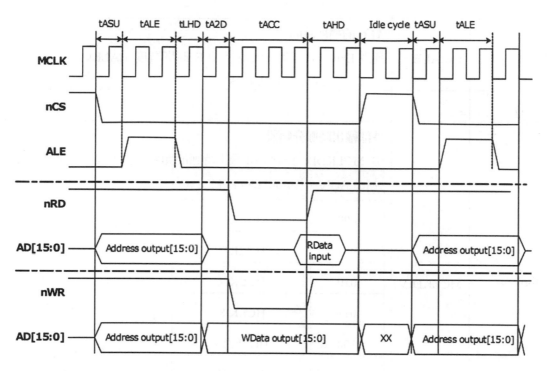

圖 19.10-6　插入空閒週期的時序控制波形

在下面兩種情況下，EBI 可插入空閒週期：

● 寫存取之後

● 讀存取之後與下一個讀存取之前

通過設置暫存器 EXTIME 的 ExtIW2X、ExtIR2R 與 ExtIR2W，空閒週期可設定在 0~15 MCLK。

19.10.2 相關暫存器

1. 外部匯流排介面控制暫存器(EBICON)

Bits		描述
[31:19]	-	-
[18:16]	ExttALE	**ALE 的擴展時間** 通過 ExttALE 控制位址鎖存 ALE 時間寬度 (tALE) tALE = (ExttALE+1)*MCLK
[15:11]	-	-
[10:8]	MCLKDIV	**外部輸出時脈分頻器** 由 MCLKDIV 控制 EBI 輸出時脈的頻率，見下表: | MCLKDIV | Output clock (MCLK) | | 000 | HCLK/1 | | 001 | HCLK/2 | | 010 | HCLK/4 | | 011 | HCLK/8 | | 100 | HCLK/16 | | 101 | HCLK/32 | | 11X | 預設 | 註：預設輸出時脈為 HCLK/1。
[7:2]	-	-
[1]	ExtBW16	**EBI 資料寬度為 16 位元** 該位配置資料總是 8 位元還是 16 位元 0 = EBI 資料寬度為 8 位元 1 = EBI 資料寬度為 16 位元
[0]	ExtEN	**EBI 致能** 該位致能 EBI 0 = 禁用 EBI 1 = 致能 EBI

2. 外部匯流排介面時序控制暫存器(EXTIME)

Bits		描述
[31:28]	-	-
[27:24]	ExtIR2R	**讀與讀之間的空閒狀態週期** 當讀完成且下一個動作也是讀，插入空閒狀態週期且 nCS 在 ExtIW2X 非零時返回高。 空閒狀態週期 = (ExtIR2R*MCLK)
[23:16]	-	-
[15:12]	ExtIW2X	**寫之後的空閒狀態** 當寫完成，插入空閒狀態且 nCS 在 ExtIW2X 非零時返回高 Idle state cycle = (ExtIW2X*MCLK)
[11]	-	-
[10:8]	ExttAHD	**EBI 資料存取保持時間** ExttAHD 配置資料存取保持時間(tAHD) tAHD = (ExttAHD +1) * MCLK
[7:3]	ExttACC	**EBI 資料存取時間** ExttACC 配置資料存取時間 (tACC) tACC = (ExttACC +1) * MCLK
[2:0]	-	-

深入重點

☆ NuMicro M051 系列配備一個外部匯流排介面(EBI)，以供外部設備使用，而最經常用到 EBI 的是 SRAM，如同常用 PC 的 CPU 需要外擴記憶體模組，原因在於 NuMicro M051 系列微控制器的內部 RAM 只有僅僅的 4KB。

☆ NuMicro M051 系列中，EBI 工作時，通過 MCLK 同步所有 EBI 信號。當 NuMicro M051 系列連接到工作頻率較低的外部設備時，MCLK 可以通過設置暫存器 EBICON 中的 MCLKDIV 分頻，最小可達 HCLK/32。因此，NuMicro M051 可以適用於寬頻率範圍的 EBI 設備。如果 MCLK 被設置為 HCLK/1，EBI 信號由 MCLK 的上升緣同步，其他情況下，EBI 信號由 MCLK 的下降沿同步。

☆ 當 EBI 連續存取時，如果設備存取速度遠低於系統工作速度，可能會發生匯流排衝突。NuMicro M051 支持額外空閒週期以解決該問題。在空閒週期，EBI 的所有控制信號無效。

CHAPTER 20

串列輸入並行輸出

20.1 74LS164 簡介

在微控制器系統中,如果並行埠的 IO 資源不夠,那麼可以用 74LS164 來擴展並行 IO 埠,節約微控制器 I/O 資源。74LS164 是一個串列輸入並行輸出的移位暫存器,並帶有清除端。

74LS164 八位元移位暫存器只用 2 個 I/O 接腳就足以代替 8 個 I/O 接腳的作用,然而微控制器都必須連接上很多外圍設備,單單 P0、P1、P2、P3、P4 這 5 組 I/O 埠接腳數才 40 根,在實際應用上很容易出現接腳不夠用的情況,為此有必要拓展 I/O 埠的應用。

例 1：通過微控制器的 P0 埠直接連接到七段顯示器的字型碼埠即 a、b、c、d、e、f、g、dp 接腳。

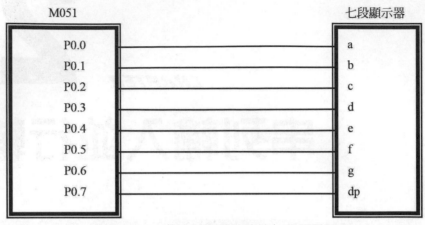

圖 20.1-1　微控制器並行連接七段顯示器

例 2：通過微控制器的 P0 埠兩根接腳連接到 74LS164，74LS164 的 Q0~Q7 的 8 根接腳直接連接到七段顯示器的字型碼埠即 a、b、c、d、e、f、g、dp 接腳。

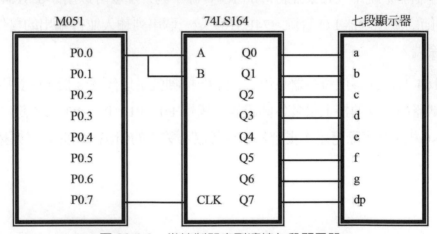

圖 20.1-2　微控制器串列連接七段顯示器

從例 1 和例 2 之間的對比，可以清晰地知道用 74LS164 八位元移位暫存器只用了 2 個 I/O 接腳就可以輕鬆實現 8 個 I/O 接腳的功能，因而 74LS164 是一個很方便的元件，極大地減少對微控制器 I/O 資源的佔用，若設計更為複雜功能的產品，74LS164 八位元移位暫存器優先選擇是毋庸置疑的。

20.2　74LS164 結構

74LS164 八位元移位暫存器有 14 只接腳，如圖 20.2-1，接腳說明如表 20.2-1 所示。

表 20.2-1　74LS164 接腳功能

接腳	功能說明
VCC	接 5V
GND	接地
Q0-Q7	並行資料輸出埠
CLR	同步清除輸入端
CLK	同步時脈輸入端
A	串列資料輸入埠
B	串列資料輸入埠

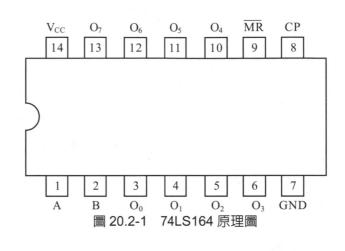

圖 20.2-1　74LS164 原理圖

當清除端(CLR)為低電位時，輸出端(Q0-Q7)均為低電位。串列資料輸入端(A，B)可控制資料。當 A、B 任意一個為低電位，則禁止新資料的輸入，在時脈端(CLK)脈衝正緣作用下 Q0 為低電位。當 A、B 有一個高電位，則另一個就允許輸入資料，並在正緣作用下確定串列資料輸入埠的狀態。

表 20.2-2 74LS164 工作方式

方式	輸入				輸出			
	CLR	CLK	A	B	Q0	Q1	...	Q7
1	L	X	X	X	L	L		L
2	H	L	X	X	q_0	q_1	...	q_7
3	H	↑	H	H	H	q_{0n}	...	q_{6n}
4	H	↑	L	X	L	q_{0n}	...	q_{6n}
5	H	↑	X	L	L	q_{0n}	...	q_{6n}

註：H-高電位，L-低電位，X-任意電位，↑-表示正緣有效。

74LS164 八位元移位暫存器是通過內部門電路的致能與禁用實現串列輸入，資料可以非同步清除，內部典型時脈頻率為 36MHz，典型功耗為 80mW。由於 74LS164 八位元移位暫存器的內部時脈頻率為 36MHz，速度已經是非常快的了，那麼性能上的瓶頸就有可能發生在微控制器身上，例如：傳統的 M051 系列微控制器，當其工作在 12MHz 時(註：當 M051 系列微控制器倍頻後可達到 50MHz)，I/O 的調變極限時間就是 1μs 而已，要知道 74LS164 八位元移位暫存器的內部時脈頻率為 36MHz，即每檢測一位資料的時間約為 0.03μs，這樣 74LS164 八位元移位暫存器從移位輸入到並行輸出 I/O 調變花費的時間就可能是 1μs*8+0.03μs*8=8.24μs，再加上多餘的指令浪費的時間約 10μs，那麼通過 74LS164 八位元移位暫存器實現移位輸入轉並行輸出總共浪費的時間就接近 20μs 了。雖然可以節約 I/O 資源，但是對於性能越差的微控制器浪費的時間就越多，這僅僅是適用於對時間要求不嚴格的場合下使用。

關於 74LS164 八位元移位暫存器更加詳細的內部處理可在下面的邏輯表和時序表中可以看到，如圖 20.2-2、20.2-3 所示。

1. 邏輯圖

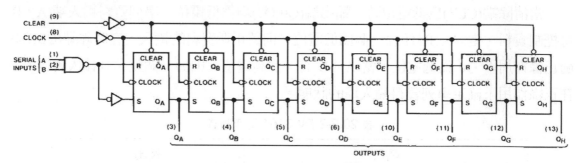

圖 20.2-2　74LS164 邏輯圖

2. 時序圖

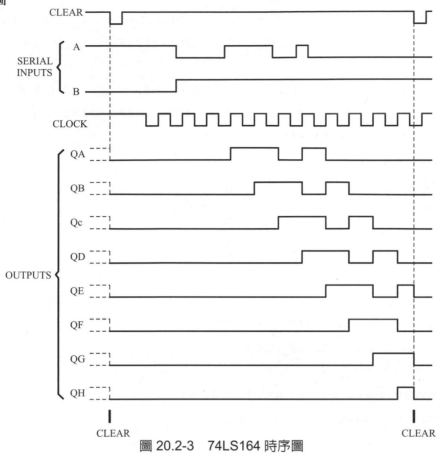

圖 20.2-3 74LS164 時序圖

20.3 74LS164 函數

說明：在這裡只介紹 **74LS164** 的發送程式碼函數，關於其實驗的演示將會在七段顯示
器實驗當中來進行。

程式清單 20.3-1 74LS164 發送資料函數

```
#include "SmartM_M0.h"


#define LS164_DATA_PIN      4
#define LS164_CLK_PIN       5
```

```
#define LS164_DATA(x)        {if((x))P0_DOUT|=1UL<<LS164_DATA_PIN; \
                          else P0_DOUT&=~(1UL<<LS164_DATA_PIN);}


#define LS164_CLK(x)         {if((x))P0_DOUT|=1UL<<LS164_CLK_PIN ; \
                          else P0_DOUT&=~(1UL<<LS164_CLK_PIN);}
/*************************************
*函數名稱:LS164Init
*輸    入:無
*輸    出:無
*功    能:74LS164 初始化
*****************************************/
VOID LS164Init(VOID)
{
    P0_PMD &= ~(3UL<<(LS164_DATA_PIN<<1));
    P0_PMD &= ~(3UL<<(LS164_CLK_PIN <<1));


     P0_PMD |= 1UL<<(LS164_DATA_PIN<<1);
     P0_PMD |= 1UL<<(LS164_CLK_PIN <<1);
}
/*****************************************
*函數名稱:LS164Send
*輸    入:d 單個位元組
*輸    出:無
*功    能:74LS164 發送單個位元組
*****************************************/
VOID LS164Send(UINT8 d)
{
   UINT8 i;

   for(i=0; i<=7; i++)
   {

     if(d & (1<<(7-i)))
```

```
  {
    LS164_DATA(1);
  }
  else
  {
    LS164_DATA(0);
  }


  LS164_CLK(0);
  LS164_CLK(1);
 }
}
```

　　平時使用 74LS164 八位元移位暫存器暫存器進行資料發送時，只要呼叫
LS164Send 函數就可以了，例如：發送資料 0x74，呼叫 LS164Send(0x74)就可以了，
實現過程非常簡單。

 深入重點

☆　74LS164 八位元移位暫存器是怎樣運作的，如何達到節省 I/O 資源佔用的目的。

☆　控制 74LS164 八位元移位暫存器的微控制器性能越差，浪費的時間就越多，這
僅僅適用於對時間要求不嚴格的場合下使用。

☆　74LS164 八位元移位暫存器發送數據的函數是如何編寫的，即 LS164Send 函
數。

CHAPTER

21

七段顯示器

21.1 七段顯示器簡介

七段顯示器是一種半導體發光元件，其基本單元是發光二極體，即 8 個 LED 燈做成的七段顯示器。

一、七段顯示器的分類

七段顯示器按段數分為七段顯示器和八段顯示器，八段顯示器比七段顯示器多一個發光二極體單元(多一個小數點顯示)；依據所能顯示多少個"8"，可分為 1 位元、2 位元、4 位元等七段顯示器；發光二極體單元連接方式分為共陽極和共陰極七段顯示器。共陽七段顯示器是指將所有發光二極體的陽極接到一起，在應用時應將公共極(COM)接到+5V，當

圖 21.1-1 七段顯示器

某一字段的陰極為低電位時，相對應字段就點亮。當某一字段的陰極為高電位時，相對應字段就不亮。共陰七段顯示器是指將所有發光二極體的陰極接到一起，在應用時應將公共極(COM)接到地線(GND)上，當某一字段發光二極體的陽極為高電位時，相對應字段就點亮。當某一字段的陽極為低電位時，相對應字段就不亮。

21.2 字型碼

共陰極和共陽極都有相對應的字型碼，字型碼是根據七段顯示器的 a、b、c、d、e、f、g、h 接腳來進行操作，同時共陰極和共陽極七段顯示器的字型碼是相對的，共陰極的字型碼接腳是由高電位點亮的，共陽極的字型碼接腳是由低電位點亮的。

共陰極字型碼如表 21.2-1 所示：

表 21.2-1 共陰極字型碼

顯示字型	h	g	f	e	d	c	b	a	共陰極字型碼
0	0	0	1	1	1	1	1	1	0x3F
1	0	0	0	0	0	1	1	0	0x06
2	0	1	0	1	1	0	1	1	0x5B
3	0	1	0	0	1	1	1	1	0x4F
4	0	1	1	0	0	1	1	0	0x66
5	0	1	1	0	1	1	0	1	0x6D
6	0	1	1	1	1	1	0	1	0x7D
7	0	0	0	0	0	1	1	1	0x07
8	0	1	1	1	1	1	1	1	0x7F
9	0	1	1	0	1	1	1	1	0x6F
A	0	1	1	1	0	1	1	1	0x77
B	0	1	1	1	1	1	0	0	0x7C
C	0	0	1	1	1	0	0	1	0x39
D	0	1	0	1	1	1	1	0	0x5E
E	0	1	1	1	1	0	0	1	0x79
F	0	1	1	1	0	0	0	1	0x71

共陽極字型碼如表 21.2-2 所示：

表 21.2-2 共陽極字型碼

顯示字型	h	g	f	e	d	c	b	a	共陽極字型碼
0	1	1	0	0	0	0	0	0	0xC0
1	1	1	1	1	1	0	0	1	0xF9
2	1	0	1	0	0	1	0	0	0xA4
3	1	0	1	1	0	0	0	0	0xB0
4	1	0	0	1	1	0	0	1	0x99
5	1	0	0	1	0	0	1	0	0x92
6	1	0	0	0	0	0	1	0	0x82
7	1	1	1	1	1	0	0	0	0xF8
8	1	0	0	0	0	0	0	0	0x80
9	1	0	0	1	0	0	0	0	0x90
A	1	0	0	0	1	0	0	0	0x88
B	1	0	0	0	0	0	1	1	0x83
C	1	1	0	0	0	1	1	0	0xC6
D	1	0	1	0	0	0	0	1	0xA1
E	1	0	0	0	0	1	1	0	0x86
F	1	0	0	0	1	1	1	0	0x8E

就以七段顯示器顯示"F"來說，點亮"F"的共陰極字型碼為 0×71(0111 0001)，共陽極的字型碼為 0×8E(1000 1110)，兩個字型碼之和為 0×71+0×8E = 0×FF，反過來說，0×8E 為 0×71 的反碼，開發時要注意字型碼的問題。

圖 21.2-1　字型碼 "F"

21.3 驅動方式

一、七段顯示器驅動方式

用驅動電路來驅動七段顯示器的各個段碼，從而顯示出所要的數字，因此根據七段顯示器不同的驅動方式，可以分為靜態式和動態式兩類，如表 21.3-1 所示。

表 21.3-1　靜態驅動與動態驅動七段顯示器的區別

	靜態驅動	動態驅動
硬體複雜度	複雜	簡單
程式設計複雜度	簡單	複雜
佔用硬體資源	多	少
功耗	高	低

使用靜態驅動方式，不僅佔用了大量的 I/O 資源，同時造成板子的高功耗。為了減少佔用過多的 I/O 資源，實際應用時必須增加譯碼驅動器進行驅動，同時也增加了硬體電路的複雜性。

二、動態驅動

輪流選中某一位七段顯示器，才能使各位七段顯示器顯示不同的數字或符號，利用人眼睛天生的弱點，對光在 24Hz 以上的閃爍不敏感，因此，對四個七段顯示器的掃描時間為 40ms(對四位七段顯示器來說，相鄰位選中間隔不超過 10ms)，就感覺七段顯示器是在持續發光顯示一樣，一般來說，每一個七段顯示器點亮時間為 1~2ms，如表 21.3-2 所示。

表 21.3-2　動態驅動七段顯示器過程

	七段顯示器 3	七段顯示器 2	七段顯示器 1	七段顯示器 0
N*1ms	熄滅	熄滅	熄滅	點亮
(N+1)*1ms	熄滅	熄滅	點亮	熄滅
(N+2)*1ms	熄滅	點亮	熄滅	熄滅
(N+3)*1ms	點亮	熄滅	熄滅	熄滅

深入重點

☆　共陰極和共陽極七段顯示器字型碼有什麼區別？

☆　靜態驅動和動態驅動七段顯示器有什麼區別？

☆　動態驅動七段顯示器：利用人眼的"視覺暫留"特性。

21.4　實驗

【例 21.4-1】SmartM-M051 開發板：動態驅動七段顯示器，並要求七段顯示器從
0-9999 循環顯示。

1.　硬體設計

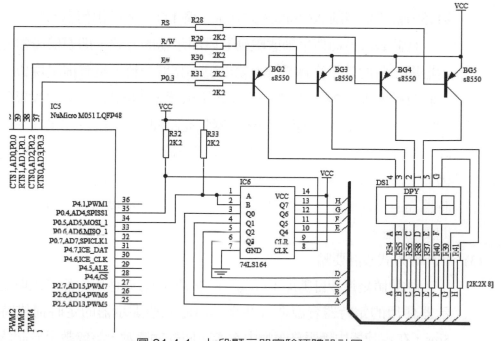

圖 21.4-1　七段顯示器實驗硬體設計圖

　　七段顯示器實驗硬體設計中，使用到的七段顯示器都是共陽極類型。因為七段顯示器的片選接腳"1/2/3/4"都通過 PNP 三極管來提供高電位，為什麼要選用 PNP 三極管和共陽極七段顯示器的組合？因為共陽極七段顯示器的共陽端直接接電源，不用接上拉電阻，而共陰的則要，如此一來共陽極七段顯示器亮度較高。再者用微控制器控制時，微控制器通電和重置後所有的 I/O 埠都是高電位，只要微控制器一通電，電路經過七段顯示器的位流向共陰至地，耗電大又不節能，所以每次編寫程式碼時都得把位控制端賦予低電位，剛好共陽極端要接電源，而位控制埠又是高電位，則七段顯示器不會亮，故省去了每次程式設計賦值的麻煩。

　　P0.0~P0.3 作為共陽極七段顯示器的為控制埠，P0.4 和 P0.5 作為共陽極七段顯示器的字型碼輸入埠。為了更清晰地顯示硬體設計圖，圖 21.4-1 省去了 P0 埠上拉電阻，但實際應用中務必為 P0 埠外接上拉電阻。

2. 軟體設計

(1) 七段顯示器軟體設計要點：

　　根據硬體電路可以看出，在微控制器執行的時候，P0.0~P0.3 中只能有一個 I/O 埠輸出低電位，即只能有一個七段顯示器是亮的，而且微控制器必須輪流地控制 P0.0~P0.3 的其中一個 I/O 埠的輸出值為"0"。

　　軟體設計方面使用動態驅動七段顯示器的方式，即要保證當七段顯示器顯示時的效果沒有閃爍現象出現，亮度一致，沒有拖尾現象。由於人眼對頻率大於 24Hz 以上的光閃爍不敏感，這是利用了人眼視覺暫留的特點。一般來說，每一個七段顯示器點亮時間為 1~2ms。如果某一個七段顯示器點亮時間過長，則這個七段顯示器的亮度過高，反之，則過暗。因此設計一個定時器來定時點亮七段顯示器，在該例子中，定時器的定時為 5ms，即每個七段顯示器點亮時間為 5ms，掃描四個七段顯示器的時間為 20ms。

(3) 計數方式設計要點：

　　計數值是每秒自動加 1，那麼在定時器的資源佔用方面可以與七段顯示器佔用的定時器資源進行共享。由於七段顯示器的定時掃描時間為 5ms，在定時器中斷服務函數中定義一個靜態變數，該變數用於記錄程式進入定時器中斷服務函數的次數，一旦進入次數累計為 200 次時，5ms*200=1000ms 代表 1 秒定時到達，那麼計數值就自動加 1，最後由七段顯示器來顯示。

3. 流程圖

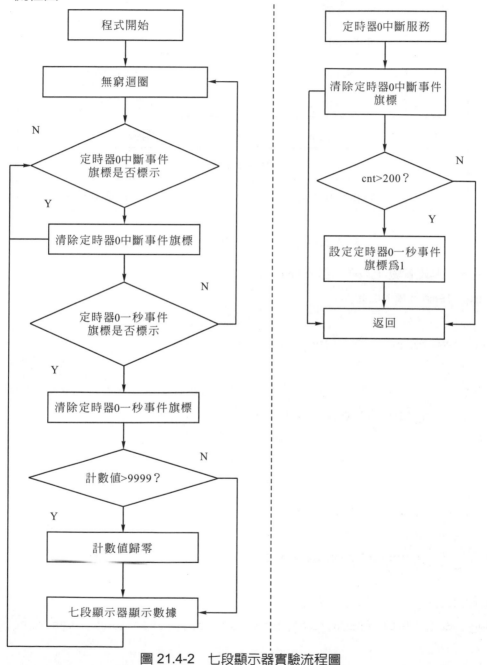

圖 21.4-2　七段顯示器實驗流程圖

4. 實驗程式碼

表 21.4-1 七段顯示器實驗函數列表

函數列表		
序號	函數名稱	說明
1	RefreshDisplayBuf	刷新顯示緩衝區
2	SegDisplay	七段顯示器顯示
3	TMR1Init	定時器 1 初始化
4	main	函數主體
中斷服務函數		
5	TMR1_IRQHandler	定時器 1 中斷服務函數

程式清單 21.4-1 七段顯示器實驗程式碼

程式碼位置：\基礎實驗-七段顯示器\main.c

```
#include "SmartM_M0.h"


#define SEG_PORT          P0_DOUT


VOLATILE
UINT8      __g_Timer1IRQEvent=0;
VOLATILE
UINT8      __g_Time1SecEvent=0;


UINT16       g_usTimeCount=0;


UINT8        g_ucSegCurPosition=0;


UINT8 CONST
g_ucSegCodeTbl[10]={0xC0,0xF9,0xA4,0xB0,0x99,0x92,0x82,0xF8,0x80,0x90}
;
```

```
UINT8  CONST  g_ucSegPositionTbl[4]={0x07,0x0B,0x0D,0x0E};


UINT8          g_ucSegBuf[4]  ={0};



/****************************************
*函數名稱:RefreshDisplayBuf
*輸    入:無
*輸    出:無
*功    能:刷新顯示緩衝區
*****************************************/
VOID RefreshDisplayBuf(VOID)
{
    g_ucSegBuf[0] =g_usTimeCount%10;
    g_ucSegBuf[1] =g_usTimeCount/10%10;
    g_ucSegBuf[2] =g_usTimeCount/100%10;
    g_ucSegBuf[3] =g_usTimeCount/1000%10;
}
/****************************************
*函數名稱:SegDisplay
*輸    入:無
*輸    出:無
*功    能:七段顯示器顯示
*****************************************/
VOID SegDisplay(VOID)
{
  UINT8  t;


  t = g_ucSegCodeTbl[g_ucSegBuf[g_ucSegCurPosition]];
  SEG_PORT |= 0x0F;


  LS164Send(t);


  SEG_PORT = g_ucSegPositionTbl[g_ucSegCurPosition];
```

```c
    if(++g_ucSegCurPosition>=4)
    {
        g_ucSegCurPosition =0;
    }
}
/*****************************************
*函數名稱:TMR1Init
*輸    入:無
*輸    出:無
*功    能:定時器 1 初始化
******************************************/
STATIC VOID TMR1Init(VOID)
{
    /* 致能 TMR1 時脈源 */
    APBCLK |= TMR1_CLKEN;
    /* 選擇 TMR1 時脈源爲外部晶振 12MHz */
    CLKSEL1 = (CLKSEL1 & (~TM1_CLK)) | TM1_12M;


    /* 重置 TMR1 */
    IPRSTC2 |= TMR1_RST;
    IPRSTC2 &= ~TMR1_RST;


    /* 選擇 TMR1 的工作模式爲週期模式*/
    TCSR1 &= ~TMR_MODE;
    TCSR1 |= MODE_PERIOD;


    /* 溢出週期 = (Period of timer clock input) * (8-bit Prescale + 1) *
(24-bit TCMP)*/
    TCSR1 = TCSR1 & 0xFFFFFF00;        // 設置預分頻值 [0~255]
    TCMPR1 = 60000;                    // 設置比較值 [0~16777215]


    /* 致能 TMR1 中斷 */
    TCSR1 |= TMR_IE;
```

```
    NVIC_ISER |= TMR1_INT;


    /* 重置 TMR1 計數器 */
    TCSR1 |= CRST;


    /* 致能 TMR1 */
    TCSR1 |= CEN;
}
/*******************************************
*函數名稱:main
*輸    入:無
*輸    出:無
*功    能:函數主體
*******************************************/
INT32 main(VOID)
{

    PROTECT_REG                                 //ISP 下載時保護 FLASH 記憶體
    (
        PWRCON |= XTL12M_EN;                              //預設時脈源為外部晶振
        while((CLKSTATUS & XTL12M_STB) == 0);     //等待 12MHz 時脈穩定


        CLKSEL0 = (CLKSEL0 & (~HCLK)) | HCLK_12M; //設置外部晶振為系統時脈

        LS164Init();                                      //74LS164 初始化
        TMR1Init();                               //定時器 1 初始化
    )


    while(1)
    {                                                     //定時器 1 中斷事件
        if(__g_Timer1IRQEvent)
        {
            __g_Timer1IRQEvent=0;
```

```
            if(__g_Time1SecEvent)                    //定時 1 秒事件
        {
            __g_Time1SecEvent=0;

            if(++g_usTimeCount>=9999)                //計數值累加
        {
                g_usTimeCount=0;
        }

            RefreshDisplayBuf();                     //刷新顯示緩衝區
        }

            SegDisplay();                            //七段顯示器顯示

        }
    }
}
/******************************************
*函數名稱:TMR1_IRQHandler
*輸    入:無
*輸    出:無
*功    能:定時器 1 中斷服務函數
*******************************************/
VOID TMR1_IRQHandler(VOID)
{
    STATIC UINT8 cnt=0;
    /* 清除 TMR1 中斷旗標位 */
    TISR1 |= TMR_TIF;

    __g_Timer1IRQEvent=1;

    if(++cnt>=200)
    {
```

```
    cnt=0;
    __g_Time1SecEvent=1;
  }
}
```

5. 程式碼分析

　　LS164Send 函數與模擬序列埠章節的 SendByte 函數類似，都是移位傳輸方式，而 LS164Send 函數是最高有效位優先(MSB)。

　　與七段顯示器顯示相關的函數有 2 個，分別是七段顯示器刷新顯示緩存函數 RefreshDisplayBuf 和七段顯示器顯示資料函數 SegDisplay。RefreshDisplayBuf 函數刷新下一次要顯示資料的千位、百位、十位、個位，起到暫存資料的作用，即所謂的"緩衝區"。SegDisplay 函數則將緩衝區資料顯示，最重要的一個操作就是動態顯示下一個七段顯示器的值之前，首先熄滅所有七段顯示器即 SEG_PORT |= 0x0F，然後進入下一步操作，否則七段顯示器顯示時會有拖影。

　　與定時器相關的函數有 2 個，分別是定時器 1 初始化函數 TMR1Init 和定時器 1 中斷服務函數 TMR1_IRQHandler。

　　在 main 函數當中，首先正確配置好定時器，啟動定時器 1，並致能定時器 1 中斷。有一點要注意的是，一定要在進入 while(1) 之前呼叫 RefreshDisplayBuf 函數來刷新當前七段顯示器的顯示緩存，否則第一次顯示的資料並不是所要的值。在進入 while(1)無窮迴圈之後，不斷檢測定時器 1 的中斷事件旗標位、定時器 1、一秒事件旗標位、計數值是否大於 9999，接著就做相對應的操作。當計數值變化時，需要通過 SegRefreshDisplayBuf 函數來刷新當前七段顯示器的顯示緩存，最後通過 SegDisplay 函數來顯示當前七段顯示器的數值。

深入重點

☆ 七段顯示器實現程式碼要認真琢磨，特別是 SegDisplay 函數中的數組嵌套，即 t = g_ucSegCodeTbl[g_ucSegBuf[g_ucSegCurPosition]]，實現了精簡程式碼 的目的。RefreshDisplayBuf 函數用於刷新計數值。

☆ 動態驅動七段顯示器，即每 5ms 輪流點亮一個七段顯示器，利用人眼的 "視覺 暫留" 的特性。

☆ 動態顯示下一個七段顯示器的值是要首先熄滅所有七段顯示器即 SEG_PORT |= 0x0F，然後進入下一步操作，否則七段顯示器顯示時會有拖影。

CHAPTER

22

LCD

　　液晶隨處可見，例如：手機螢幕、電視螢幕、電子手錶等都使用到液晶顯示。液晶體積小、功耗低、環保、而且操作簡單。由於液晶顯示器的顯示原理是通過電流刺激液晶分子，使其生成點、線、面，同時配合背光燈使顯示內容更加清晰，否則難以看清。液晶也稱爲 LCD。

　　市面上很多產品主要以 LCD1602、LCD12864 爲主，爲什麼叫 LCD1602 呢？因爲各種型號的液晶通常是按照顯示字符的行數或液晶點陣的行、列數來命名。譬如：LCD1602 的意思就是每行顯示 16 個字符，總共可以顯示兩行。那爲什麼叫 LCD12864 呢？因爲 LCD12864 屬於圖形類液晶，即 LCD12864 由 128 列、64 行組成，顯示點總數=128*64=8192，既可以顯示圖案又可以顯示文字，LCD1602 則不能顯示漢字，又不能顯示圖案，只能顯示 ASCII 碼。而 LCD12864 既可以顯示圖案，同時支援顯示漢字和 ASCII 碼。

　　本章主要詳細講解 LCD1602 和 LCD12864，它們兩者都是具有代表性的液晶，生活中應用相當普遍，因此可以作爲初學者學習液晶程式設計的首選。

LCD1602

LCD12864

圖 22.1-1　LCD1602 與 LCD12864 液晶

22.2　1602 液晶

LCD1602 液晶每行顯示 16 個字符，總共可以顯示兩行。

1. 接腳說明

LCD1602 接腳說明如表 22.2-1 所示。

表 22.2-1　LCD1602 接腳說明

編號	符號	接腳說明
1	Vss	電源地
2	VDD	電源正極
3	VO	液晶顯示對比度調節器
4	RS	資料/命令選擇端(H：資料模式　L：命令模式)
5	R/W	讀/寫選擇端(H：讀　L：寫)
6	E	致能端
7	D0	資料 0
8	D1	資料 1
9	D2	資料 2
10	D3	資料 3

編號	符號	接腳說明
11	D4	資料 4
12	D5	資料 5
13	D6	資料 6
14	D7	資料 7
15	BLA	背光電源正極
16	BLK	背光電源負極

說明：H-高電位　L-低電位

2. 電氣特性

表 22.2-2　LCD1602 電氣特性

顯示字符數	16*2=32 個字符
正常工作電壓	4.5V – 5.5V
正常工作電流	2.0mA(5.0V)
最佳工作電壓	5.0V

3. RAM 位址對應

　　LCD1602 控制器內部帶有 80x8 位(80 位元組)的 RAM 緩衝區，LCD1602 內部 RAM 位址對應表如表 22.2-3 所示。

表 22.2-3　LCD1602RAM 位址對應

第一行	00H	01H	02H	03H	04H	05H	06H	07H	08H	○ ○ ○	27H
第二行	40H	41H	42H	43H	44H	45H	46H	47H	48H	○ ○ ○	67H

　　當向 00~0FH、40~4FH 位址中的任何一個位址寫入資料時，LCD1602 可以立刻顯示出來，但是當資料寫到 10~27H 或者 50~67H 位址時，必須通過特別的指令，即移屏指令將它們移到正常的區域顯示。

4. 字符表(02H-7FH)

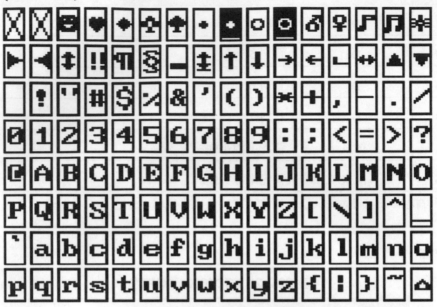

圖 22.2-1　LCD1602 字符表

5　基本操作

表 22.2-4　LCD1602 基本操作

基本操作	輸入	輸出
讀狀態	RS=L，R/W=H，E=H	D0~D7 即狀態字
讀資料	RS=H，R/W=H，E=H	無
寫指令	RS=L，R/W=L，E=H，D0~D7=指令	D0~D7 即資料
寫資料	RS=H，R/W=L，E=H，D0~D7=資料	無

6 狀態字說明

表 22.2-5　LCD1602 狀態字

狀態字							
D7	D6	D5	D4	D3	D2	D1	D0
1-禁止 0-允許	當前位址指標的數值						

注意：由於 M051 系列微控制器的執行速度比 LCD1602 控制的反應速度慢，原本需要每次對 LCD1602 的控制器進行讀/寫檢測(或稱作忙檢測)，即保證 D7 為 0 才能對 LCD1602 進行下一步操作，為此，可以不對該狀態字進行檢測，可直接進行下一步操作。

7. 資料指標

從 LCD1602 的 RAM 對應表可以知道，每個顯示的資料對應一個位址，同時控制器內部設有一個資料位址指標，需要設置好資料指標來顯示資料。

表 22.2-6 LCD1602 資料指標

指標設置	說明
80H+位址碼(00~27H)	顯示第一行資料
80H+位址碼(40~67H)	顯示第二行資料

8. 顯示模式設置

表 22.2-7 LCD1602 模式設置

指令碼								功能
0	0	1	1	1	0	0	0	設置 16×2 顯示，5×7 點陣，8 位元資料介面

9. 顯示開/關及游標設置

表 22.2-8 LCD1602 顯示開/關及游標設置

指令碼								功能
0	0	1	1	1	0	0	0	設置 16×2 顯示，5×7 點陣，8 位元資料介面
0	0	0	0	1	D	C	B	D=1 開始顯示；D=0 關顯示 C=1 顯示游標；C=0 不顯示游標 B=1 游標閃爍；B=0 游標不閃爍
0	0	0	0	0	1	N	S	N=1 當讀或寫一個字符後位址指標加 1，且游標加一 N=0 當讀或寫一個字符後位址指標減一，且游標減一 S=1 當寫一個字符，正屏顯示左移(N=1)或右移(N=0)，以得到游標不移動或螢幕移動的結果 S=0 當寫一個字符，螢幕顯示不移動

10. 其他設置

表 22.2-9 LCD1602 其他設置

指令碼	功能
01H	顯示清屏：1.資料指標清除 　　　　　2.所有顯示清除
02H	顯示返回：1.資料指標清除

22.2.1 LCD1602 顯示實驗

【實驗 22.2-1】SmartM-M051 開發板：

通過 LCD1602 顯示如下字符：

第一行：0123456789

第二行：ABCDEFGHIJ

1. 硬體設計

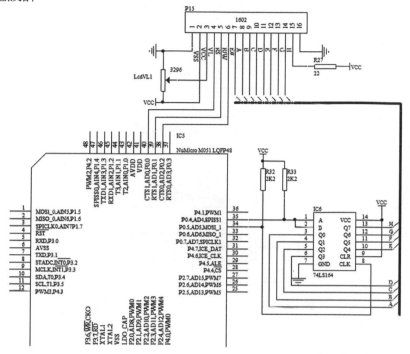

圖 22.2-2　LCD1602 顯示實驗硬體設計圖

　　由於 M051 微控制器的 I/O 資源有限，LCD1602 不得不靠 74LS164 進行
拓展來節省 I/O 資源。LCD1602 的主要控制接腳為 RS、R/W、E 接腳，資料
接腳為 D0~D7。

2. 軟體設計

　　從實驗的要求來說，該實驗並不困難，不過要對 1602 液晶的基本操作要
熟悉，例如：如何對 1602 液晶發送命令、讓 1602 顯示字符、設置字符顯示
的位置等。所以在程式碼當中，有必要將這些功能獨立成一個函數，方便其
他函數呼叫。

3. 流程圖

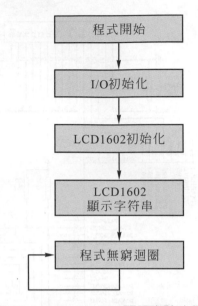

圖 22.2-3 LCD1602 顯示實驗流程圖

4. 實驗程式碼

程式碼位置：main.c

表 22.2-10 LCD1602 顯示實驗函數列表

函數列表		
序號	函數名稱	說明
1	LCD1602WriteByte	LCD1602 寫位元組
2	LCD1602WriteCommand	LCD1602 寫命令
3	LCD1602SetXY	LCD1602 設置坐標
4	LCD1602PrintfString	LCD1602 列印字符串
5	LCD1602ClearScreen	LCD1602 清屏
6	LCD1602Init	LCD1602 初始化
7	main	函數主體

程式清單 22.2-1 LCD1602 顯示實驗程式碼

程式碼位置：\基礎實驗-LCD1602\main.c

```c
#include "SmartM_M0.h"


/*****************************************************
 *         大量巨集定義，便於程式碼移植和閱讀
 *****************************************************/
#define LCD1602_LINE1         0
#define LCD1602_LINE2         1
#define LCD1602_LINE1_HEAD    0x80
#define LCD1602_LINE2_HEAD    0xC0
#define LCD1602_DATA_MODE     0x38
#define LCD1602_OPEN_SCREEN   0x0C
#define LCD1602_DISP_ADDRESS  0x80


#define LCD1602_RS_PIN        0
#define LCD1602_RW_PIN        1
#define LCD1602_EN_PIN        2


#define LCD1602_RS(x)   {if((x))P0_DOUT|=  1UL<<LCD1602_RS_PIN;\//RS 接
腳控制
                        else   P0_DOUT&=~(1UL<<LCD1602_RS_PIN);}


#define LCD1602_RW(x)   {if((x))P0_DOUT|=  1UL<<LCD1602_RW_PIN;\//RW 接
腳控制
                        else   P0_DOUT&=~(1UL<<LCD1602_RW_PIN);}


#define LCD1602_EN(x)   {if((x))P0_DOUT|=  1UL<<LCD1602_EN_PIN;\//EN 接腳
控制
                        else   P0_DOUT&=~(1UL<<LCD1602_EN_PIN);}



#define LCD1602_PORT(x)    LS164Send((x))                      //發
```

送資料

```
/*********************************************
*函數名稱:LCD1602WriteByte
*輸    入:ucByte 要寫入的位元組
*輸    出:無
*說    明:LCD1602 寫位元組
*********************************************/
VOID LCD1602WriteByte(UINT8 ucByte)
{
    LCD1602_PORT(ucByte);
    LCD1602_RS(HIGH);
    LCD1602_RW(LOW);
    LCD1602_EN(LOW);
    Delayus(5000);
    LCD1602_EN(HIGH);
}
/*********************************************
*函數名稱:LCD1602WriteCommand
*輸    入:ucCmd 要寫入的命令
*輸    出:無
*說    明:LCD1602 寫命令
*********************************************/
VOID LCD1602WriteCommand(UINT8 ucCmd)
{
    LCD1602_PORT(ucCmd);
    LCD1602_RS(LOW);
    LCD1602_RW(LOW);
    LCD1602_EN(LOW);
    Delayus(5000);
    LCD1602_EN(HIGH);
}
/*********************************************
*函數名稱:LCD1602SetXY
```

```
*輸    入:x 橫坐標 y 縱坐標
*輸    出:無
*說    明:LCD1602 設置坐標
**********************************************/
VOID LCD1602SetXY(UINT8 x,UINT8 y)
{
    UINT8 address;

    if(y == LCD1602_LINE1)
    {
       address=LCD1602_LINE1_HEAD+x;
    }
    else
    {
       address=LCD1602_LINE2_HEAD+x;
    }

    LCD1602WriteCommand(address);
}
/**********************************************
*函數名稱:LCD1602PrintfString
*輸    入:x 橫坐標 y 縱坐標 s 字符串
*輸    出:無
*說    明:LCD1602 列印字符串
**********************************************/
VOID LCD1602PrintfString(UINT8 x,
                   UINT8 y,
                   UINT8 *s)
{
    LCD1602SetXY(x,y);                    //設置顯示坐標

    while(s && *s)
    {
       LCD1602WriteByte(*s);        //顯示逐個字符
```

```
        S++;
    }
}
/*********************************************
*函數名稱:LCD1602ClearScreen
*輸    入:無
*輸    出:無
*說    明:LCD1602 清屏
**********************************************/
VOID LCD1602ClearScreen(VOID)
{
    LCD1602WriteCommand(0x01);
    Delayus(5000);
}
/*********************************************
*函數名稱:LCD1602Init
*輸    入:無
*輸    出:無
*說    明:LCD1602 初始化
**********************************************/
VOID LCD1602Init(VOID)
{
    P0_PMD &= ~(3UL<<(LCD1602_RS_PIN<<1));
    P0_PMD &= ~(3UL<<(LCD1602_RW_PIN <<1));
    P0_PMD &= ~(3UL<<(LCD1602_EN_PIN <<1));


    P0_PMD |= 1UL<<(LCD1602_RS_PIN<<1);
    P0_PMD |= 1UL<<(LCD1602_RW_PIN <<1);
    P0_PMD |= 1UL<<(LCD1602_EN_PIN <<1);


    LCD1602ClearScreen();
    LCD1602WriteCommand(LCD1602_DATA_MODE);//顯示模式設置,設置 16x2 顯示,
5x7 點陣,
                                            //8 位資料介面
```

```
      LCD1602WriteCommand(LCD1602_OPEN_SCREEN); //開顯示
      LCD1602WriteCommand(LCD1602_DISP_ADDRESS);//起始顯示位址
      LCD1602ClearScreen();
}
/*******************************************
*函數名稱:main
*輸      入:無
*輸      出:無
*功      能:函數主體
*********************************************/
INT32 main(VOID)
{
      PROTECT_REG                                  //ISP下載時保護FLASH記憶
體
      (
          PWRCON |= XTL12M_EN;                      //預設時脈源爲外部晶振
          while((CLKSTATUS & XTL12M_STB) == 0);    //等待 12MHz 時脈穩定


          CLKSEL0 = (CLKSEL0 & (~HCLK)) | HCLK_12M; //設置外部晶振爲系統時
脈


      )




      LS164Init();                                         //74LS164初始
化
      LCD1602Init();                                       //LCD1602初始
化

      LCD1602PrintfString(0,LCD1602_LINE1,"0123456789");//列印第一行
      LCD1602PrintfString(0,LCD1602_LINE2,"ABCDEFGHIJ"); //列印第二行
```

```
    while(1);
}
```

5. 程式碼分析

　　LS164Send 函數與模擬序列埠章節的 SendByte 函數類似，都是移位傳輸，LS164Send 函數是最高有效位優先(MSB)，模擬序列埠章節的 SendByte 函數是最低有效位優先(LSB)。

　　要對 LCD1602 進行多種操作，都需要通過 RS、RW、EN 接腳進行控制，其中 RS、RW 接腳最為頻繁。

　　為了方便控制這些接腳，同時為了提高可讀性，對這些接腳的控制都用巨集進行封裝，具體如下：

```
#define LCD1602_RS(x)    {if((x))P0_DOUT|=  1UL<<LCD1602_RS_PIN;\//RS 接
腳控制
                              else    P0_DOUT&=~(1UL<<LCD1602_RS_PIN);}

#define LCD1602_RW(x)    {if((x))P0_DOUT|=  1UL<<LCD1602_RW_PIN;\//RW 接
腳控制
                              else    P0_DOUT&=~(1UL<<LCD1602_RW_PIN);}

#define LCD1602_EN(x)  {if((x))P0_DOUT|=  1UL<<LCD1602_EN_PIN;\//EN 接腳
控制
                              else    P0_DOUT&=~(1UL<<LCD1602_EN_PIN);}
```

　　對 LCD1602 進行多種操作由寫命令、寫位元組、設備顯示坐標等，當然為了方便使用，同樣都是獨立於一個函數，分別是 LCD1602WriteCommand 函數、LCD1602WriteByte 函數和 LCD1602SetXY 函數，最後將這 3 個基本函數裝在特定的位置顯示字符串的 LCD1602PrintfString 函數。

在 main 函數中,主要進行 I/O 埠初始化、LCD1602 初始化,然後通過 LCD1602PrintfString 函數顯示相對應的字符串,最後通過 while(1)進入無窮迴圈,不進行其他操作。

22.3　12864 液晶

12864 液晶顯示模組是 128×64 點陣的漢字圖形型液晶顯示模組,可顯示漢字及圖形,內置國標 GB2312 碼簡體中文字庫(16X16 點陣)、128 個字符(8X16 點陣)及 64X256 點陣顯示 RAM(GDRAM)。可與 CPU 直接介面,提供兩種介面方式來連接微控制器,分別是 8 位元並行及串列兩種連接方式。具有多種功能如游標顯示畫面移位、睡眠模式等。

1. 接腳說明

表 22.3-1　LCD12864 接腳說明

編號	符號	接腳說明
1	Vss	電源地
2	VDD	電源正極
3	VO	液晶顯示對比度調節器
4	RS	資料/命令選擇端(H:資料模式　L:命令模式)
5	R/W	讀/寫選擇端(H:讀　L:寫)
6	E	致能端
7	D0	資料 0
8	D1	資料 1
9	D2	資料 2
10	D3	資料 3
11	D4	資料 4
12	D5	資料 5

編號	符號	接腳說明
13	D6	資料 6
14	D7	資料 7
15	PSB	發送資料模式(H：並行模式　L：串列模式)
16	NC	空腳
17	RST	重置接腳(低電位重置)
18	NC	空腳
19	LEDA	背光電源正極
20	LEDK	背光電源負極

2. 特點

表 22.3-2　LCD12864 電氣特性

工作電壓	4.5V ~ 5.5V
最大字符數	128 個字符(8x16 點陣)
顯示內容	128 列 x64 行
LCD 類型	STN
與 **MCU** 介面	8 位或 4 位並行/3 位串列
軟體功能	游標顯示、畫面移動、自定義字符、睡眠模式

3. 漢字顯示坐標

表 22.3-3　LCD12864 漢字顯示坐標

	X 坐標							
第一行	80H	81H	82H	83H	84H	85H	86H	87H
第二行	90H	91H	92H	93H	94H	95H	96H	97H
第三行	88H	89H	8AH	8BH	8CH	8DH	8EH	8FH
第四行	98H	99H	9AH	9BH	9CH	9DH	9EH	9FH

4. 字符表

(1) ASCII 碼

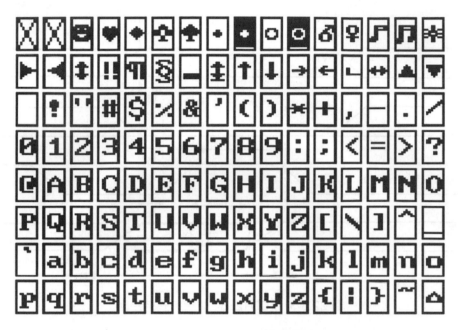

圖 22.3-1　LCD12864 ACSII 碼表

(2) 中文字符表

由於篇幅有限，只顯示部分的中文字符表

B9B0	拱	贡	共	钩	勾	沟	苟	狗	垢	构	购	够	辜	菇	咕	箍
B9C0	估	沽	孤	姑	鼓	古	蛊	骨	谷	股	故	顾	固	雇	刮	瓜
B9D0	剐	寡	挂	褂	乖	拐	怪	棺	关	官	冠	观	管	馆	罐	惯
B9E0	灌	贯	光	广	逛	瑰	规	圭	硅	归	龟	闺	轨	鬼	诡	癸
B9F0	桂	柜	跪	贵	刽	辊	滚	棍	锅	郭	国	果	裹	过	哈	
BAA0		骸	孩	海	氦	亥	害	骇	酣	憨	邯	韩	含	涵	寒	函
BAB0	喊	罕	翰	撼	捍	旱	憾	悍	焊	汗	汉	夯	杭	航	壕	嚎

圖 22.3-2　LCD12864 中文字符表

5. 資料發送模式

(1) 並行模式時序圖

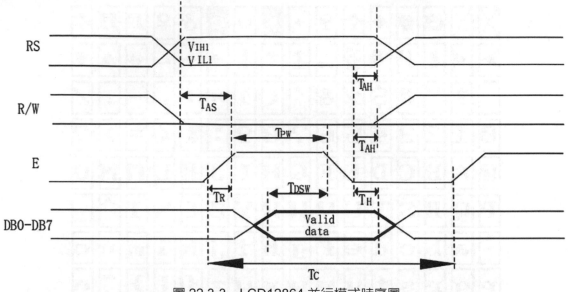

圖 22.3-3　LCD12864 並行模式時序圖

(2) 串列模式時序圖

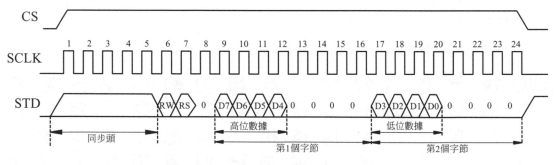

圖 22.3-4　LCD12864 串列模式時序圖

6. 指令集

(1) 清除顯示(01H)

RW	RS	DB7	DB6	DB5	DB4	DB3	DB2	DB1	DB0
0	0	0	0	0	0	0	0	0	1

功能：清除顯示螢幕，把 DDRAM 位址計數器調整為"00H"。

(2) 位址歸位(02H)

RW	RS	DB7	DB6	DB5	DB4	DB3	DB2	DB1	DB0
0	0	0	0	0	0	0	0	1	0

功能：把 DDRAM 位址計數器調整為"00H"，游標回原點，該功能不影響顯示 DDRAM。

(3) 點設定(07H/04H/05H/06H)

RW	RS	DB7	DB6	DB5	DB4	DB3	DB2	DB1	DB0
0	0	0	0	0	0	0	1	I/D	S

功能：設定游標移動方向並指定整體顯示是否移動。

I/D=1 游標右移，I/D=0 游標左移。

SH=1 且 DDRAM 為寫狀態：整體顯示移動，方向由 I/D 決定。

SH=0 或 DDRAM 為讀狀態：整體顯示不移動。

(4) 顯示狀態開關(10H/14H/18H/1CH)

RW	RS	DB7	DB6	DB5	DB4	DB3	DB2	DB1	DB0
0	0	0	0	0	0	1	D	C	B

功能：D=1 整體顯示 ON ； C=1 游標 ON； B=1 游標位置 ON

(5) 游標或顯示移位控制(10H/14H/18H/1CH)

RW	RS	DB7	DB6	DB5	DB4	DB3	DB2	DB1	DB0
0	0	0	0	0	H	S/C	R/L	X	X

功能：設定游標的移動與顯示的移動控制位。

(6) 功能設定(36H/30H/34H)

RW	RS	DB7	DB6	DB5	DB4	DB3	DB2	DB1	DB0
0	0	0	0	1	DL	X	RE	X	X

功能：DL=1(必須設為 1) ； RE=1 擴充指令集動作 ； RE=0 基本指令集動作

(7) 設定 CGRAM 位址(40H-7FH)

RW	RS	DB7	DB6	DB5	DB4	DB3	DB2	DB1	DB0
0	0	0	1	AC5	AC4	AC3	AC2	AC1	AC0

功能：設定 CGRAM 位址到位址計數器(AC)

(8) 設定 DDRAM 位址(80H-9FH)

RW	RS	DB7	DB6	DB5	DB4	DB3	DB2	DB1	DB0
0	0	0	AC6	AC5	AC4	AC3	AC2	AC1	AC0

功能：設定 DDRAM 位址到位址計數器(AC)

(9) 讀取忙碌狀態(BF=1，狀態忙)和位址

RW	RS	DB7	DB6	DB5	DB4	DB3	DB2	DB1	DB0
0	1	BF	AC6	AC5	AC4	AC3	AC2	AC1	AC0

功能：讀取忙碌狀態(BF)可以確定內部動作是否完成，同時可以讀出位址計數器(AC)的值

(10) 寫資料到 RAM

RW	RS	DB7	DB6	DB5	DB4	DB3	DB2	DB1	DB0
1	0	D7	D6	D5	D4	D3	D2	D1	D0

功能：寫入資料(D7~D0)到內部的 RAM(DDRAM/CGRAM/TRAM/GDRAM)

(11) 讀出 RAM 的值

RW	RS	DB7	DB6	DB5	DB4	DB3	DB2	DB1	DB0
1	1	D7	D6	D5	D4	D3	D2	D1	D0

功能：從內部 RAM(DDRAM/CGRAM/TRAM/GDRAM)讀取資料

(12) 待命模式(01H)

RW	RS	DB7	DB6	DB5	DB4	DB3	DB2	DB1	DB0
0	0	0	0	0	0	0	0	0	1

功能：進入待命模式，執行其他命令都可終止待命模式

(13) 反白選擇(04H/05H)

RW	RS	DB7	DB6	DB5	DB4	DB3	DB2	DB1	DB0
0	0	0	0	0	0	0	1	R1	R0

功能：選擇 4 行中的任一行(設置 R0、R1 的值)作反白顯示，並可決定反白與
否。

(14) 捲動位址或 IRAM 位址選擇(02H/03H)

RW	RS	DB7	DB6	DB5	DB4	DB3	DB2	DB1	DB0
0	0	0	0	0	0	0	0	1	SR

功能：SR=1 允許輸入捲動位址；　SR=0 允許輸入 IRAM 位址。

(15) 設定 IRAM 位址或捲動位址(40H-7FH)

RW	RS	DB7	DB6	DB5	DB4	DB3	DB2	DB1	DB0
0	0	0	1	AC5	AC4	AC3	AC2	AC1	AC0

功能：必選從 6.14 的命令中設置好 SR=1 ，AC5~AC0 爲垂直捲動位址；
　　　SR=0　AC3~AC0 寫 ICONRAM 位址

(16) 睡眠模式(08H/0CH)

RW	RS	DB7	DB6	DB5	DB4	DB3	DB2	DB1	DB0
0	0	0	0	0	0	1	SL	X	X

功能：SL=1 脫離睡眠模式 ； SL=0 進入睡眠模式

(17) 設定繪圖 RAM 位址 (80H-FFH)

RW	RS	DB7	DB6	DB5	DB4	DB3	DB2	DB1	DB0
0	0	1	AC6	AC5	AC4	AC3	AC2	AC1	AC0

功能： 設定 GDRAM 位址到位址計數器(AC)

22.3.1 LCD12864 顯示實驗

【實驗 22.3-1】SmartM-M051 開發板：

通過 LCD12864 顯示 4 行文字，顯示內容如下所示：

第一行：1234567890ABCDEF

第二行：----------------

第三行：學好電子成就自己

第四行：----------------

1. 硬體設計

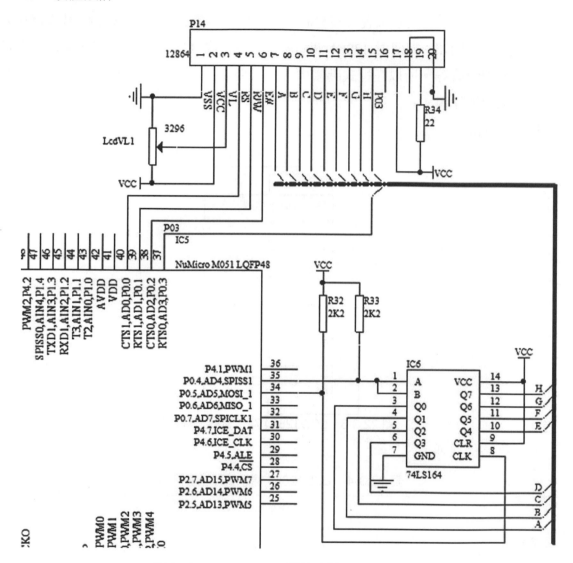

圖 22.3-5　LCD12864 顯示實驗硬體設計圖

　　由於 M051 微控制器的 I/O 資源有限，LCD12864 不得不靠 74LS164 進行
拓展來節省 I/O 資源。LCD12864 的主要控制接腳為 RS、R/W、E 接腳，資料
接腳為 D0~D7，完全與 LCD1602 的接腳一模一樣，只是部分多出的接腳略有
不同。

2. 軟體設計

　　從實驗的要求來說，該實驗並不困難，不過對 12864 液晶的基本操作要熟悉，例如：如何對 12864 液晶發送命令、讓 12864 顯示字符、設置字符顯示的位置等。所以在程式碼當中，有必要這些功能獨立成一個函數，方便其他函數呼叫。

3. 流程圖

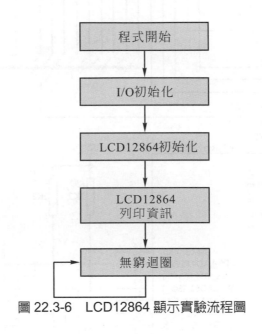

圖 22.3-6　LCD12864 顯示實驗流程圖

4. 實驗程式碼

表 22.3-4　LCD12864 顯示實驗函數列表

函數列表		
序號	函數名稱	說明
1	LCD12864WriteByte	LCD12864 寫位元組
2	LCD12864WriteCommand	LCD12864 寫命令
3	LCD12864SetXY	LCD12864 設置坐標
4	LCD12864PrintfString	LCD12864 列印字符串
5	LCD12864ClearScreen	LCD12864 清屏
6	LCD12864Init	LCD12864 初始化
7	main	函數主體

程式清單 22.3-1　LCD12864 顯示實驗程式碼

程式碼位置：\基礎實驗-LCD12864\main.c

```c
#include "SmartM_M0.h"



#define LCD12864_RS_PIN      0
#define LCD12864_RW_PIN      1
#define LCD12864_EN_PIN      2
#define LCD12864_MD_PIN      3



#define LCD12864_RS(x)      {if((x))P0_DOUT|=  1UL<<LCD12864_RS_PIN;\
                     else    P0_DOUT&=~(1UL<<LCD12864_RS_PIN);}

#define LCD12864_RW(x)      {if((x))P0_DOUT|=  1UL<<LCD12864_RW_PIN;\
                     else    P0_DOUT&=~(1UL<<LCD12864_RW_PIN);}

#define LCD12864_EN(x)      {if((x))P0_DOUT|=  1UL<<LCD12864_EN_PIN;\
                     else    P0_DOUT&=~(1UL<<LCD12864_EN_PIN);}

#define LCD12864_MD(x)      {if((x))P0_DOUT|=  1UL<<LCD12864_MD_PIN;\
                     else    P0_DOUT&=~(1UL<<LCD12864_MD_PIN);}


#define LCD12864_PORT(x)    LS164Send((x))



/**********************************************
*函數名稱:LCD12864WriteByte
*輸     入:ucByte 要寫入的位元組
*輸     出:無
*說     明:LCD12864 寫位元組
**********************************************/
```

```
VOID LCD12864WriteByte(UINT8 ucByte)
{
    LCD12864_PORT(ucByte);
    LCD12864_RS(HIGH);
    LCD12864_RW(LOW);
    LCD12864_EN(LOW);
    Delayus(500);
    LCD12864_EN(HIGH);
}
/**********************************************
*函數名稱:LCD12864WriteCommand
*輸    入:ucCmd 要寫入的命令
*輸    出:無
*說    明:LCD12864 寫命令
**********************************************/
VOID LCD12864WriteCommand(UINT8 ucCmd)
{
    LCD12864_PORT(ucCmd);
    LCD12864_RS(LOW);
    LCD12864_RW(LOW);
    LCD12864_EN(LOW);
    Delayus(500);
    LCD12864_EN(HIGH);
}
/**********************************************
*函數名稱:LCD12864SetXY
*輸    入:x 橫坐標 y 縱坐標
*輸    出:無
*說    明:LCD12864 設置坐標
**********************************************/
VOID LCD12864SetXY(UINT8 x,UINT8 y)
{
      switch(y)
```

```
    {
        case 1:
        {
            LCD12864WriteCommand(0x80|x);
        }
        break;


        case 2:
        {
            LCD12864WriteCommand(0x90|x);
        }
        break;


        case 3:
        {
            LCD12864WriteCommand(0x88|x);
        }
        break;


        case 4:
        {
            LCD12864WriteCommand(0x98|x);
        }
        break;


        default:break;


    }
}
/*********************************************
*函數名稱:LCD12864PrintfString
*輸    入:x 橫坐標 y 縱坐標 s 字符串
*輸    出:無
```

```
*說     明:LCD12864 列印字符串
*********************************************/
VOID LCD12864PrintfString(UINT8 x,
                          UINT8 y,
                          UINT8 *s)
{

    LCD12864SetXY(x,y);                     //設置顯示坐標


    while(s && *s)
    {
      LCD12864WriteByte(*s);                //顯示逐個字符
      s++;


    }
}
/*********************************************
*函數名稱:LCD12864ClearScreen
*輸     入:無
*輸     出:無
*說     明:LCD12864 清屏
*********************************************/
VOID LCD12864ClearScreen(VOID)
{
    LCD12864WriteCommand(0x01);
    Delayus(500);
}
/*********************************************
*函數名稱:LCD12864Init
*輸     入:無
*輸     出:無
*說     明:LCD12864 初始化
*********************************************/
VOID LCD12864Init(VOID)
```

```
{
    LS164Init();

    LCD12864_MD(HIGH);

    LCD12864WriteCommand(0x30);//功能設置,一次送 8 位元資料,基本指令集
    LCD12864WriteCommand(0x0C);//整體顯示,游標 off,游標位置 off
    LCD12864WriteCommand(0x01);//清 DDRAM
    LCD12864WriteCommand(0x02);//DDRAM 位址歸位
    LCD12864WriteCommand(0x80);//設定 DDRAM 7 位位址 000,0000 到位址計數器
AC
}
/*****************************************
*函數名稱:main
*輸    入:無
*輸    出:無
*功    能:函數主體
*****************************************/
INT32 main(VOID)
{
    PROTECT_REG                                    //ISP 下載時保護 FLASH 記憶
體
    (
        PWRCON |= XTL12M_EN;                        //預設時脈源為外部晶振
        while((CLKSTATUS & XTL12M_STB) == 0);      //等待 12MHz 時脈穩定


        CLKSEL0 = (CLKSEL0 & (~HCLK)) | HCLK_12M; //設置外部晶振為系統時
脈

    )


    LCD12864Init();                                //LCD12864 初始化
```

```
    LCD12864PrintfString(0,1,"1234567890ABCDEF");//顯示第一行
    LCD12864PrintfString(0,2,"----------------");//顯示第二行
    LCD12864PrintfString(0,3,"學好電子成就自己");//顯示第三行
    LCD12864PrintfString(0,4,"----------------");//顯示第四行


    while(1);
}
```

5. 程式碼分析

LS164Send 函數與模擬序列埠章節的 SendByte 函數類似，都是移位傳輸，LS164Send 函數是最高有效為優先(MSB)，模擬序列埠章節的 SendByte 函數是最低有效位優先(LSB)。

由於控制 LCD12864 進行多種操作，都要對 RS、R/W、E、PSB 接腳進行控制，其中 RS、RW 接腳最為頻繁。

為了方便控制這些接腳，同時為了提高可讀性，對這些接腳的控制都用巨集進行封裝，具體如下：

```
#define LCD12864_RS(x)    {if((x))P0_DOUT|= 1UL<<LCD12864_RS_PIN;\
                           else  P0_DOUT&=~(1UL<<LCD12864_RS_PIN);}


#define LCD12864_RW(x)    {if((x))P0_DOUT|= 1UL<<LCD12864_RW_PIN;\
                           else  P0_DOUT&=~(1UL<<LCD12864_RW_PIN);}


#define LCD12864_EN(x)    {if((x))P0_DOUT|= 1UL<<LCD12864_EN_PIN;\
                           else  P0_DOUT&=~(1UL<<LCD12864_EN_PIN);}


#define LCD12864_MD(x)    {if((x))P0_DOUT|= 1UL<<LCD12864_MD_PIN;\
                           else  P0_DOUT&=~(1UL<<LCD12864_MD_PIN);}
```

PSB 接腳的主要作用就是與 LCD12864 通信是串列通信還是並行通信。

對 LCD12864 進行多種操作如寫命令、寫位元組、設置顯示位置等，當然為了方便使用，它們同樣都是獨立於一個函數，分別是 LCD12864WriteCommand 函數、LCD12864WriteByte 函數和 LCD12864SetXY 函數，最後將這 3 個基本函數裝在特定的位置顯示字符串的 LCD12864PrintfString 函數。

在 main 函數中，主要進行 I/O 埠初始化、LCD12864 初始化，然後通過 LCD12864PrintfString 函數顯示相對應的字符串，最後通過 while(1)進入無窮迴圈，不進行其他操作。

國家圖書館出版品預行編目資料

ARM Cortex-MO 微控制器原理與實踐 / 温子祺等原
　編著；蕭志龍編譯. -- 初版. -- 新北市：全
華圖書, 2016.10
　　面；　公分
　ISBN 978-986-463-398-2(平裝附光碟片)

　1.微電腦 2.自動控制
471.516　　　　　　　　　　　　　　105019537

ARM Cortex-M0 微控制器原理與實踐
ARM Cortex-M0 微控制器原理与实践

原出版社 / 北京航空航天大学出版社

原著 / 温子祺、刘志峰、冼安胜、林秩谦、潘海燕

編譯 / 蕭志龍

發行人 / 陳本源

執行編輯 / 李文菁

封面設計 / 林彥彣

出版者 / 全華圖書股份有限公司

郵政帳號 / 0100836-1 號

印刷者 / 宏懋打字印刷股份有限公司

圖書編號 / 06310007

初版一刷 / 2017 年 1 月

定價 / 新台幣 620 元

ISBN / 978-986-463-398-2(平裝附光碟)

全華圖書 / www.chwa.com.tw

全華網路書店 Open Tech / www.opentech.com.tw

若您對書籍內容、排版印刷有任何問題，歡迎來信指導 book@chwa.com.tw

臺北總公司(北區營業處)
地址：23671 新北市土城區忠義路 21 號
電話：(02) 2262-5666
傳真：(02) 6637-3695、6637-3696

中區營業處
地址：40256 臺中市南區樹義一巷 26 號
電話：(04) 2261-8485
傳真：(04) 3600-9806

南區營業處
地址：80769 高雄市三民區應安街 12 號
電話：(07) 381-1377
傳真：(07) 862-5562

歡迎加入 全華會員

● 會員獨享

　會員享購書折扣、紅利積點、生日禮金、不定期優惠活動⋯等。

● 如何加入會員

　填妥讀者回函卡直接傳真 (02) 2262-0900 或寄回，將由專人協助登入會員資料，待收到 E-MAIL 通知後即可成為會員。

如何購書 全華書籍

1. 網路購書

　全華網路書店「http://www.opentech.com.tw」，加入會員購書更便利，並享有紅利積點回饋等各式優惠。

2. 全華門市、全省書局

　歡迎至全華門市（新北市土城區忠義路 21 號）或全省各大書局、連鎖書店選購。

3. 來電訂購

(1) 訂購專線：(02) 2262-5666 轉 321-324
(2) 傳真專線：(02) 3637-3696
(3) 郵局劃撥（帳號：0100836-1　戶名：全華圖書股份有限公司）
※ 購書未滿一千元者，酌收運費 70 元。

OpenTech 全華網路書店.com.tw

全華網路書店 www.opentech.com.tw
E-mail: service@chwa.com.tw

※ 本會員制如有變更則以最新修訂制度為準，造成不便請見諒。

讀者回函卡

填寫日期：　　/　　/

姓名：　　　　　　　　　　　生日：西元　　　年　　月　　日　性別：□男 □女

電話：（　　）　　　　　　　　傳真：（　　）　　　　　　　手機：

e-mail：（必填）

註：數字零，請用 Φ 表示，數字 1 與英文 L 請另註明並書寫端正，謝謝。

通訊處：□□□□□

學歷：□博士 □碩士 □大學 □專科 □高中・職

職業：□工程師 □教師 □學生 □軍・公 □其他

學校／公司：　　　　　　　　　　　　　　科系／部門：

・需求書類：

□A. 電子 □B. 電機 □C. 計算機工程 □D. 資訊 □E. 機械 □F. 汽車 □I. 工管 □J. 土木

□K. 化工 □L. 設計 □M. 商管 □N. 日文 □O. 美容 □P. 休閒 □Q. 餐飲 □B. 其他

・本次購買圖書為：　　　　　　　　　　　　　　　　書號：

・您對本書的評價：

封面設計：	□非常滿意 □滿意 □尚可 □需改善，請說明	
內容表達：	□非常滿意 □滿意 □尚可 □需改善，請說明	
版面編排：	□非常滿意 □滿意 □尚可 □需改善，請說明	
印刷品質：	□非常滿意 □滿意 □尚可 □需改善，請說明	
書籍定價：	□非常滿意 □滿意 □尚可 □需改善，請說明	
整體評價：	請說明	

・您在何處購買本書？

□書局 □網路書店 □書展 □團購 □其他

・您購買本書的原因？（可複選）

□個人需要 □幫公司採購 □親友推薦 □老師指定之課本 □其他

・您希望全華以何種方式提供出版訊息及特惠活動？

□電子報 □DM □廣告 （媒體名稱　　　　　　　　　　）

・您是否上過全華網路書店？（www.opentech.com.tw）

□是 □否 您的建議

・您希望全華出版那方面書籍？

・您希望全華加強那些服務？

～感謝您提供寶貴意見，全華將秉持服務的熱忱，出版更多好書，以饗讀者。

全華網路書店 http://www.opentech.com.tw 客服信箱 service@chwa.com.tw

2011.03 修訂

親愛的讀者：

感謝您對全華圖書的支持與愛護，雖然我們很慎重的處理每一本書，但恐仍有疏漏之
處，若您發現本書有任何錯誤，請填寫於勘誤表內寄回，我們將於再版時修正，您的批評
與指教是我們進步的原動力，謝謝！

全華圖書　敬上

勘 誤 表

書　號			書　名		作　者
頁　數	行　數		錯誤或不當之詞句		建議修改之詞句

我有話要說：	（其它之批評與建議，如封面、編排、內容、印刷品質等・・・・）